高等学校 建 筑 学 专业系列教材
城市规划

建 筑 防 火 设 计

西安建筑科技大学　张树平　主编

中 国 建 筑 工 业 出 版 社

图书在版编目（CIP）数据

建筑防火设计/张树平主编. —北京：中国建筑工业
出版社，2000
高等学校建筑学、城市规划专业系列教材
ISBN 978-7-112-04402-3

Ⅰ. 建… Ⅱ. 张… Ⅲ. 防火系统-建筑设计-高等学
校-教材 Ⅳ. TU892

中国版本图书馆 CIP 数据核字（2000）第 59604 号

本书比较系统地阐述了建筑防火的主要问题。内容包括：建筑火灾及防火概述、建筑总平面及平面防火设计、建筑耐火等级与耐火设计、装修防火、防火分区、防烟与排烟、安全疏散、自动报警系统、建筑防火智能化、灭火系统、地下建筑防火等。

本书着重阐述了国内外近几年来建筑防火设计与研究的新成果，并结合我国现行防火规范，选编了大量实例、图表。

本书为高等院校建筑类专业教材，也可作为消防及安全等专业的参考教材及建筑师、工程师的参考书。

高等学校 建 筑 学 专业系列教材
　　　　 城市规划

建 筑 防 火 设 计

西安建筑科技大学　张树平　主编

*

中国建筑工业出版社出版、发行（北京西郊百万庄）
各地新华书店、建筑书店经销
北京建筑工业印刷厂印刷

*

开本：787×1092毫米　1/16　印张：15¾　字数：381千字
2001年6月第一版　　2008年6月第九次印刷
印数：18,001—20,500册　　定价：**22.00**元
ISBN 978-7-112-04402-3
(14862)

前　言

当代科学技术日新月异，新材料、新结构、新设备层出不穷，给建筑的创造提供了前所未有的可能性，超高层建筑、巨型建筑、智能建筑、生态建筑、以及地下建筑、海洋建筑等等，技术的密集和复杂程度均非昔日可比，而建筑中的安全性问题也日益突出，这反映在建筑过程中，"安全第一"是毋需置疑的铁定原则，而反映在设计与长期的使用过程中，同样需要贯彻"安全第一"的思想。缺乏"安全性"的建筑不能说是合格的建筑。现实生活中由于忽视安全性的设计而导致的建筑灾害事故频繁发生，所造成的损失触目惊心。在以往的建筑学专业教育中，或多或少地存在着"重艺术轻技术"、"重使用轻安全"的倾向，是需要在教育改革中认真加以改进的。1995年，国务院批准发布的《注册建筑师管理条例》中，开宗明义，以法规的形式强调了建筑师对国家财产和人民生命安全所负的重要责任，我国建筑学专业教育评估标准也贯彻了上述精神，自评估标准发布以来，建筑学专业教育中有关技术、安全和职业道德等方面的教育内容有所加强，但与新时期的人才需求，与注册建筑师的职业要求相比，仍有相当差距，调整课程设置，改革教学内容，编写高水平的教材，已是发展建筑教育的当务之急。

全国高等院校建筑学专业指导委员会将教材建设作为委员会的主要工作之一，积极组织教材的编写和评审，及时推荐出版了一批教材，《建筑防火设计》即是其中一部。

建筑防火设计是确保建筑安全性的重要方面，因此，各院校为适应形势发展及时调整教学计划，增设建筑学专业的《建筑防火设计》课程，以便未来的建筑师们能认识建筑火灾发生和发展的规律，掌握建筑防火的新技术和新设备，提高建筑防火设计的科学性、合理性和有效性。

本教材是在西安建筑科技大学和部分兄弟院校多年教学实践的基础上修订而成的，并根据现行防火规范，更新了部分内容，吸收、增加了国内外许多专家、学者在建筑防火设计与研究方面的新成果，结合专业的特点，增加了大量设计实例、参考图表。

本教材的特色是，引导学生紧密结合建筑设计过程，循序渐进地展开建筑防火设计。内容包括：建筑火灾及防火设计概述，建筑总平面及平面防火设计，建筑耐火设计，安全疏散设计，地下建筑防火设计，建筑装修防火设计，建筑防排烟设计，灭火设备，自动报警设备及建筑防火智能化概述。

本教材按40课时编写，任课教师可根据各校教学计划选讲，带"*"的部分实例可作为学生的阅读内容。本教材由张树平主编，各章的执笔人为：第2章岳鹏，第9章高羽飞，第10、11章闫幼锋，其余各章为张树平。本教材由高级建筑师、国家一级注册建筑师秋志远、高级工程师卞建峰主审。

本教材在编写中参阅了多位专家的著作和文章，在此特向各位致以深切谢意。

由于编者的水平有限，书中定有错误和不足之处，恳请读者予以批评指正。

2000年8月

目　　录

第1章　建筑火灾及防火概述

"火"能造福人类，是我们生活中不可缺少的物质。人类从远古时期开始用火——钻木取火，火的应用促进了人类文明的发展，直到今天，我们还千方百计地以不同方式用火来为我们服务。然而，同世界上一切事物一样，火也有脱缰之时，火灾不仅对人类无益，而且非常有害，甚至带来极大灾难。

火灾的种类很多，有森林草原火灾、石油化工火灾、建筑火灾等。本书重点研究的是建筑火灾。所谓建筑火灾是指烧毁（损）建筑物及其容纳物品，造成生命财产损失的灾害。

建筑火灾对人类有害，为避免、减少火灾发生，我们就必须研究它的发生、发展规律，总结火灾教训，进行防火设计，采取防火技术，防患于未然。这是未来的建筑师们义不容辞的责任，否则，我们就会在建筑防火方面留下难以弥补的后患。建筑方案设计如果不符合防火规范要求，方案就不能成立。

要掌握建筑防火设计的理论与技术，首先要认识它的重要性，它是关系人民生命财产安全的大事；其次要克服畏难情绪，循序渐进地学习，逐步掌握基本理论与技术；第三要注重实践环节，在做建筑方案时，要综合运用所学到的建筑防火知识，把防火的思路贯穿到方案中去，并注意不断改进和完善，以达到防火规范的要求。只要长期坚持，便可熟能生巧，把建筑防火设计做得更好。

第1节　建筑火灾教训与建筑防火设计

为使大家对建筑火灾有个初步了解，我们从国内外数百个火灾案例中筛选了一些火灾案例，以便使大家了解火灾发生发展过程，了解火灾造成的人民生命财产损失概况及我们应吸取的教训，从而提高我们对防火重要性的认识。

为叙述方便，我们将每起火灾按照建筑概况、火灾发展情况及主要经验教训三个标题概要介绍。

1　旅　馆　火　灾

1.1　哈尔滨天鹅饭店火灾

1.1.1　建筑概况

天鹅饭店是11层钢筋混凝土框架结构，标准层面积为1200m^2。设两座楼梯、四台电梯（其中一台兼作消防电梯）。平面如图1-1。隔墙为钢龙骨石膏板，走道采用石膏板吊顶。

1.1.2　火灾发展情况

1985年4月9日，住在第11层16号房间的美国客人，酒后躺在床上吸烟引起火灾。

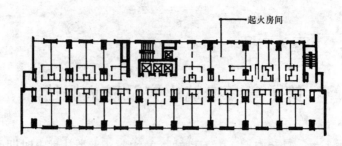

图 1-1　哈尔滨天鹅饭店标准层平面及起火房间位置

由于火灾发生在午夜,待肇事人被烟熏火燎惊醒逃出起火房间之后,才发现火灾。由于火灾发现的时间晚,又没有组织及时的扑救,有 6 个房间被烧毁,12 个房间被烧坏,走道吊顶大部分被烧毁。火灾中,10 人死亡,7 人受伤;受灾面积达 505m²,经济损失 25 万余元。

1.1.3　主要经验教训

(1) 该饭店大楼设计上有火灾自动报警装置,由于某种原因,在消防安全设施极不完善的条件下,强行开了业。如果安装火灾自动报警装置和自动喷水灭火系统,这次火灾事故完全可能不会蔓延扩大。

(2) 采用的塑料墙纸,经火灾后试验,这种墙纸燃烧快、烟尘多、毒性大。

(3) 饭店大楼由于管道穿过楼板的孔洞没有用水泥砂浆严密堵塞(施工缺陷),火灾时,火星不断地向下面几层楼掉落,幸亏发现及时,采取防范措施,才未酿成更大火灾。因此,管道穿过楼板时,用非燃烧材料严密填塞是完全必要的。

(4) 楼梯设计不当。把防烟楼梯间设计成普通楼梯间,致使烟气窜入,使人员失去逃生通道,导致惨重的伤亡事故。

1.2　东京新日本饭店火灾

1982 年 2 月 8 日,日本东京赤坂闹市区的新日本饭店发生火灾。东京消防厅在 3 时 39 分接警后,先后调集了各种消防车 120 辆和两架直升飞机前往扑救,经过 9 个小时的救火,于中午 12 时 36 分将大火扑灭。饭店第 9 层、第 10 层(面积达 4360m²)的装修、旅馆各种家具、陈设等基本烧毁,死亡 32 人,受伤 34 人,失踪 30 多人。

1.2.1　建筑概况

新日本饭店于 1960 年春建成,地上 10 层,地下两层,总建筑面积为 46690m²,容纳 3575 人。饭店原设置了自动火灾报警装置,在开业后,以防止误报、吵醒旅客为由,饭店擅自改为手动式,以致起火后未能及时报警,酿成大灾。

1.2.2　火灾发展情况

这次火灾是由于住在 9 楼客房的一位英国玩具推销员酗酒后躺在床上吸烟引起的。8 日凌晨 3 时 20 分左右,饭店服务员闻到烟味,立即进行查找,发现 938 客房的门缝里冒出烟来,并听到房内传来咚咚敲门声和歇斯底里的呼救声,服务员便立即上前扭动把手,试图开门,但因无钥匙,门未打开,无奈只好跑到一楼,将发生的情况报告总服务台,他们带着钥匙,赶到 9 楼,打开该客房的门,只见浓烟卷着火舌窜出门来,迅速地扑向走道,服务员立即从消火栓箱里取水枪接上水带,试图扑灭火灾,但他们不懂操作方法,未能放出水。由于饭店内未采取防火分隔措施、未设置自动喷水灭火系统,火势很快蔓延扩大,熊熊的烈火,越烧越旺,迅速蔓延到第 10 层(顶层),浓烟、烈火交织在一起,喷出

2

窗外，把夜空照得通红。火灾除了竖井蔓延外，从烧坏的9层带形窗口喷出，烧碎10层的窗玻璃而进入室内，形成了内外同时蔓延之势。

1.2.3　主要经验教训

（1）饭店不重视消防安全，消防设备极不完备，如应采取防火分隔措施，安装自动喷水灭火设备，但该饭店以经营亏损、负债重等为由，不予考虑，这是个严重教训。

（2）该饭店原设置有自动火灾报警系统，擅自将自动火灾报警系统改成手动式，导致火灾发现晚，未能及时报警。在我国，极少数饭店也存在类似情况，有的干脆切断电源等，这种作法是极其错误的，应予纠正。

（3）饭店服务人员不懂消防知识，对室内消火栓等简易灭火器材的使用缺乏实际训练，不能把火灾扑灭在初起阶段，这是较普遍的现象，应引以为戒。因此，高层旅馆等建筑，应普及消防知识，必须学会使用室内消火栓、简易灭火器的方法，防患于未然。

（4）饭店的每个房间应有本层的疏散路线、出口平面示意图，走道及拐角处均应设置灯光疏散指示标志。该饭店没有考虑这些疏散设施，发生火灾时又未作诱导，人们惊慌失措，乱成一团，这是造成重大伤亡的不可忽视的原因，在设计中应予以认真考虑。

1.3　韩国汉城大然阁旅馆火灾

1971年12月25日，韩国汉城大然阁旅馆，由于2层咖啡馆液化石油气瓶爆炸起火，从起火层烧到顶层，建筑内装修、家具、陈设等全部烧光，死亡163人，伤60人，经济损失严重。

1.3.1　建筑概况

大然阁旅馆1970年6月建成。标准层平面为"L"形，每层面积近$1500m^2$如图1-2。西部是公司办公用房，地下层是汽车库，1层是设备层，2层是大厅，3~20层是办公室。东部是旅馆，1层是设备层，2层是大厅和咖啡厅，3层是餐馆，4层是宴会厅，5层是设备层，6~20层是旅馆，共有客房223间。第21层是公共娱乐用层，每层的公司办公用房和旅馆部分是相互连通的，各设一座楼梯，共设8台电梯。

1.3.2　火灾发展情况

1971年12月24日上午10时许，楼内有200名旅客，70名旅馆工作人员，15名公司工作人员。旅馆部分二层咖啡厅因瓶装液化石油气泄漏引起火灾，火势迅猛（图1-3）。

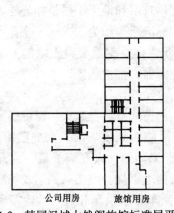

图1-2　韩国汉城大然阁旅馆标准层平面

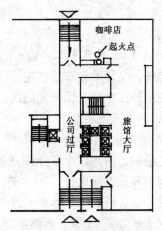

图1-3　大然阁旅馆起火位置

猛烈的火焰使咖啡厅内3名员工,烧死在工作岗位上。店主严重烧伤后和其他6名员工逃出火场。火焰很快将咖啡厅和旅馆大厅烧毁,并沿2~4层的敞开楼梯延烧到餐馆和宴会厅。浓烟火焰充满了楼梯间,封住了上部旅客和工作人员疏散的途径。管道井也向上传播着火焰。二层旅馆大厅和公司办公大厅的连接处,设置普通玻璃门,阻止不了火势的蔓延,导致公司办公部分也成火海。本来东、西部之间有一道厚20cm的钢筋混凝土墙,但每层相通的门洞未设防火门,成为火灾水平蔓延通道,使整幢大楼犹如一座火笼,建筑全部烧毁,仅62人逃离火场。

1.3.3 主要经验教训

(1)关键部位未设防火门 如上所述,该大楼的旅馆区与办公区之间虽然用20cm厚的钢筋混凝土墙板,但相邻的两个门厅分界处未用防火门分隔,而采用了玻璃门,起不到阻火作用,却成了火灾蔓延的主要途径。

(2)开敞竖井 大楼内的空调竖井及其它管道竖井都是开敞式的,并未在每层采取分隔措施,以致烟火通过这些管井迅速蔓延到顶层,目击者看到21层的公共娱乐中心很早就被火焰笼罩,全大楼很快形成一座火笼。

(3)楼梯间设计不合理 楼梯间加快了竖向的火灾蔓延。旅馆部分2~4层是敞开楼梯,5层以上是封闭楼梯。公司办公部分的楼梯也是一座敞开楼梯。旅馆部分5层以上虽然是封闭楼梯,但由于没有采用防火门,从阻止烟火能力方面与敞开式楼梯基本相同。梯楼间没有按高层建筑防火要求设计,既加速了火灾的传播,又使起火层以上的人员失去了安全疏散的垂直通道。

(4)不应使用瓶装液化石油气 本次火灾是使用液化石油气瓶爆炸引起的,足见在高层建筑中使用瓶装液化石油气的危险性。因为它的爆炸燃烧不仅引发了火灾,而且其爆炸压力波以及高温气流是火灾迅速蔓延的动力所在。

2 办公楼火灾

2.1 巴西焦玛大楼火灾

1974年2月1日上午,巴西圣保罗焦玛大楼发生火灾,造成179人死亡,300人受伤,经济损失300余万美元。

2.1.1 建筑概况

焦玛大楼于1973年建成,地上25层,地下1层。首层和地下1层是办公档案及文件储存室。2~10层是汽车库,11~25层是办公用房。标准层面积为585m^2,设有一座楼梯和四台电梯,全部敞开布置在走道两边如图1-4。建筑主体是钢筋混凝土结构,隔墙和房间吊顶使用的是木材、铝合金门窗。办公室设窗式空调器,铺地毯。

2.1.2 火灾发展情况

1974年2月1日上午8:50,第12层北侧办公室的窗式空调器起火。窗帘引燃房间吊顶和可燃隔墙,房间在十多分钟就达到轰燃。9:10消防队到现场时,火焰已窜出窗外,沿外墙向上蔓延,起火楼层的火势在水平方向传播开来。烟、火充满了唯一的开敞楼梯间,并使上部各楼层燃烧起来。外墙上的火焰也逐层向上燃烧。消防队到达现场后仅半个小时,大火就烧到25层。虽然消防局出动了大批登高车、水泵车和其它救险车辆,但消防队员无法到达起火层进行扑救。10:30,12~25层的可燃物烧尽之后,火势才开始减弱。

2.1.3 主要经验教训

焦玛大楼火灾造成惨重的人员伤亡和极大的经济损失，设计工作者应从中吸取教训。

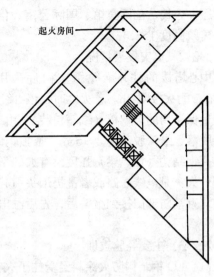

图1-4 巴西圣保罗市焦玛大楼标准层平面示意

（1）楼梯间设计不当，是造成众多人员伤亡的一个主要原因。总高度约70m集办公和车库成一体的综合性高层建筑，从图1-4层标准层平面看，楼梯和电梯敞开在连接东、西两部分的走道上，是极其错误的。高层建筑的楼梯间应设计为防烟楼梯间。焦玛大楼的楼梯宽度是1.2m，满员时，每层为70人，第11～25层的总人数约为1060人。按加拿大有关研究机构的研究结果，这幢建筑里的人用20min，即可通过楼梯疏散出来。何况火灾时楼内人员在700人左右，所用的时间还会低于20min。

（2）焦玛大楼火灾失去控制的重要原因，在于消防队员无法达到起火层进行火灾扑救。因为建筑设计中，没有设置消防电梯。消防电梯可保证在发生火灾情况下正常运行而不受火灾的威胁，电梯厅门外有一个可阻止烟火侵袭的前室，并以此为据点可开展火灾扑救。由于设计上没有这样考虑，消防队到达现场后，只能望火兴叹，一筹莫展。

（3）焦玛大楼是钢筋混凝土结构的高层建筑，但隔墙和室内吊顶使用的木材是可燃的。初期火灾不能及时扑灭，可燃材料容易失去控制而酿成大灾。可见选材不当所造成的严重后果。这是建筑设计中应该认真记取的经验教训。焦玛大楼火灾当天8:50听到窗式空调器发出爆裂声，查看时发现窗式空调器起火，关掉电源没能中止燃烧，当即用灭火器扑救不起作用。假如隔墙使用不燃烧体材料，初期火灾还是可以被限制在一定范围内的。

（4）火灾时因消防设备不足，缺少消防水源，导致火灾蔓延扩大。焦玛大楼无自动和手动火灾报警装置和自动喷水灭火设备，无火灾事故照明和疏散指示标志；虽然设有消火栓给水系统，但未设消防水泵，也无消防水泵接合器。

（5）狭小的屋顶面积，不能满足直升飞机救人的要求，是这次火灾暴露的又一个教训。为抢救屋顶上的人员，当局虽出动了民用和军用直升飞机，但在浓烟烈火的燎烤下，直升飞机无法安全接近和停降在狭小的屋顶上救人，以致疏散到屋顶的人员不能安全脱险，有90人死于屋顶，在火灾平息后，直升飞机从北部较大的屋顶降落，救出幸存的81人。

2.2　北京中国国际贸易中心火灾

1989年3月1日零时许，中国国际贸易中心塔楼的宴会厅发生火灾，大火燃烧了2h以上，经济损失20余万元。

2.2.1　建筑概况

该中心位于北京建国门外大街和东三环十字路口的西北角上，占地总面积 $12\times10^4m^2$。该中心由国际贸易中心塔楼、展览厅和陈列室、会议厅和谈判室、餐厅和商店、四季厅办公楼、国际宾馆、国际公寓、信息中心等建筑组成。发生火灾的中心塔楼共 39 层，建筑高度 156.4m。

2.2.2 火灾发展情况

中心塔楼的柱、梁等承重构件采用钢结构，喷涂 LG 钢结构防火涂料，涂层厚 2.5cm，耐火极限 2h。着火之时，该办公塔楼正处于室内装修阶段，宴会厅（800m²）堆了大量保温用的玻璃棉（纸箱包装）。由于火焰温度高，将现浇钢筋混凝土楼板的保护层烧裂脱落，最深脱落达 4~5cm，唯独钢结构防火喷涂材料只有少量裂缝，均未脱落，经鉴定，钢结构（柱、梁）强度没有大的影响。事后将部分涂料铲除，重新喷涂新涂料。经分析，火灾是电线短路或者乱扔烟头引起的。

北京消防部门接到报警后，先后派出十几辆消防车赶到火场，于 3 时半将火灾基本扑灭。

2.2.3 主要经验教训

（1）LG 钢结构防火涂料经受住了火灾的考验，是可靠的，可以推广采用。

（2）大楼在整个施工阶段，尤其进入室内装修阶段，必须加强安全制度的实施，不能松懈麻痹。

（3）施工用的电缆、电线严禁损伤，损坏，必须严格管理，防止发生事故。

3 商 场 火 灾

3.1 沈阳商业城火灾

1996 年 4 月 6 日凌晨 1 时 57 分左右，号称亚洲第一、中国之最的沈阳商业城发生了火灾，损失严重，创建国以来全国商场火灾的最高记录。

3.1.1 建筑概况

沈阳商业城位于沈阳市沈河区中街 212 号，始建于 1988 年 7 月 15 日，于 1991 年 12 月 28 日开始营业。商业城建筑长 120m，宽 100m，总建筑面积 6.9 万 m²，商场营业面积 4.2 万 m²，商业城共 8 层，其中地上 6 层，地下 2 层，建筑高度 34.8m；1 至 6 层为商场，地下 1 层为停车场，地下 2 层为商品仓库。商业城呈回字形平面，中庭长 45m，宽 26m，面积达 1170m²，中庭顶部为半球面玻璃顶。在大楼和中庭四角分别设有 12 樘门、8 台楼梯、5 台自动扶梯、7 台电梯，其中有 2 台消防电梯，可直通地下车库和仓库。

3.1.2 火灾发展情况

据调查，火灾从商业城一楼西北角商场办公室烧出，烧穿了板材隔墙，烧到了营业柜台、中庭。当夜风力 6 级，风助火威，火很快在中庭内升腾起来，从 1 层窜到 6 层。火灾高温烤爆了中庭半球顶的玻璃，火光冲天。燃烧物借风力升腾飞窜，烈火通过窗户、中庭、炸裂的玻璃幕墙不断向外喷出，在短时间内使商业城陷入一片火海。

在火灾中，商业城内原设置一流的自动报警装置、自动洒水灭火装置以及自动防火卷帘等，均未能发挥一点作用。

凌晨 2 时 24 分，沈阳市消防支队接到附近群众报警后，在 10min 内有 30 多辆消防车到场，并增加到 50 多辆。然而，大火已进入旺盛期，熊熊烈火已充满整个商业城空间，辐射热使消防队员无法靠近灭火。现场的 3 部云梯车载着消防队员向火场射水，20 支水枪同时射水打击火势。但是，由于用水量大，水网供不应求，火场时而出现断水情况，即使不断水，杯水车薪，难以迅速扑灭，6：30 左右，大火被控制，上午 10 时许，扑灭残火。最后保住了商业城地下一、二层，商场金库以及相邻的盛京宾馆。经过 6 个小时大火焚烧，沈阳商城地上 6 层只剩下了钢筋混凝土框架。

3.1.3　主要经验教训

（1）沈阳商业城大火虽然持续了 6 个小时，但由于主体结构采用了钢筋混凝土框架结构，大火扑灭之后，主体结构基本完好，各种设备及围护结构（门窗、隔墙、幕墙）等均被烧毁。由此可见，对于重要的商业建筑，用钢筋混凝土框架结构的一级耐火建筑，是具有充分的耐火能力的。

（2）沈阳商业城设有一流的自动报警、自动喷淋、防火卷帘、防火防盗监控装置。然而这些先进的设备在火灾时没有发挥作用，以致大火成灾。由于 1996 年 1 月份，商业城 1 层自动喷水灭火系统个别喷头和水管阀门冻坏漏水，而将自动喷水灭火系统的第 1 层全部和第 3 层部分供水管道阀门关闭，1993 年 3 月将自动报警系统集中控制器关闭（因故障），故火灾前自动喷水和自动报警系统均处关闭状态。长期不进行联动操作试验，更未对职工进行防火与扑救初期火灾的训练，导致巨额投资的现代化消防设备在大火烧来之时成为摆设，最终连这些设备也葬身火海。这起火灾很重要的教训是：消防设备不能装设了就算完事，而更重要的是要加强设备的管理，使它始终保持完好有效。

（3）沈阳商业城于 1991 年 12 月 28 日开业，是在没有得到消防主管部门验收合格的情况下强行开业的。为此，消防部门曾做过劝阻工作，多次向商业城发出火险隐患整改通知书，召开现场办公会，直到火灾发生，问题依然。所以，未经验收合格不得开业，发现火险隐患不进行整改不得继续营业，是防止恶性火灾事故必须坚持的制度。

（4）商业建筑设计中庭，可以使顾客赏心悦目，豪华大方。但如果设计、使用不当，也会助长火势的蔓延。中庭建筑设计，是建立在火灾必须控制在初期阶段的前提下的，否则，中庭将会导致火灾扩大。此外，各种销售柜台可燃商品布置在中庭的周边，有的甚至将巨幅广告条幅从屋顶一直垂到底层，一旦火灾突破防火分区，很快经中庭形成立体火灾，并失去控制。因此，对中庭商业建筑的防火问题，还应进行认真地研究、认真地防范。

3.2　北京玉泉营环岛家具城火灾

1998 年 5 月 17 日，北京玉泉营环岛家具城发生火灾。火灾从家具城的北厅烧起，由于未做防火分隔，导致 17000m^2 的家具城全部烧毁，直接经济损失为 2087.7 万元。

3.2.1　建筑概况

玉泉营环岛家具城是大空间建筑，内部未设置防火分区及防火分隔物。

3.2.2　火灾发展情况

经鉴定，这起火灾是由电铃线圈过热引燃周围可燃物而引发的。线圈首先烤燃了其外面包裹的牛皮纸、塑料布及底座，火星落到沙发上，引起快速燃烧。由于展销的家具密集，造成火灾迅速扩大。由此可见，低劣的电气产品的严重危害。

3.2.3　主要经验教训

（1）对大型建筑空间防火重要性认识不足，对大空间火灾的特殊性重视不够，在防火安全设计方面有严重缺陷，17000m^2 的营业厅未设防火分区，违反了有关防火规范的规定。

（2）对钢结构防火保护设计重视不够，耐火极限不符合规范要求。

（3）消防设备不配套，未设事故备用电源；火灾发生时，火灾报警设备尚未安装；自动洒水灭火系统虽然已经安装，但因没有事故电源，正常供电停止后不能工作，被火灾烧毁。

3.3 唐山林西商场火灾

3.3.1 火灾发展情况

1993 年 2 月 14 日下午 1 时 15 分左右，唐山市东矿区的林西百货商场发生火灾。商场为三层建筑，营业面积为 2980m²。火灾是由于建筑物改造过程中违章进行电焊溅落的火星引燃了海绵床垫引起的。附近的营业员发现后，找来一只灭火器，但不会使用，致使未能控制初期火灾。营业员想报警，但大楼的电话被锁住，只好到附近一家商店打 119 报警，而此时火势已相当大了。大火延续了 3 个多小时才基本扑灭。火灾中死亡 80 人，伤53 人，直接经济损失约 401 万元。

失火时，商场首层的家具营业部正在进行改造。为了在顶棚进行扩建，凿开了多个孔洞，并一边施工一边营业。当天上午 11 时左右，电焊火花曾引燃了营业部办公桌上的纸盒，被营业员扑灭了。但这一火情仅过了 1 个多小时，施工人员再次动用电焊，火星落在一人多高的海绵床垫上，从而引发了这起损失惨重的火灾。

3.3.2 主要经验教训

（1）商场违章装修是引发火灾的直接原因。家具营业厅内存放着大量易燃物品，在这种情况下动用明火必须采取保护措施。施工队在未采取任何保护措施的情况下又让没有电焊技术的民工进行作业，引起了火灾。

（2）商场无防火、防烟分区是造成人员严重伤亡的重要原因。起火点处堆放 50 余床海绵床垫和 40 余捆化纤地毯，使火灾发展迅速。大楼装修使用大量的木质材料，使营业厅内形成猛烈燃烧，加之楼板上开洞，火灾仅十几分钟就由首层烧到了三层，楼梯间成了蔓延烟火的"烟囱"。

（3）出入口数量不足，是造成人员伤亡的原因之一。火灾中一层的出口被烟火封住，二、三层的人员无法逃出，很快被火灾产生的有毒烟气窒息。

4 工业建筑火灾

4.1 香港大生工业楼火灾

1984 年 9 月 11 日 7 时 21 分许，香港大生工业楼 8 层的一家塑胶厂发生重大火灾。大火从 8 层楼烧到 16 层（顶层），直至 14 日凌晨 3 时 46 分才被扑灭，前后共连续焚烧了 68 个小时，损失 1000 万港币以上，被称为"破记录的长命大火"。

据专家们分析，这场火灾延烧时间长，损失严重，其原因主要有：

① 原料、成品量大，而且大多是可燃物；

② 每层面积大，没有采取有效的防火分隔措施；

③ 竖向管井（如管道井、电缆井等）没有采取分隔措施，成了火势蔓延的通道；

④ 灭火设施太差，自救能力不强。这些教训，在设计中值得吸取。

4.2 深圳市安贸危险品储运公司清水河仓库火灾

4.2.1 火灾发展情况

1993 年 8 月 5 日 13 时 15 分左右，深圳市安贸危险品储运公司清水河仓库 4 号库发生火灾，进而引起爆炸，爆炸又促使火灾扩大蔓延，前后共发生 2 次大爆炸和 7 次小爆炸，18 处起火燃烧。为扑救火灾，共调用 132 辆消防车，1100 多名消防队员，6 日 16 时左右基本控制了大火，8 日 22 时完全扑灭残火。这场火灾伤亡 837 人，其中死亡 18 人，重伤 136 人，烧毁、炸毁建筑 39000m² 及大量化学物品，直接经济损失约 2.5 亿元。

4.2.2 火灾原因

导致火灾的直接原因是库内将过硫酸铵、硫酸钠等化学危险品混储，由于化学反应而起火成灾。

4.2.3 主要经验教训

（1）普通物资（丙类固体）库房改储化学危险物品，库房未作相应的改造，未采取相应的防火措施，未增设灭火设备，导致火灾失控。

（2）仓库位于市区，改作危险品库房后，严重威胁城市安全；库房改储化学危险品后，库区防火间距不符合规范要求。

（3）消防设施不配套，不完善，消防水池无水，消火栓水压过低，缺乏基本的灭火器材等，最终造成近年来损失最大的火灾。

从以上几个火灾案例中，我们可以看到以下几个特点：

① 未熄灭的烟头、厨房用火及电气着火等是建筑火灾中最主要的火源。

② 木材、液体或气体燃料、油类、家具纸张等最易被引燃。

③ 办公室、客房、厨房是发生火灾较多的部位。

④ 不做防火分区、防烟措施不当、楼梯开敞、吊顶易燃是火灾扩大蔓延的主要原因。

第 2 节 建 筑 火 灾 知 识

1 可 燃 物 及 其 燃 烧

不同形态的物质在发生火灾时的机理并不一致，一般固体可燃物质在受热条件下，内部可分解出不同的可燃气体，这些气体在与空气中的氧气进行化合时，遇明火即着火。固体用明火点燃，能发火燃烧时的最低温度，就是该物质的燃点。表 1-1 列出了几种常用可燃固体的燃点。

一些固体能自燃，如木材受热烘烤自燃，粮食受湿发霉生热，在微生物作用下自燃。有些固体在常温下能自行分解，或在空气中氧化导致自燃或爆炸，如硝化棉、黄磷等；有些固体如钾、钠、电石等遇水或受空气中水蒸气作用可引起燃烧或爆炸等。

一些可燃液体随液体内外温度变化而有不同程度的挥发，挥发快者可燃的危险性大。可燃液体蒸气与空气混合达到一定浓度，遇明火点燃，呈现一闪即灭，这种现象叫闪燃。出现闪燃的最低温度叫闪点。闪点是易燃、可燃液体起火燃烧的前兆。常见的几种易燃、可燃液体的闪点见表 1-2。

从表 1-2 可以看出：许多液体的闪点都是很低的，把闪点小于等于 45℃ 的液体称为易燃液体，将闪点大于 45℃ 的液体称为可燃液体。

可燃蒸气气体或粉尘与空气组成的混合物，达到一定浓度时，遇火源即能发生爆

可燃固体的燃点		表 1-1	
名　称	燃点（℃）	名　称	燃点（℃）
纸　张	130	粘胶纤维	235
棉　花	150	涤纶纤维	390
棉　布	200	松　木	270～290
麻　绒	150	橡　胶	130

液体的闪点		表 1-2	
液体名称	闪　点（℃）	液体名称	闪　点（℃）
石油醚	－50	吡　啶	＋20
汽　油	－58～＋10	丙　酮	－20
二硫化碳	－45	苯	－14
乙　醚	－45	醋酸乙酯	＋1
氯乙烷	－38	甲　苯	＋1
二氯乙烷	＋21	甲　醇	＋7

炸。爆炸时的最低浓度称为爆炸下限。遇火源能发生爆炸的最高浓度，称为爆炸上限。浓度在下限以下的时候，可燃气体、易燃、可燃液体蒸气、粉尘的数量很少，不足以发火燃烧；浓度在下限和上限之间，即浓度比较合适时遇明火就要爆炸；超过上限则因氧气不足，在密闭容器内或输送管道内遇明火不会燃烧爆炸。

表1-3是可燃气体、易燃、可燃液体蒸气的爆炸下限。

可燃气体，易燃、可燃液体蒸气爆炸下限			表 1-3
名　称	爆炸下限（％容积）	名　称	爆炸下限（％容积）
煤　油	1.0	丁　烷	1.9
汽　油	1.0	异丁烷	1.6
丙　酮	2.55	乙　烯	2.75
苯	1.5	丙　烯	2.0
甲　苯	1.27	丁　烯	1.7
二硫化碳	1.25	乙　炔	2.5
甲　烷	5.0	硫化氢	4.3
乙　烷	3.22	一氧化碳	12.5
丙　烷	2.37	氢	4.1

2　火灾的发展过程

建筑室内发生火灾时，其发展过程一般要经过火灾的初期、旺盛期、衰减期三个阶段，如图1-5所示。

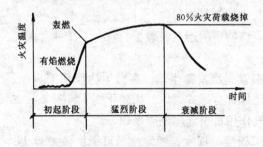

图 1-5　火灾的发展过程

2.1　初期火灾

当火灾分区的局部燃烧形成之后，由于受可燃物的燃烧性能、分布状况、通风状况、起火点位置、散热条件等的影响，燃烧发展一般比较缓慢，并会出现下述情况之一：

（1）当最初着火物与其它可燃物隔离放置时，着火源燃尽，而并未延及其它可燃物，导致燃烧熄灭。此时，只有火警而未成灾。

（2）在耐火结构建筑内，若门窗密闭，通风不足时，燃烧可能自行熄灭；或者受微弱通风量的限制，火灾以缓慢的速度燃烧。

（3）当可燃物及通风条件良好时，火灾能够发展到整个分区，出现轰燃现象，使分区内的所有可燃物表面都出现有焰燃烧。

以木垛（木条垛）为火源，进行分区内火灾实验，测定的热辐射结果如图1-6所示。

当火焰到达顶棚后，其表面积急剧增大，迅速把高温烟气覆盖于整个顶棚面上。由此对分区内各点的辐射热通量也迅速增大，致使墙壁、地面及分区内其他可燃物进入热分解阶段，为发展到轰燃提供了条件。

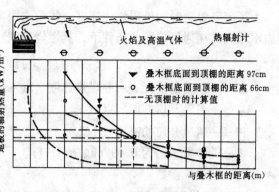

图 1-6　烟层对地面的辐射热

初期火灾的持续时间，即火灾轰燃之前的时间，对建筑物内人员的疏散，重要物资的抢救，以及火灾扑救，都具有重要意义。若建筑火灾经过诱发成长，一旦达到轰燃，则该分区内未逃离火场的人员，生命将受到威胁。国外研究人员提出如下不等式：

$$t_p + t_a + t_{rs} \leqslant t_u \tag{1-1}$$

式中　t_p——从着火到发现火灾所经历的时间；

　　　t_a——从发现火灾到开始疏散之间所耽误的时间；

　　　t_{rs}——转移到安全地点所需的时间；

　　　t_u——火灾现场出现人们不能忍受的条件的时间。

现在，利用自动火灾报警可以减少 t_p，而且在大多数情况下，效果比较明显。但在住人员能否安全地疏散，则取决于火灾发展的速度，即取决于 t_u。很显然，在评价某一分区的火灾危险性时，轰燃之前的时间是一个重要因素。这段时间延缓的越长，就会有更长的时间发现和扑灭火灾，并可以使人员安全撤离。

从防火的角度来看，建筑物耐火性能好，建筑密闭性好，可燃物少，则火灾初期燃烧缓慢，甚至会出现窒熄灭火，有"火警"而无火灾的结果。从灭火角度来看，火灾初期燃烧面积少，只用少量水或灭火器就可以把火扑灭，因而是扑救火灾的最好时机。为了及早发现并及时扑灭初期火灾，对于重要的建筑物，最好能够安装自动火灾报警和自动灭火设备。

2.2　轰燃

轰燃是建筑火灾发展过程中的特有现象。是指房间内的局部燃烧向全室性火灾过渡的现象。

国外火灾理论专家为了探明轰燃发生的必要条件，在 3.64m×3.64m×2.43m（长×宽×高）的房间内进行了一系列实验。实验以木质家具为燃烧试件，并在地板上铺设了纸张。以家具燃烧产生的热量，点燃地板上的纸张来确定全室性猛烈燃烧的开始时间，即出现轰燃的时间。通过实验得出的结论是：地板平面上发生轰燃须有 $20kW/m^2$ 的热通量或吊顶下接近 600℃ 的高温。此外，从实验中观察到，只有可燃物的燃烧速度超过 40kg/s 时，才能达到轰燃。同时认为，点燃地板上纸张的能量，主要是来自吊顶下的热烟气层的辐射，火焰加热后的房间上部表面的热辐射也占有一定比例，而来自燃烧试件的火焰相对较少。

2.2.1　轰燃时的极限燃烧速度

为了研究轰燃时的极限燃烧速度，我们先用本节将要详细讨论的一个问题的结论，即室内木垛火灾在通风控制的条件下，其燃烧速度（质量）由下式给出：

$$m = kA_WH^{\frac{1}{2}} \quad (\text{kg/s}) \tag{1-2}$$

式中　m——以质量消耗表示的燃烧速度（kg/s）；

A_W——通风开口的面积（m²）；

H——通风开口的高度（m）；

k——常量，约为 0.09（kg/m^{5/2}·s）；

$A_WH^{1/2}$——通风参数。

在 2.9m×3.75m×2.7m 的房间内，进行燃烧木垛的火灾实验。燃烧速度是通过称量可燃物的重量而进行连续监控的。以燃烧速度 m 为纵坐标，通风参数 $A_WH^{\frac{1}{2}}$ 为横坐标，整理实验结果如图 1-7 所示。可以发现，这些实验中火灾的轰燃（吊顶下烟气层温度超过600℃，火焰从开口或缝隙处喷出）出现在一个确定的区域内，即图 1-7 中阴影部分内。根据实验研究，得出了出现轰燃现象的极限燃烧速度的经验公式如下：

$$m_{极限} = 500 + 33.3A_WH^{\frac{1}{2}} \quad (\text{kg/s}) \tag{1-3}$$

实验中发现，如果燃烧速度小于约 80kg/s 时，木垛火灾就不会出现轰燃，可见木垛火灾出现轰燃的燃烧速度，是纸张出现轰燃燃烧速度的 2 倍。而且，当通风参数 $A_WH^{\frac{1}{2}}$ 值小于 0.8m^{\frac{5}{2}}时，也不会出现轰燃。

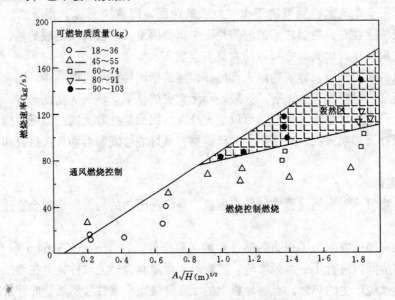

图 1-7　室内火灾燃烧速度与通风参数

图 1-7 中的阴影区表示火焰从门口喷出和吊顶处烟层温度≥600℃。

上述研究证明，燃烧速度必须超过一个极限值，而且很可能要维持一段时间后，才能发生轰燃。从实验中观察到，可燃家具在燃烧速度很高时，就会发生轰燃，例如，在高度为 2.8m 的房间，燃烧一个聚氨酯泡沫的椅子，280s 后即达到轰燃（地板上的热通量为20kW/m²，最大燃烧速度为 150kg/s），皮革椅子会出现 112kg/s 的最高燃烧速度，很快就达到轰燃指标。

2.2.2 轰燃时的临界放热速度

根据托马斯等人关于轰燃表示了一个热不稳定性的观点，人们进行了火灾模型试验研究，并提出了计算轰燃临界放热速度的实验公式。

$$Q_{FO} = 610(h_k A_T A_W H^{\frac{1}{2}})^{\frac{1}{2}} \quad (kW/s) \tag{1-4}$$

式中　h_k——有效热系数$[W/(m^2 \cdot K)]$；

　　　A_T——火灾房间的内表面积（m^2）；

　　　Q_{FO}——在吊顶下产生大约500℃的热烟层所需的放热速度（kW/s）。

利用公式（1-4），可以对实际房间发生轰燃所必须具备的火灾规模，做出比较保守的估计，为此，还要掌握有关物质和建筑中常见物品在燃烧时的放热速度。

实验证明，临界放热速度Q_{FO}是随起火点位置的变化而变化的，如表1-4所示。

2.2.3 影响轰燃的因素

为了掌握影响轰燃的因素，人们进行了大量实际规模的建筑火灾实验和模型试验，发现轰燃的出现，除了前述建筑物及其容纳物品的燃烧性能、起火点位置之外，还与内装修材料的厚度、开口条件、材料的含水率等因素有关。图1-8是内部装修为5.5mm的胶合板，火源木垛长度为18cm时，不同开口率与轰燃时间的关系。图1-9是内部装修难燃胶合板，厚度为5.5mm，火源木垛长度为18cm，可燃物的含水率不同时与轰燃时间的关系。

Q_{FO}随着火灾位置的变化　表1-4

（房间 3m×3m×2.3m）

起火点位置	Q_{FO}（kW/s）
在中心	475
靠近墙壁	400
在一角	340

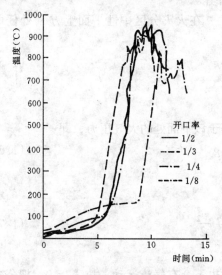

图1-8　开口率与轰燃时间

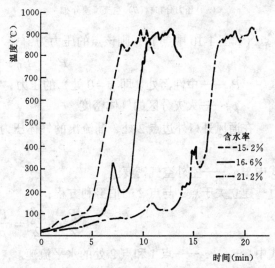

图1-9　材料含水率与轰燃时间

2.3　分区火灾的旺盛期

室内火灾经过轰燃后，整个房间立即被火焰包围，室内可燃物的外露表面全部燃烧起来。由于轰燃之际门、窗玻璃已经破坏，为火灾提供了比较稳定的、充分的通风条件，所以，在此阶段的燃烧将发展到最大值，并且可产生高达1100℃左右的高温。在此高温下，房间的顶棚及墙壁的表面抹灰层发生剥落，混凝土预制楼板、梁、柱等构件也会发生爆裂剥落的破坏现象，在高温热应力作用下，甚至发生断裂破坏。在此阶段，铝制品的窗框被熔化，钢窗整体向内弯曲，无水幕保护的防火卷帘也向加热一侧弯曲。

火灾旺盛期随着可燃物的消耗，其分解产物渐渐减少，火势逐渐衰减。室内靠近顶棚处能见度渐渐提高；只有地板上堆集的残留可燃物，如大截面木材、堆放的书籍、棉制品等，还将持续燃烧。

本节主要讨论耐火结构建筑火灾旺盛期的燃烧速度和温度。

2.3.1 火灾旺盛期的燃烧速度

在 20 世纪 40 年代末，日本的川越和关根等学者，为了对室内火灾的状态进行系统的研究，对实际房间和小模型房间进行了多种实验。在实验中，设定不同通风开口面积，测定室内可燃物——木垛的燃烧速度。为了导出燃烧速度与开口面积的关系，首先提出如下假设：

（1）可燃物是纤维系列材料组成的；

（2）燃烧速度是由开口处的通风量控制的，即通风控制型火灾；

（3）火灾分区内气体温度是均匀的。

这样，所研究的火灾分区就简化为如图 1-10 所示的研究模型。若火灾分区内部与外部压力为已知，则在开口处流出和流进的气体流量，可由伯努利方程计算。

在火灾分区中性平面上方 y 处任取

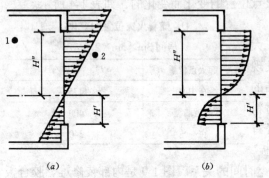

图 1-10　燃烧速度计算模型
（a）压力分布；（b）空气流速分布

1 点（如图 1-10 中点 1），则该点的压力为：

$$P_1 = P_0 - \rho_{\mathrm{F}} g y \tag{1-5}$$

式中　P_0——中性面处（即 $y=0$ 处）的压力；

　　　ρ_{F}——火灾分区的气体密度。

在通风开口外边点 2 处，涌流出的气体压力等于该平面处的大气压力，即：

$$P_2 = P_0 - \rho_0 g y \tag{1-6}$$

式中　ρ_0——室外空气密度。

建立关于点 1 与点 2 的伯努利方程：

$$\frac{P_1}{\rho_1} + \frac{v_1^2}{2} = \frac{P_2}{\rho_2} + \frac{v_2^2}{2} \tag{1-7}$$

式中　v_1、v_2——点 1 和点 2 处的水平流速。

当分区内各处温度均匀时，就没有浮力，因而也不会有气流运动，故 $v_1 = 0$，把公式（1-5）、（1-6）代入公式（1-7）中，可得：

$$\frac{P_0 - \rho_1 g y}{\rho_1} = \frac{P_0 - \rho_0 g y}{\rho_2} + \frac{v_2^2}{2} \tag{1-8}$$

假设从开口流经点 2 处的气体与点 1 处具有相同的温度，则有 $\rho_1 = \rho_2$，代入（1-8），并整理得：

$$v_2 = \sqrt{\frac{2(\rho_0 - \rho_1)gy}{\rho_1}} \tag{1-9}$$

我们采用下标"F"代表火灾分区内气体，用下标"0"代表环境空气，于是公式 (1-9)可写成：

$$v_F = \sqrt{\frac{2(\rho_0 - \rho_F)gy}{\rho_F}} \tag{1-10}$$

公式 (1-10) 为计算火灾分区流出分区外气流速度的公式，同理可得计算流入火灾分区气流速度的公式：

$$v_0 = \sqrt{\frac{2(\rho_F - \rho_0)gy}{\rho_0}} \tag{1-11}$$

根据实验测得，火灾分区开口处气流流出与流入的速度一般约为 $5 \sim 10\text{m/s}$。火灾分区开口处的质量流速，可按下述公式求得：

流入 $$m_0 = \alpha B \rho_0 \int_0^{-H'} v_0 \mathrm{d}y \tag{1-12}$$

流出 $$m_F = \alpha B \rho_F \int_0^{H''} v_F \mathrm{d}y \tag{1-13}$$

式中　α——流通系数；

　　B——开口的密度；

　　m——质量流速（kg/s）；

　　H'——中性面至下边缘的距离；

　　H''——中性面至开口上边缘的距离。

因此有

$$H' + H'' = H$$

将公式 (1-10)、(1-11) 分别代入公式 (1-12)、(1-13)，并积分，可得出：

$$m_0 = \frac{2}{3} \alpha B \sqrt{H'^3} \rho_0 \sqrt{\frac{2g(\rho_0 - \rho_F)}{\rho_0}} \tag{1-14}$$

$$m_F = \frac{2}{3} \alpha B \sqrt{H''^3} \rho_0 \sqrt{\frac{2g(\rho_0 - \rho_F)}{\rho_F}} \tag{1-15}$$

从中性面到开口的上、下边缘的高度 H''、H' 可由火灾分区内的质量守恒来确定。在稳定燃烧状态下（轰燃之后），若不计分区内热分解产生的气体，则有：

$$m_0 = m_F \tag{1-16}$$

由此可得出：

$$\frac{H''}{H'} = \left(\frac{\rho_0}{\rho_F}\right)^{\frac{1}{3}} \tag{1-17}$$

当通风开口的高度为 $H = H' + H''$ 时，则有：

$$H' = \frac{1}{1 + \left(\dfrac{\rho_0}{\rho_F}\right)^{\frac{1}{3}}} H \tag{1-18}$$

$$H'' = \frac{\left(\frac{\rho_0}{\rho_F}\right)^{\frac{1}{3}}}{1 + \left(\frac{\rho_0}{\rho_F}\right)^{\frac{1}{3}}} H \tag{1-19}$$

将公式 (1-18) 代入 (1-14)，可得：

$$m_0 \approx \frac{2}{3} \alpha \rho_0 A_W H^{\frac{1}{2}} \sqrt{2g} \cdot \sqrt{\frac{(\rho_0 - \rho_F)/\rho_0}{[1 + (\rho_0/\rho_F)^{1/3}]^3}} \tag{1-20}$$

对于分区火灾旺盛期来说，比值 ρ_0/ρ_F 一般情况下为 $1.8 \sim 5$ 之间，取 $\rho_0/\rho_F = 3$，则：

$$\sqrt{\frac{(\rho_0 - \rho_F)/\rho_0}{[1 + (\rho_0/\rho_F)^{1/3}]^3}} = 0.21$$

取 $\rho_0 = 1.2 \text{kg/m}^3$，对于门窗洞口来说，一般取 $\alpha = 0.7$，$g = 9.81 \text{m/s}^2$，空气流入的速度可近似为：

$$m_0 \approx 0.52 A_W \sqrt{H} \quad (\text{kg/s}) \tag{1-21}$$

式中　　　A_W——通风口面积，$A_W = BH$；

　　　　　H——通风口的高度；

数组 $A_W \sqrt{H}$——通风参数。

如果分区内发生了化学计量的燃烧，而 1kg 木材化学计量燃烧的空气需要量约为 5.7kg，所以对于木材来说，其燃烧速度为：

$$m_0 = \frac{0.52}{5.7} A_W \sqrt{H} = 0.09 A_W \sqrt{H} \quad (\text{kg/s})$$

$$= 5.5 A_W \sqrt{H} \quad (\text{kg/min}) \tag{1-22}$$

公式 (1-22) 最初由日本学者川越博士提出，其形式是 $m = k \cdot A_W \sqrt{H}$，其中 k 为不确定系数，根据实验研究，其值约在 $5.5 \sim 6.0$ 之间，公式 (1-22) 在推导过程中做了一些假设，但与原川越公式是相符的。燃烧速度 m 与通风参数 $A_W \sqrt{H}$ 的关系，如图1-11所示。

应该指出的是，公式 (1-22) 是在通风控制型火灾的条件下导出的，故不适合于非通风控制型火灾。因为当开口达到某一程度时，分区内的燃烧速度将不再受开口大小的影响，而是取决于可燃物的表面积和燃烧性能。试验研究发现，从通风控制型到燃料控制型火灾的转变，主要取决于可燃物的表面积。例如，从大量的分区内木垛火灾在轰燃后的稳定燃烧阶段，分解可燃物的能量主要是来自木垛内木炭的表面氧化。对于分区内纤维质（主要是木质）可燃物的火灾，鉴别火灾类型的实验公式如下：

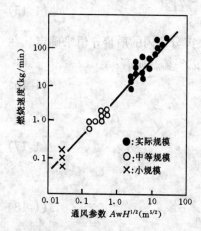

图 1-11　通风参数与燃烧速度

16

通风控制型：
$$\frac{\rho A_{\mathrm{W}}\sqrt{g}\sqrt{H}}{A_{\mathrm{F}}} < 0.235 \qquad (1\text{-}23)$$

燃料控制型：
$$\frac{\rho A_{\mathrm{W}}\sqrt{gH}}{A_{\mathrm{F}}} > 0.290 \qquad (1\text{-}24)$$

过渡区间：即 $0.235 \leqslant \dfrac{\rho A_{\mathrm{W}}\sqrt{gH}}{A_{\mathrm{F}}} \leqslant 0.290$，其火灾形式是不确定的。

式中 A_{F}——可燃物的表面积。

从大量火灾实验和实际火场的直观经验来看，燃料控制型火灾一般燃烧不太猛烈，燃烧速度较低，温度也比较低。

2.3.2 旺盛期火灾的温度

为了研究轰燃之后分区内旺盛期火灾对建筑物的破坏作用，以便进行防火设计和火灾后建筑物的技术鉴定、加固，需要建立旺盛期火灾温度的预测模型。由于轰燃前初期火灾平均温度相对较低，对建筑结构的破坏作用较小，故可忽略不计。下面的计算中，$t=0$是以轰燃为起点的。

分区火灾温度的预测模型如图 1-12 所示，为了简化计算，提出假设条件如下：

① 火灾分区的燃烧是完全的，温度是均匀的；

② 形成分区的内表面的热工性能是相同的；

③ 分区边界的导热是一维的，边界是"无限大平板"。

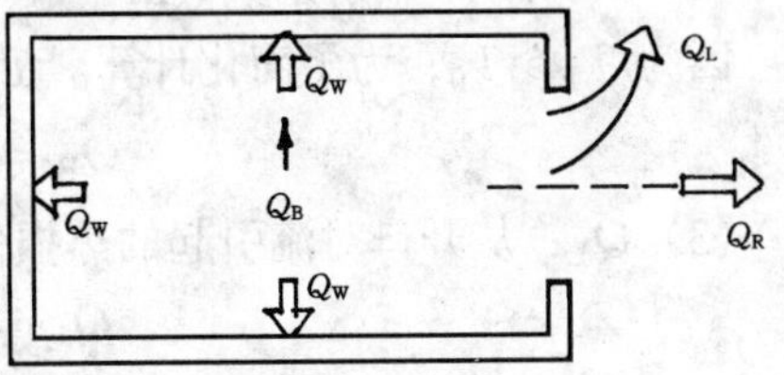

图 1-12 火灾房间的热平衡

研究图 1-12 所示火灾分区模型的热平衡，可以列出方程如下：
$$Q_{\mathrm{H}} = Q_{\mathrm{B}} + Q_{\mathrm{L}} + Q_{\mathrm{W}} + Q_{\mathrm{R}} \qquad (1\text{-}25)$$

式中 Q_{H}——火灾分区燃烧放热速度；

Q_{B}——从开口的辐射热损失速度；

Q_{L}——从开口空气对流的热损失速度；

Q_{W}——火灾分区边界导热损失速度；

Q_{R}——使火灾分区内气体升温的热损失的速度（忽略不计）。

公式（1-25）各项计算如下：

（1）Q_{H}：火灾分区燃烧放热速度 对于通风控制型火灾，其燃烧放热速度可由下式计算：
$$Q_{\mathrm{H}} = m \cdot C = 0.55 A_{\mathrm{W}}\sqrt{H} \cdot C \qquad (1\text{-}26)$$

式中 C——可燃物的燃烧比热。

在燃烧放热计算中，要把其它可燃物换算为木材，即求"当量木材"放热速度，木材的 C 值常取 $18.8\mathrm{kJ/g}$。

用公式（1-26）计算可燃物的放热速度时假定了从开始（即轰燃后的瞬间）直到所有可燃物被烧尽，Q_{H} 保持常数，此外，还应该指出，如果火灾房间的燃烧为燃料控制型时，计算出的放热速度偏高。但是，对于防火设计来说，该公式已经能够满足工程设计的精度要求了。

(2) Q_B：从开口的辐射热损失速度　通过开口的辐射热损失速度，可根据斯蒂芬-波尔兹曼定律求得：

$$Q_B = A_W \varepsilon_F \sigma (T_F^4 - T_0^4) \quad (kW) \tag{1-27}$$

式中　$A_W = \sum_{i-1}^{n} A_{Wi}$，总的开口面积（m²）；

　　　T_F——火灾分区内的气体温度（K）；

　　　σ——斯蒂芬-波尔兹曼常数，$\sigma = 5.67 W/m^2 K$；

　　　T_0——环境温度（K）；

　　　ε_F——火灾分区内气体有效辐射率，由下式求得：

$$\varepsilon_F = 1 - e^{-kX_F} \tag{1-28}$$

其中　X_F——火焰厚度（m）；

　　　k——辐射系数（m^{-1}），对于木材为主要荷载的火灾，取 $k = 1.1 m^{-1}$。

因为 $T_F \gg T_0$，为了简化计算。T_0 可忽略不计，这时公式（1-27）可写为：

$$Q_B = A_W \omega_F \sigma T_F^4 \quad (kW) \tag{1-29}$$

(3) Q_L：从开口对流引起的热损失速度

$$Q_L = m_F C_P (T_F - T_0) \tag{1-30}$$

式中　m_F——燃烧气体流出速度，由公式（1-15）求出。假设 $m_F \approx m_0$ 则有：

$$m_F = m_0 = k A_W \sqrt{H}$$

所以 $k = m_0 / A_W \sqrt{H}$，设 $k = 0.5 kg/(m^{5/2} \cdot s)$，则有：

$$Q_L = k A_W \sqrt{H} \cdot C_p \cdot (T_F - T_0)$$
$$= k \cdot C_P (T_F - T_0) A_W \sqrt{H} \tag{1-31}$$

(4) Q_W：分区边界导热损失速度　分区墙壁与楼板的热量损失速度，取决于分区内气体的温度（T_F）和内表面的温度（T_i）。为了简化计算，对于耐火建筑来说，我们假设火灾分区的边界导热性是相同的。当火灾发展到旺盛期，火灾分区壁体的导热状况可以看作是无限大板的一维不稳定导热。用一阶差分方程的数值解法，求得 Q_W 值的计算公式如下：

$$Q_W = (A_t - A_W) \left(\frac{\Delta x}{k} \right)^{-1} (T_F - T_0) \tag{1-32}$$

式中　A_t——边界表面的总面积（墙面、屋顶和地板），包括通风开口面积 A_W；

　　　T_F——火灾分区的气体温度（K）；

　　　T_0——环境温度（K）；

　　　k——界面材料的导热系数（W/m·K）；

　　　Δx——火灾分区封闭界面分割为 n 层时，每一层的厚度（m）。

(5) $T_F(t)$ 的计算　将 Q_B、Q_L、Q_W 的值代入（1-25），并经整理后，可求出 T_F 如下：

$$T_F \cdot \Delta T = \Delta t [Q_H - Q_B - Q_L - Q_W] V C_p + T_0 \tag{1-33}$$

式中　　$T_F(t)$ ——时间的函数；

　　　　V——火灾分区的容积；

　　　　C_P——定压比热；

　　　　T_F——由数值积分进行迭代计算求得。

由公式（1-33）计算求得的火灾气体温度 T_F 与实验测定的 T_F 的值是极相符合的。

2.4　建筑火灾的蔓延

2.4.1　建筑火灾蔓延的方式

（1）火焰蔓延　初始燃烧表面的火焰，将可燃材料燃烧，并使火灾蔓延开来。火焰蔓延速度主要取决于火焰传热的速度。火焰蔓延速度可由下式求得：

$$qV\Delta H = Q \tag{1-34}$$

式中　　q——可燃物的密度；

　　　　V——火焰蔓延速度；

　　　　ΔH——单位质量的可燃物从初温 T_0 上升到相当于火焰温度 T_i 时的焓的增量；

　　　　Q——火焰传热速度。

公式（2-34）称为火灾蔓延的基本方程，实质上是反映火灾蔓延的一个能量方程。

（2）热传导　火灾分区燃烧产生的热量，经导热性能好的建筑构件或建筑设备传导，能够使火灾蔓延到相邻或上下层房间。例如，薄壁隔墙、楼板、金属管壁，都可以把火灾分区的燃烧热传导至另一侧的表面，使地板上或靠着隔墙堆积的可燃、易燃物体燃烧，导致火场扩大。应该指出的是，火灾通过传导的方式进行蔓延扩大，有两个比较明显的特点，其一是必须有导热性好的媒介，如金属构件、薄壁构件或金属设备等；其二是蔓延的距离较近，一般只能是相邻的建筑空间。可见传导蔓延扩大的火灾，其范围是有限的。

（3）热对流　热对流是建筑物内火灾蔓延的一种主要方式。它是燃烧过程中烟火与冷空气不断交换形成的。燃烧时，烟气热而轻，易上窜升腾，燃烧又需要空气，这时，冷空气就会补充，形成对流。轰燃后，火灾可能从起火房间烧毁门窗，窜向室外或走廊，在更大范围内进行热对流，从水平及垂直方向蔓延，如遇可燃物及风力，就会更加助长这种燃烧，对流则会更猛烈。图 1-13 是剧场热对流造成火势蔓延的示意。

（4）热辐射　热辐射是相邻建筑之间火灾蔓延的主要方式之一。建筑防火中的防火间距，主要是考虑防止火焰辐射引起相邻建筑着火而设置的间隔距离。要搞清楚火焰辐射对火灾蔓延的机理，首先必须搞清楚两个问题，即，点燃可燃材料所需的辐射强度是多少？建筑物发生火灾时能够产生多大的辐射强度？简要介绍如下：

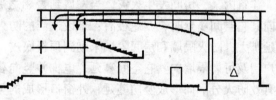

图 1-13　剧场火势蔓延示意
△—起火点；→—火势蔓延途径

在建筑物中，经常采用木材或类似木材的可燃的构件、装修、或家具等，因此，木材在建筑中是主要的火灾荷载。世界各国都特别注意对木材火灾的研究。工业发达国家把 $12.6kW/m^2$ 做为木材点燃的临界辐射强度。在这一辐射强度下烘烤 20min，无论是在室内还是在室外，火场飞散的小火星就可引燃木材。而引起木材自燃的临界辐射强度是 $33.5kW/m^2$。表 1-5 是不同辐射强度下木材的反应。

辐射强度（kW/m^2）	反 应 情 况
33.5	可使室外木材自燃
20.9	照射 1s 后即出现焦糊
12.6	木材点燃，照射 2s 后即出现焦糊
1.05	长时间照射而不出现焦糊的极限强度

建筑火灾产生的辐射强度由公式（1-29）求出：

$$Q_B = A_W \varepsilon_F \sigma T_F^4$$

在建筑火灾的热辐射计算中，一般假定建筑表面为灰体。如图 1-14，设建筑火灾的火焰辐射面积为 A_1，相邻受辐射的建筑面积为 A_2，并取火焰辐射的微元面积为 dA_1，受辐射微元面积为 dA_2，则从 dA_1 辐射到 dA_2 的总热量 Q_{12}（C_aV_s）为：

$$Q_{12} = \varepsilon_1 \varepsilon_2 \sigma (T_1^4 - T_2^4) \int_{A_2} \int_{A_1} \frac{\cos\varphi_1 \cos\varphi_2}{\pi r^2} dA_1 dA_2 \qquad (1-35)$$

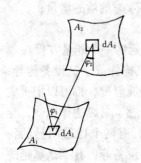

式中　φ_1——dA_1 的法线与两微元面连线 r 的夹角；

φ_2——dA_2 的法线与 r 的夹角；

T_1、T_2——两表面的绝对温度。

若令 F_{12} 为 A_1 对 A_2 的角系数，F_{21} 为 A_2 对 A_1 的角系数，则：

$$A_1 F_{12} = A_2 F_{21} = \int_{A_2} \int_{A_1} \frac{\cos\varphi_1 \cos\varphi_2}{\pi r^2} dA_1 dA_2 \qquad (1-36)$$

由公式（1-36）求出角系数之后，公式（1-35）就可写为：

$$Q_{12} = \varepsilon_1 \varepsilon_2 \sigma (T_1^4 - T_2^4) F_{12} A_1 = \varepsilon_1 \varepsilon_2 \sigma (T_1^4 - T_2^4) F_{21} A_2$$

图 1-14　两个面之间的
辐射传热

$$\qquad (1-37)$$

角系数 F_{12}、F_{21} 纯系几何参数，只取决于火灾建筑辐射源的形状、面积以及火灾建筑和被辐射建筑之间的相对位置。为了简化角系数的计算，可以假设辐射源是长方形的，被辐射建筑是平行于辐射源的。

2.4.2　建筑火灾的蔓延途径

建筑内某一房间发生火灾，当发展到轰燃之后，火势猛烈，就会突破该房间的限制。当向其它空间蔓延时，其途径有：未设适当的防火分区，使火灾在未受任何限制的条件下蔓延扩大；防火隔墙和房间隔墙未砌到顶板底皮，导致火灾在吊顶空间内部蔓延；由可燃的户门及可燃隔墙向其它空间蔓延；电梯井竖向蔓延；非防火、防烟楼梯及其它竖井未作有效防火分隔而形成竖向蔓延；外窗口形成的竖向蔓延；通风管道等及其周围缝隙造成火灾蔓延，等等。

（1）火灾在水平方向的蔓延：

①未设防火分区　对于主体为耐火结构的建筑来说，造成水平蔓延的主要原因之一是建筑物内未设水平防火分区，没有防火墙及相应的防火门等形成控制火灾的区域空间。例如，某医院大楼，每层建筑面积 $2700m^2$，未设防火墙分隔，也无其它的防火措施，三楼着火，将该楼层全部烧毁，由于楼板是钢筋混凝土板，火灾才未向其它层蔓延。又如，东京新日本饭店，于 1982 年 2 月 8 日因一旅客在 9 层客房内吸烟引起火灾，由于未设防火分隔，大火烧毁了第 9 层、第 10 层，面积达 $4360m^2$，死亡 32 人，受伤 34 人，失踪 30

多人。再如，美国内华达州拉斯维加斯市的米高梅（M.G.M）旅馆发生火灾，由于未采取严格的防火分隔措施，4600m² 的大赌场也未采取任何防火分隔措施和挡烟措施，大火烧毁了大赌场及许多公共用房，造成 84 人死亡，679 人受伤的严重后果。

②洞口分隔不完善　对于耐火建筑来说，火灾横向蔓延的另一原因是洞口处的分隔处理不完善。如，户门为可燃的木质门，火灾时被烧穿；金属防火卷帘无水幕保护，导致卷帘被熔化；管道穿孔处未用不燃材料密封等等都能使火灾从一侧向另一侧蔓延。加之，现实生活中也有设计不合理及设计合理但未能合理使用两种现象，如在防火卷帘下堆放物品；卷帘两侧不加水幕保护等；就钢质防火门来说，在建筑物正常使用情况下，门是开着的，有的甚至用木楔子支住，一旦发生火灾，不能及时关闭也会造成火灾蔓延。

此外，防火卷帘和防火门受热后变形很大，一般凸向加热一侧。防火卷帘在火焰的作用下，其背火面的温度很高，如果无水幕保护，其背火面将会产生强烈的热辐射。在背火面靠近卷帘堆放的可燃物，或卷帘与可燃构件、可燃装修接触时，就会导致火灾蔓延。

③吊顶内部空间蔓延火灾　目前有些框架结构建筑，竣工时只是个大的通间，出售或出租给用户，由用户自行分隔、装修。有不少装设吊顶的建筑，房间与房间、房间与走廊之间的分隔墙只做到吊顶底皮，吊顶之上部仍为连通空间。一旦起火极易在吊顶内部蔓延，且难以及时发现，导致灾情扩大；就是没有设吊顶，隔墙如不砌到结构底部，留有孔洞或连通空间，也会成为火灾蔓延和烟气扩散的途径。

④火灾通过可燃的隔墙、吊顶、地毯等蔓延　可燃构件与装饰物在火灾时直接成为火灾荷载，由于它们的燃烧而导致火灾扩大的例子很多。如，巴西圣保罗市安得拉斯大楼，由于隔墙采用木板和其它可燃板材，吊顶、地毯、办公家具和陈设等均为可燃材料。1972年 2 月 4 日发生了火灾，可燃材料成为燃烧、蔓延的主要途径。造成死亡 16 人，受伤326 人，经济损失达 200 万美元。

（2）火灾通过竖井蔓延　建筑物内部有大量的电梯、楼梯、服务、设备、垃圾道等竖井，这些竖井往往贯穿整个建筑，若未作周密完善的防火设计，一旦发生火灾，就可以蔓延到建筑的任意一层。

此外，建筑中一些不引人注意的孔洞，有时会造成整座大楼的恶性火灾，尤其是在现代建筑中，吊顶与楼板之间，幕墙与分隔构件之间的空隙，保温夹层，通风管道等都有可能因施工质量等留下孔洞，而且有的孔洞水平方向与竖直方向互相穿通，用户往往不知道这些孔洞隐患的存在，更不会采取什么防火措施，所以，火灾时会导致生命财产的损失。

①通过楼梯间蔓延火灾　高层建筑的楼梯间，若未按防火、防烟要求设计，则在火灾时尤如烟囱一般，烟火很快会由此向上蔓延。如巴西里约热内卢市卡萨大楼，31 层，设有两座开敞楼梯和一座封闭楼梯。1974 年 1 月 15 日，大楼第一层着火，大火通过开敞楼梯间一直蔓延到 18 层，造成第 3 至 5 层、第 16 至 17 层室内装修基本烧毁，经济损失很大。

有些高层建筑楼梯间的门未用防火门，发生火灾后，不能有效地阻止烟火进入楼梯间，以致形成火灾蔓延通道，甚至造成重大的火灾事故。如美国纽约市韦斯特克办公楼，共 42 层，只设了普通的封闭楼梯间。1980 年 6 月 23 日发生火灾，大火烧毁第 17 层至第25 层的装修、家具等等，137 人受伤，经济损失达 1500 万美元。又如西班牙的罗那阿罗肯旅馆，地上11层，地下3层，设置封闭楼梯和开敞电梯。1979年9月12日发生火灾，烟火通过未关闭的楼梯和开敞的电梯厅，从底层迅速蔓延到了顶层，造成85人死亡，经济损失惨重。

②火灾通过电梯井蔓延　电梯间未设防烟前室及防火门分隔，将会形成一座座竖向烟囱。如前述美国米高梅旅馆，1980年11月21日"戴丽"餐厅失火，由于大楼的电梯井、楼梯间没有设置防烟前室，各种竖向管井和缝隙没有采用分隔措施，使烟火通过电梯井等竖向管井迅速向上蔓延，在很短时间内，浓烟笼罩了整个大楼，并窜出大楼高达150m。

在现代商业大厦及交通枢纽、航空等人流集散量大的建筑物内，一般以自动扶梯代替了电梯。自动扶梯所形成的竖向连通空间，也是火灾蔓延的途径，设计时必须予以高度重视。

③火灾通过其它竖井蔓延　高层建筑中的通风竖井，也是火灾蔓延的主要通道之一。如，前述美国韦斯特克办公大楼，火灾烧穿了通风竖井的检查门（普通门），烟经通风竖井和其它管道的检查门蔓延到22层，而后又向下窜到第17层，使第17层～第22层陷入烈火浓烟中，损失惨重。

管道井、电缆井、垃圾井也是高层建筑火灾蔓延的主要途径。

此外，垃圾道是容易着火的部位，是火灾中火势蔓延的竖向通道。防火意识淡薄者，习惯将未熄灭的烟头扔进垃圾井，引燃可燃垃圾，导致火灾在垃圾井内隐燃、扩大、蔓延。如某高层办公大楼，垃圾道设在楼梯平台处，曾多次起火蔓延。

（3）火灾通过空调系统管道蔓延　高层建筑空调系统，未按规定部位设防火阀，采用不燃烧的风管，采用不燃或难燃材料做保温层，火灾时会造成严重损失。如杭州某宾馆，空调管道用可燃保温材料，在送、回风总管和垂直风管与每层水平风管交接处的水平支管上均未设置防火阀，因气焊烧着风管可燃保温层引起火灾，烟火顺着风管和竖向孔隙迅速蔓延，从1层烧到顶层，整个大楼成了烟火笼，楼内装修、空调设备和家具等统统化为灰烬，造成巨大损失。

通风管道蔓延火灾一般有两种方式，即通风道内起火并向连通的空间（房间、吊顶内部、机房等）蔓延；或者通风管道把起火房间的烟火送到其它空间。通风管道不仅很容易把火灾蔓延到其它空间，更危险的是它可以吸进火灾房间的烟气，而在远离火场的其它空间再喷吐出来，造成大批人员因烟气中毒而死亡。如1972年5月，日本大阪千日百货大楼，3层发生火灾，空调管道从火灾层吸入烟气，在7层的酒吧间喷出，使烟气很快笼罩了酒吧大厅，引起在场人员的混乱，加之缺乏疏散引导，导致118人丧生。因此，在通风管道穿通防火分区之处，一定要设置具有自动关闭功能的防火阀门。

（4）火灾由窗口向上层蔓延　在现代建筑中，往往从起火房间窗口喷出烟气和火焰，沿窗间墙及上层窗口向上窜越，烧毁上层窗户，引燃房间内的可燃物，使火灾蔓延到上部楼层。若建筑物采用带形窗，火灾房间喷出的火焰被吸附在建筑物表面，有时甚至会吸入上层窗户内部。实验研究证明，火焰有被吸附在建筑物表面的特性，导致火灾从下层经窗口蔓延到上层，甚至越层向上蔓延。

2.5　衰减期（熄灭）

经过火灾旺盛期之后，火灾分区内可燃物大都被烧尽，火灾温度渐渐降低，直至熄灭。一般把火灾温度降低到最高值的80%作为火灾旺盛期与衰减期的分界。这一阶段虽然有焰燃烧停止，但火场的余热还能维持一段时间的高温。衰减期温度下降速度是比较慢的。

3 火灾荷载与火灾参数

当建筑火灾发展到旺盛期后，室内绝大多数可燃物都卷入燃烧，可燃物充分燃烧，室内温度上升迅速，最高温度可达 1100℃ 以上，这一阶段中，门、窗等可燃易损构件已经破坏，形成了良好的通风条件，燃烧稳定，对建筑物损伤最为严重。这一阶段持续时间的长短，主要同可燃物的种类和数量有关，可燃物越多，燃烧时间就越长，单位发热量高的物质越多，则温度也就越高。可见，建筑物内可燃物的数量和种类，是决定火灾时间和火灾温度的基本要素之一。

3.1 固定可燃物与容载可燃物

建筑物内的可燃物大致可分为固定可燃物和容载可燃物两大类。

所谓固定可燃物，是指墙壁、顶棚、楼板等建筑基本构件和装修材料以及门窗、固定家具等。固定可燃物在建筑设计阶段就定下来了，所以如同进行结构设计时计算永久荷载一样，是能够较准确地求出其数量的。

所谓容载可燃物，是指建筑物内容纳的家具、寝具、衣物、书籍、机具、用具等各种临时性可燃物品。容载可燃物的品种、数量变动很大，不易准确掌握，一般是由调查统计来确定。我国尚无这方面的资料可供使用，表 1-6 和表 1-7 分别是日本和瑞典关于建筑物内可燃物数量的统计资料，仅供参考。应说明的是，瑞典耐火设计火灾荷载是分区内全部可燃物的发热量除以分区全表面积得到的单位表面积上的发热量。

日本不同用途建筑物容载可燃物量（1983～1984 年调查统计数据）　　表 1-6

建筑物用途	房间用途	可燃物量（kN/m²）			调查数	
		范围	平均值	标准偏差	栋数	房间数
写字楼	事务类写字间	14.4～34.9	25.7	6.5	7	8
	技术类写字间	30.8～42.4	35.6	5.0	5	6
	行政写字间	68.3～78.6	74.9	4.2	1	5
	设计室	44.5～61.4	55.4	6.6	4	5
	洽谈室 会议室 接待室 职员室等	2.5～15.5	78	46	6	13
	资料室 图书室	66.8～185.8	115.5	38.3	7	10
	仓库	209.5～369.0	285.2	80.1	2	3
	前厅	4.2～19.4	12.3	6.6	4	4
饭店	客厅	7.9～13.3	10.5	1.5	2	15
	宴会厅	2.9～6.8	4.4	1.5	1	6
	前厅		2.8		1	1
体育馆	球技场		0.2		1	1
	柔道场		4.8		1	1
	器械库	13.0～42.3	26.8	14.7	1	3

建筑物用途	房 间 用 途	可 燃 物 量 （kN/m²）			调 查 数	
		范 围	平均值	标准偏差	栋 数	房间数
剧 场	更衣室	1.8～3.3	26		1	2
	门厅		58		1	1
	娱乐室	6.2～10.0	8.8	15	1	4
	大道具制作室		436		1	1
	大道具仓库	56.9～75.3	66.1		1	2
	地下室		10.2		1	2
	舞台		45		1	1
	侧台	20.6～21.1	20.9		1	2
仓库	纸品仓库	844.6～1261.1	1061.4	142.6	1	6
百货商店	售货厅	9.3～31.0	19.2	8.6	1	6

瑞典耐火设计火灾荷载（分区内围墙单位面积荷载）　　表1-7

建 筑 类 型	平均（MJ/m²）	标准偏差（MJ/m²）	80％设计火灾荷载（MJ/m²）
住宅①			
2室与厨房	149.9	24.7	167.5
3室与厨房	138.6	20.1	148.6
办公室②			
技术类办公室	124.4	31.4	144.5
管理类办公室	101.7	32.2	131.9
所有被调查的办公室	114.3	39.4	138.2
学校②			
小学	84.2	14.2	98.4
中学	96.7	20.5	117.2
高中	61.1	18.4	71.2
所有被调查的学校	80.4	23.4	96.3
医院	115.6	36.0	146.5
饭店②	67.0	19.3	81.6

注：①不包括地板上的覆盖物；

②只包括可移动的火灾荷载。

3.2 火灾荷载

建筑物内的可燃物不仅种类繁多，而且燃烧时的发热量也因材而异。为了便于火灾研究和采取防火措施，我们将实际存在的各种可燃物，按照发热量相等的原则，换算为木材的重量，称为等效可燃物量。单位面积上的等效可燃物量称为火灾荷载：

$$q = \frac{\Sigma G_i H_i}{H_0 A} = \frac{\Sigma Q_i}{1.8837 \times 10^4 A} \tag{1-38}$$

式中　q——火灾荷载（kg/m^2）；

　　　G_i——各种可燃物的重量（kg）；

　　　H_i——可燃物单位发热量（kJ／kg）；

　　　H_0——木材的单位发热量，一般取 $H_0 = 1.8837 \times 10^4$（kJ／kg）；

　　　A——火灾分区的建筑面积（m^2）；

　　ΣQ_i——火灾分区内可燃物的总发热量（kJ）。

表 1-8 是一些物品的单位发热量。

物 品 的 单 位 发 热 量　　　　　　　表 1-8

材 料 名 称	单位发热量（kJ/kg）	材 料 名 称	单位发热量（kJ/kg）
木材	1.8837×10^4	天然纤维	1.8837×10^4
软木	1.6744×10^4	羊毛	2.0930×10^4
纸	1.6744×10^4	人造纤维，丝织品	1.8837×10^4
软纸三合板	1.6744×10^4	皮革	2.0930×10^4
煤	3.3488×10^4	混合颜料	2.5116×10^4
动、植物油	3.9767×10^4	软质木屑板	1.8837×10^4
汽油	4.1860×10^4	木质纤维板	1.1837×10^4
轻油	4.3953×10^4	塑料地板	2.0930×10^4
石油	4.3953×10^4	糖	1.8837×10^4
焦油	3.7674×10^4	粮食	1.8837×10^4
橡胶	3.7674×10^4	香烟	1.8837×10^4
泡沫橡胶	3.3488×10^4	沥青	3.9667×10^4
硬质胶合板	1.8837×10^4	油毡	2.0930×10^4
焦碳、木碳	3.3488×10^4	塑料	4.3534×10^4

【例 1-1】 某宾馆标准间客房长 5m，宽 4m，其内容纳的可燃物及其发热量如表 1-9 所示，试求标准间客房的火灾荷载。

陈设、家具、内部装修的发热量　　　　　　表 1-9

分　类	品　名	材　料	可燃物量（kg）	单位发热量（kJ/kg）
容载可燃物	单人床（2）	木材	113.40	1.8837×10^4
		泡沫塑料	50.04	4.3534×10^4
		纤维	27.90	1.8837×10^4
	写字台	木材	13.62	1.8837×10^4
	大沙发	木材	28.98	1.8837×10^4
		泡沫塑料	32.40	4.3534×10^4
		纤维	18.00	2.0930×10^4
	茶几	木材	7.62	1.8837×10^4
固定可燃物	壁纸	厚度 0.5mm	17.38	1.6744×10^4
	涂料	厚度 0.3mm	15.64	1.6744×10^4

解： 根据已知条件，按照公式（1-38），先分别求出固定火灾荷载和容载火灾荷载，再求出房间的全部火灾荷载。

①固定火灾荷载 q_1：

$$q_1 = \frac{17.38 \times 1.6744 \times 10^4 + 15.64 \times 1.6744 \times 10^4}{1.8837 \times 10^4 \times 4 \times 5} = 1.5\text{kg/m}^2$$

②容载火灾荷载 q_2：

$$\Sigma Q_i = 1.8837 \times 10^4(113.40 + 13.62 + 28.98 + 7.62) + 4.3534$$
$$\times 10^4(50.04 + 32.40) + 2.093 \times 10^4(27.90 + 18.00)$$
$$= 757.3345 \times 10^4\text{kJ}$$

$$\therefore q_2 = \frac{\Sigma Q_i}{1.8837 \times 10^4 \times 4 \times 5} = 20.1\text{kg/m}^2$$

③全部火灾荷载 q：

$$q = q_1 + q_2 = 1.5 + 20.1 = 21.6\text{kg/m}^2$$

答： 标准客房的火灾荷载为 21.6kg/m^2。

3.3 火灾持续时间

火灾持续时间是指火灾区间从火灾形成到火灾衰减所持续的总时间。但是，从建筑物耐火性能的角度来看，是指火灾区间轰燃后经历的时间。通过实验研究发现，火灾持续时间与火灾荷载成正比，可由下述经验公式计算。

$$t = \frac{qA_F}{5.5A_W\sqrt{H}}(\text{min}) = \frac{qA_F}{5.5A_W\sqrt{H}} \cdot \frac{1}{60} = \frac{1}{330}qF_d(h) \tag{1-39}$$

$$F_d = \frac{A_F}{A_W\sqrt{H}} \tag{1-40}$$

式中　F_d——火灾持续时间参数，是决定火灾持续时间的基本参数；

　　　A_F——火灾房间的地板面积；

　　　q——火灾荷载。

【例 1-2】 求例 1-1 中客房发生火灾的持续时间，设窗户为宽×高＝2m×1m，门为宽×高＝1m×2m。

解： 已知：$q = 21.6\text{kg/m}^2$；房间尺寸：长＝5m，宽＝4m，高＝2.8m；窗：宽＝2m，高＝1m；门：宽＝1m，高＝2m。

①求 A_F

$$A_F = 5 \times 4 = 20\text{m}^2$$

②求 $A_W\sqrt{H}$：

$$A_W\sqrt{H} = \Sigma A_{wi}\sqrt{H_i} = 2 \times 1 + \sqrt{1} + 1 \times 2 \times \sqrt{2} = 4.83$$

③求 t：

$$t = \frac{qA_F}{5.5A_W\sqrt{H}} = \frac{21.6 \times 20}{5.5 \times 4.83} = 16.26\text{min}$$

答： 该房间的火灾持续时间为 16.26min。

除用上述公式计算火灾持续时间之外，根据火灾荷载还推算出了火灾燃烧时间的经验数据，如表 1-10 所示。此表的使用条件是，火灾荷载是纤维系列可燃物，即可燃物发热量与木材的发热量接近或相同，油类及爆炸类物品不适用。

火灾荷载和火灾持续时间的关系 表 1-10

火灾荷载（kg/m²）	25	37.5	50	75	100	150	200
火灾持续时间（h）	0.5	0.7	1.0	1.5	2.0	3.0	4～4.7

3.4 火灾温度的测算

在本章第 1 节中我们讨论了计算火灾温度的数学模型，由此可知，要进行比较准确的火灾温度计算，用手算的方法是相当困难的。下面介绍一种测算火灾温度的简便方法。

当求出火灾的持续时间后，可根据标准火灾升温曲线查出火灾温度，或者根据国际标准 ISO834 所确定的标准火灾升温曲线公式计算出火灾温度。我国已经采用了国际标准 ISO834 的标准火灾升温曲线公式：

$$T_t = 345\log(8t + 1) + T_0 \qquad (1\text{-}41)$$

式中 T_t——t 时刻的炉内温度（℃）；

T_0——炉内初始温度（℃）；

t——加热时间（min）。

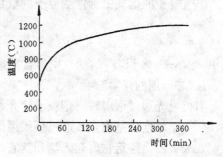

图 1-15 国际标准火灾时间-温度曲线

图 1-15 是根据国际标准火灾升温曲线公式做出的炉内温度、时间曲线；表 1-11 是由 (1-41)式计算出的标准火灾时间-温度曲线的温度值。

标准火灾时间-温度曲线的温度值 表 1-11

时间(min)	炉内温度(℃)	时间(min)	炉内温度(℃)	时间(min)	炉内温度(℃)	时间(min)	炉内温度(℃)
5	556	30	821	120	1029	240	1133
10	659	60	925	180	1090	360	1193
15	718	90	986				

【例 1-3】 试求例 1-2 中的火灾温度，设 $T_0 = 20℃$。

解：已知：火灾持续时间为 16.26min，$T_0 = 20℃$。根据公式（1-41）可得

$$T_t = 345\log(8 \times 16.26 + 1) + 20$$

$$= 345\log130.08 + 20 = 749.4℃$$

答：该房间火灾温度为 749.4℃。

第 3 节 建筑火灾烟气及其流动规律

1 烟 的 性 质

1.1 烟的浓度

烟是指空气中浮游的固体或液体烟粒子，其粒径在 $0.01\sim10\mu m$ 之间。而火灾时产生的烟，除了烟粒子外，还包括其它气体燃烧产物，如 CO_2、H_2O、CH_4、C_nH_m、H_2 等，

以及未参加燃烧反应的气体，如 N_2、CO_2，未反应的 O_2 等。

火灾中的烟气浓度，一般有质量浓度、粒子浓度和光学浓度三种表示法。

1.1.1　烟的质量浓度

单位容积的烟气中所含烟粒子的质量，称为烟的质量浓度 μ_s，即

$$\mu_s = \frac{m_s}{V_s} \quad (\text{mg/m}^3) \tag{1-42}$$

式中　m_s——容积 V_s 的烟气中所含烟粒子的质量（mg）；

V_s——烟气容积（m^3）。

1.1.2　烟的粒子浓度

单位容积的烟气中所含烟粒子的数目，称为烟的粒子浓度 n_s，即

$$n_s = \frac{N_s}{V_s} \quad (\text{个}/\text{m}^3) \tag{1-43}$$

式中　N_s——容积 V_s 的烟气中所含的烟粒子数。

1.1.3　烟的光学浓度

当可见光通过烟层时，烟粒子使光线的强度减弱。光线减弱的程度与烟的浓度有函数关系。光学浓度就是由光线通过烟层后的能见距离，用减光系数 C_s 来表示。

在火灾时，建筑物内充入烟和其它燃烧产物，影响火场的能见距离，从而影响人员的安全疏散，阻碍消防队员接近火点救人和灭火，因此，本书主要讨论烟的光学浓度。

设光源与受光物体之间的距离为 L（m），无烟时受光物体处的光线强度为 I_0（cd），有烟时光线强度为 I（cd），则根据朗伯-比尔定律得：

$$I = I_0 e^{-c_s L} \quad (\text{cd}) \tag{1-44}$$

或者

$$C_s = \frac{1}{L} \ln \frac{I_0}{I} \quad (\text{m}^{-1}) \tag{1-45}$$

式中　C_s——烟的减光系数（m^{-1}）；

L——光源与受光体之间的距离（m）；

I_0——光源处的光强度（cd）。

从公式（1-44）可以看出，当 C_s 值愈大时，亦即烟的浓度愈大时，光线强度 I 就愈小，L 值愈大时，亦即距离愈远时，I 值就愈小，这一点与人们的火场体验是一致的。

为了研究各种材料在火灾时的发烟特性，我们在恒温的电炉中燃烧试块，把燃烧所产生的烟集蓄在一定容积的集烟箱里，同时测定试块在燃烧时的重量损失和集烟箱内烟的浓度，将测量得到的结果列于表1-12中。

建筑材料燃烧时产生烟的浓度和表观密度　　　　　　　表1-12

材　　料	木	材	氯乙烯树脂	苯乙烯泡沫塑料	聚氨酯泡沫塑料	发烟筒(有酒精)
燃烧温度(℃)	300~210	580~620	820	500	720	720
空气比	0.41~0.49	2.43~2.65	0.64	0.17	0.97	—
减光系数(m^{-1})	10~35	20~31	>35	30	32	3
表观密度差(%)	0.7~1.1	0.9~1.5	2.7	2.1	0.4	2.5

注：表观密度差是指在同温度下，烟的表观密度 γ_s 与空气表观密度 γ_a 之差的百分比，即 $\frac{\gamma_s - \gamma_a}{\gamma_s}$。

1.2　建筑材料的发烟量与发烟速度

各种建筑材料在不同温度下，单位重量所产生的烟量是不同的，见表1-13。从表中可以看出，木材类在温度升高时，发烟量有所减少。这主要是因为分解出的碳质微粒在高温下又重新燃烧，且温度升高后减少了碳质微粒的分解所致。还可以看出，高分子有机材料能产生大量的烟气。

各种材料产生的烟量($C_s = 0.5$)（m³/g）　　　表1-13

材 料 名 称	300℃	400℃	500℃	材 料 名 称	300℃	400℃	500℃
松	4.0	1.8	0.4	锯木屑板	2.8	2.0	0.4
杉木	3.6	2.1	0.4	玻璃纤维增强塑料	—	6.2	4.1
普通胶合板	4.0	1.0	0.4	聚氯乙烯	—	4.0	10.4
难燃胶合板	3.4	2.0	0.6	聚苯乙烯	—	12.6	10.0
硬质纤维板	1.4	2.1	0.6	聚氨酯(人造橡胶之一)	—	14.0	4.0

除了发烟量外，火灾中影响生命安全的另一重要因素就是发烟速度，即单位时间、单位重量可燃物的发烟量，表1-14是各种材料的发烟速度，是由实验得到的。该表说明，木材类在加热温度超过350℃时，发烟速度一般随温度的升高而降低。而高分子有机材料则恰好相反。同时可以看出，高分子材料的发烟速度比木材要大得多，这是因为高分子材料的发烟系数大，且燃烧速度快之故。

各种材料的发烟速度 [m³/ (s·g)]　　　表1-14

材 料 名 称	加　热　温　度　（℃）											
	225	230	235	260	280	290	300	350	400	450	500	550
针枞							0.72	0.80	0.71	0.38	0.17	0.17
杉		0.17		0.25		0.28	0.61	0.72	0.71	0.53	0.13	0.31
普通胶合板	0.03			0.19	0.25	0.26	0.93	1.08	1.10	1.07	0.31	0.24
难燃胶合板	0.01		0.09	0.11	0.13	0.20	0.56	0.61	0.58	0.59	0.22	0.20
硬质板							0.76	1.22	1.19	0.19	0.26	0.27
微片板							0.63	0.76	0.85	0.19	0.15	0.12
苯乙烯泡沫板A							1.58	2.68	5.92	6.90	8.96	
苯乙烯炮沫板B							1.24	2.36	3.56	5.34	4.46	
聚氨酯								5.0	11.5	15.0	16.5	
玻璃纤维增强塑料								0.50	1.0	3.0	0.5	
聚氯乙烯								0.10	4.5	7.50	9.70	
聚苯乙烯								1.0	4.95	—	2.97	

现代建筑中，高分子材料大量用于家具用品、建筑装修、管道及其保温、电缆绝缘等方面。一旦发生火灾，高分子材料不仅燃烧迅速，加快火势扩展蔓延，还会产生大量有毒的浓烟，其危害远远超过一般可燃材料。

1.3　能见距离

火灾的烟气导致人们辨认目标的能力大大降低，并使事故照明和疏散标志的作用减弱。因此，人们在疏散时往往看不清周围的环境，甚至达到辨认不清疏散方向，找不到安全出口，影响人员安全的程度。各国专家普遍认为，当能见距离降到 3m 以下时，逃离火场就十分困难了。

研究证明，烟的减光系数 C_s 与能见距离 D 之积为常数 C，其数值因观察目标的不同而不同。例如，疏散通道上的反光标志、疏散门等，$C=2\sim4$；对发光型标志、指示灯等，$C=5\sim10$。用公式表示：

反光型标志及门的能见距离

$$D \approx \frac{2-4}{C_s} \quad (\text{m}) \tag{1-46}$$

发光型标志及白天窗的能见距离

$$D \approx \frac{5-10}{C_s} \quad (\text{m}) \tag{1-47}$$

能见距离 D 与烟浓度 C_s 的关系还可以从图 1-16 和图 1-17 的实验结果予以说明。有关室内装饰材料等反光型材料的能见距离和不同功率的电光源的能见距离分别列于表1-15 和表 1-16 中。

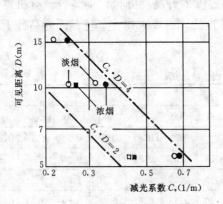

图 1-16　反光型标志的能见距离
○●反射系数为 0.7
□■反射系数为 0.3
室内平均照度为 40Lx

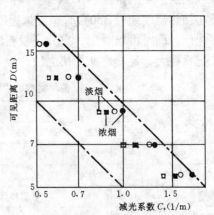

图 1-17　发光型标志的能见距离
○●20cd/m²；
□■500cd/m²；
室内平均照度为 40Lx

反光型饰面材料的能见距离 D (m)　　　　　　　　表 1-15

反光系数	室内饰面材料名称	烟的浓度 C_s (m⁻¹)					
		0.2	0.3	0.4	0.5	0.6	0.7
0.1	红色木地板、黑色大理石	10.40	6.93	5.20	4.16	3.47	2.97
0.2	灰砖、菱苦土地面、铸铁、钢板地面	13.87	9.24	6.93	5.55	4.62	3.96
0.3	红砖、塑料贴面板、混凝土地面、红色大理石	15.98	10.59	7.95	6.36	5.30	4.54
0.4	水泥砂浆抹面	17.33	11.55	8.67	6.93	5.78	4.95
0.5	有窗未挂帘的白墙、木板、胶合板、灰白色大理石	18.45	12.30	9.22	7.23	6.15	5.27
0.6	白色大理石	19.36	12.90	9.68	7.74	6.45	5.53
0.7	白墙、白色水磨石、白色调合漆、白水泥	20.13	13.42	10.06	8.05	6.93	5.75
0.8	浅色瓷砖、白色乳胶漆	20.80	13.86	10.40	8.32	6.93	5.94

I_0 (lm/m^2)	电光源类型	功率 (W)	烟的浓度 C_s (m^{-1})				
			0.5	0.7	1.0	1.3	1.5
2400	荧光灯	40	16.95	12.11	8.48	6.52	5.65
2000	白炽灯	150	16.59	11.85	8.29	6.38	5.53
1500	荧光灯	30	16.01	11.44	8.01	6.16	5.34
1250	白炽灯	100	15.65	11.18	7.82	6.02	5.22
1000	白炽灯	80	15.21	10.86	7.60	5.85	5.07
600	白炽灯	60	14.18	10.13	7.09	5.45	4.73
350	白炽灯、荧光灯	40.8	13.13	9.36	6.55	5.04	4.37
222	白炽灯	25	12.17	8.70	6.09	4.68	4.06

【例1】 试求白色调合漆疏散标志牌在烟的浓度为 $C_s = 0.5 m^{-1}$ 时的能见距离。

解1： 查表 6-4 得，该标志的能见距离为 8.05m。

解2： 查表 6-4 得，该标志的反光系数为 0.7m。

从图 6-1 中找到反光系数为 0.7，C_s 为 $0.5 m^{-1}$ 时，常数 $C = 4$。

$$\therefore \qquad D \approx \frac{C}{C_s} = \frac{4}{0.5} = 8m$$

1.4 烟的允许极限浓度

为了使火灾中人们能够看清疏散楼梯间的门和疏散标志，保障疏散安全，需要确定疏散时人们的能见距离不得小于某一最小值。这个最小的允许能见距离叫作疏散极限视距，一般用 D_{min} 表示。

对于不同用途的建筑，其内部的在住人员对建筑物的熟悉程度是不同的。例如，住宅楼、教学楼、生产车间等建筑，其内部人员基本上是固定的，因而对建筑物的疏散路线、安全出口等是很熟悉的；而各类旅馆、百货大楼的绝大多数人员是非固定的，所以对建筑物的疏散路线、安全出口等是不太熟悉的。因此，对于非固定人员集中的高层旅馆、百货大厦等建筑，其疏散极限视距要求为 $D_{min} = 30m$；对于内部基本上是固定人员的住宅楼、宿舍楼、生产车间等的疏散极限视距为 $D_{min} = 5m$。

所以，要看清疏散通道上的门和反光型标志，要求烟的允许极限浓度为 C_{smax}：

对于熟悉建筑物的人：$C_{smax} = (0.2 \sim 0.4) m^{-1}$，平均为 $0.3 m^{-1}$；

对于不熟悉建筑物的人：$C_{smax} = (0.07 \sim 0.13) m^{-1}$，平均为 $0.1 m^{-1}$。

但是，火灾房间的烟浓度根据实验取样检测，一般为 $C_s = (25 \sim 30) m^{-1}$。当火灾房间有黑烟喷出时，这时室内烟浓度即为 $C_s = (25 \sim 30) m^{-1}$。就是说，为了保障疏散安全，无论是熟悉建筑物的人，还是不熟悉建筑物的人，烟在走廊里的浓度只允许为起火房间内烟浓度的 1/300 (0.1/30) ～1/100 (0.3/30) 的程度。

2 烟 的 危 害

国外多次建筑火灾的统计表明，死亡人数中有 50% 左右是被烟气毒死的。近年来由于各种塑料制品大量用于建筑物内，以及空调设备的广泛使用和无窗房间的增多等原因，烟气毒死的比例有显著增加。英国对此作了比较：1956 年火灾死亡总人数中只有 20% 死于烟气中毒。1966 年上升到 40% 左右。1976 年则高达 50% 以上。烟气的危害性可以从以下三个方面说明。

2.1 对人体的危害

在火灾中，人员除了直接被烧或者跳楼死亡之外，其它的死亡原因大都和烟气有关，主要有：

(1) CO 中毒。CO 被人吸入后和血液中的血红蛋白结合成为一氧化碳血红蛋白，从而阻碍血液把氧输送到人体各部分。当 CO 和血液 50% 以上的血红蛋白结合时，便能造成脑和中枢神经严重缺氧，继而失去知觉，甚至死亡。即使 CO 的吸入在致死量以下，也会因缺氧而发生头痛无力及呕吐等症状，最终仍可导致不能及时逃离火场而死亡。不同浓度的 CO 对人体的影响程度见表 1-17。

CO 对人体的影响程度　　　　表 1-17

空气中一氧化碳含量（%）	对人体的影响程度	空气中一氧化碳含量（%）	对人体的影响程度
0.01	数 h 对人体影响不大	0.5	引起剧烈头晕,经 20～30min 有死亡危险
0.05	1.0h 内对人体影响不大	1.0	呼吸数次失去知觉,经过 1～2min 即可能死亡
0.1	1.0h 时后头痛,不舒服,呕吐		

(2) 烟气中毒。木材制品燃烧产生的醛类，聚氯乙烯燃烧产生的氢氯化合物都是刺激性很强的气体，甚至是致命的。例如烟中含有 5.5ppm（百万分率）的丙稀醛时，便会对上呼吸道产生刺激症状；如在 10ppm 以上时，就能引起肺部的变化，数分钟内即可死亡。它的允许浓度为 0.1ppm，而木材燃烧的烟中丙烯醛的含量已达 50ppm 左右，加之烟气中还有甲醛、乙醛、氢氧化物、氢化氰等毒气，对人都是极为有害的。随着新型建筑材料及塑料的广泛使用，烟气的毒性也越来越大，火灾疏散时的有毒气体允许浓度见表 1-18。

疏散时有毒气体允许浓度　　　　表 1-18

毒性气体种类	允许浓度	毒性气体种类	允许浓度	毒性气体种类	允许浓度
一氧化碳 CO	0.2	氯化氢 HCl	0.1	氨 NH_3	0.3
二氧化碳 CO_2	3.0	光气 $COCl_2$	0.0025	氢化氰 HCN	0.02

(3) 缺氧。在着火区域的空气中充满了一氧化碳、二氧化碳及其它有毒气体，加之燃烧需要大量的氧气，这就造成空气的含氧量大大降低。发生爆炸时甚至可以降到 5% 以下，此时人体会受到强烈的影响而死亡，其危险性也不亚于一氧化碳。空气中缺氧时对人体的影响情况见表 1-19。气密性较好的房间，有时少量可燃物的燃烧也会造成含氧降低较多，这一点必须引起注意。

空气中氧的浓度（%）	症　状	空气中氧的浓度（%）	症　状
21	空气中含氧的正常值	12～10	感觉错乱，呼吸紊乱，肌肉不舒畅，很快疲劳
20	无影响	10～6	呕吐，神智不清
16～12	呼吸、脉搏增加，肌肉有规律的运动受到影响	6	呼吸停止，数分钟后死亡

缺氧对人体的影响程度　　　　　　　　　　　表 1-19

（4）窒息。火灾时，人员可能因头部烧伤或吸入高温度烟气而使口腔及喉部肿胀，以致引起呼吸道阻塞窒息。此时，如不能得到及时抢救，就有被烧死或被烟气毒死的可能性。

在烟气对人体的危害中，以一氧化碳的增加和氧气的减少影响最大。但实际上，起火后这些因素往往是相互混合共同作用于人体的，一般说来，比其单独作用更具危险性。

2.2　对疏散的危害

在着火区域的房间及疏散通道内，充满了含有大量一氧化碳及各种燃烧成分的热烟，甚至远离火区的部位及火区上部也可能烟雾弥漫，这对人员的疏散带来了极大的困难。烟气中的某些成分会对眼睛、鼻、喉产生强烈刺激，使人们视力下降且呼吸困难。浓烟能造成人们的恐惧感，使人们失去行为能力甚至出现异常行为。

除此之外，由于烟气集中在疏散通道的上部空间，通常使人们掩面弯腰地摸索行走，速度既慢又不易找到安全出口，甚至还可能走回头路。火场的经验表明，人们在烟中停留一二分钟就可能昏倒，四五分钟即有死亡的危险。

2.3　对扑救的危害

消防队员在进行灭火救援时，同样要受到烟气的威胁。烟气严重妨碍消防员的行动；弥漫的烟雾影响视线，使消防队员很难找到起火点，也不易辨别火势发展的方向，灭火战斗难以有效地开展。同时，烟气中某些燃烧产物还有造成新的火源和促使火势发展的危险；不完全燃烧物可能继续燃烧，有的还能与空气形成爆炸性混合物；带有高温的烟气会因气体的热对流和热辐射而引燃烧其它可燃物。上述情况导致火场扩大，给扑救工作加大了难度。

3　烟在建筑内的流动

烟在建筑物内的流动，在不同燃烧阶段，呈现有差异：火灾初期，热烟比重小，烟带着火舌向上升腾，遇到天棚，即转化为水平方向运动，其特点是呈层流状态流动，实验证明，这种层流状态可保持 40～50m。烟在顶棚下向前运动时，如遇梁或挡烟垂壁，烟气受阻，此时烟会倒折回来，聚集在空间上空，直到烟的层流厚度超过梁高时，烟会继续前进，占满另外空间。此阶段，烟气扩散速度约为 0.3m/s。轰燃前，烟扩散速度约为 0.5～0.8m/s，烟占走廊高度约一半。轰燃时，烟被喷出的速度高达每秒数十米，烟也几乎降到地面。

烟在垂直方向的流动也是很迅速的。日本曾在东京海上大厦中进行过火灾试验。火灾室设在大楼的第四层，点火 2min 后，由室内喷出的烟气很快就进入相距 30m 的楼梯间。3min 后，烟就已充满整个楼梯间，并进入各层走廊中。5～7min 后，上面三层走廊均形成对疏散有危险的状态。实验表明，烟气上升速度比水平流动速度大得多，一般可达到3～5m/s。我国对内天井式建筑也进行过大型火灾实验。平常状态下，天井因风力或温度差形成负压而产生抽力。当天井内某房间起火后，大量热烟由抽力作用进入天井并向上排出。天井内温度随之升高，冷风则由天井向其它开启的窗户流入补充。实验证明：当天井高度越大和天井内温度越高时，抽力就越大，烟的流动速度也会由初期的 1～2m/s 增至3～4m/s，最盛时 3～5m/s，轰燃时，可达 9m/s。

烟气流动的基本规律是：由压力高处向压力低处流动，如房间为负压，则烟火就会通过各种洞口进入。相反，就会迫使烟火无法进入。这个规律很有用。

烟在不同部位的流动特性有以下几种：

3.1 开口处的烟气流动

火灾中的烟气与空气流动，基本上可以用通风计算的方法进行计算。

在分析建筑物内的气体流动时，流体能量守恒，可用伯努利方程来表示。在完全流体的稳定流动中，取某一流线或流管来分析，有下式成立：

$$\frac{1}{2}\rho v_1^2 + P_1 + \rho g Z_1 = \frac{1}{2}\rho v_2^2 + P_2 + \rho g Z_2 \tag{1-48}$$

式中　v——气流速度（m/s）；

　　　Z——从基准面算起的高度（m）；

　　　g——重力加速度（m/s²）；

　　　P——高度 Z 处的绝对压力（Pa），从外部垂直作用于流管的断面。

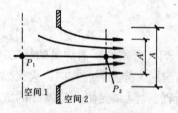

图 1-18　开口处的气流

3.1.1 气流在开口处的流动

在开口处的两侧有压力差时，会发生气流流动。与开口壁的厚度相比，开口面积很大的孔洞（如门窗洞口）的气体流动，叫孔口流动。这一现象的分析模式，如图 1-18 所示。从开口 A 喷出的气流发生缩流现象，流体截面成为 A'。若设 $A'/A = \alpha$，则流量 m（kg/s）：

$$m = (\alpha A)\rho v$$

根据伯努利方程：

$$P_1 = P_2 + \frac{1}{2}\rho v^2$$

∴开口内外之差：　　　$\Delta P = P_1 - P_2$

则开口处流量：

$$m = \alpha A \sqrt{2\rho\Delta P} \tag{1-49}$$

式中　α——流量系数，αA 称为有效面积，对于门、窗洞口，一般 $\alpha = 0.7$ 左右。

3.1.2 烟的密度与压力

即使非常浓的烟气，与同温同压的空气的密度相比，差别只有百分之几。所以，可近似地认为烟的密度与空气的密度相同。

而且，在建筑物的防烟设计中，烟气流动的动力，是建筑物内的气压差。与大气压相比，气压差是很微小的。因此，假设烟的密度不随高度变化，可近似地将烟气密度看作绝对温度 T（K）的函数：

$$\rho = 353/T \qquad (1-50)$$

假设某一基准高度处的绝对压力为 P_0，离开基准高度 Z（m）上方的一点压力 P 为：

$$P = P_0 - g\int_0^z \rho(Z)dZ$$

根据上述假定，密度不随高度变化，则有：

$$P = P_0 + \rho gZ \qquad (1-51)$$

3.1.3　压力差与中性面

假设相邻的充满静止空气的两个房间，如图1-19所示，这两个房间内高度为 Z 处的室内压力 P_1、P_2 由公式（1-51）表达如下：

$$P_1 + \rho_1 gZ = P_{01}$$
$$P_2 + \rho_2 gZ = P_{02}$$

式中　P_0——基准高度处的压力（Pa），下标分别代表房间编号。

则此两房间的压力差 ΔP：

$$\Delta P = P_1 - P_2 = (P_{01} - P_{02}) - (\rho_1 - \rho_2)gZ$$

某一基准高度（一般设地平面或一层地面）处的静压力与温度可用高度来表示。在此，两个房间的压力相同（$\Delta P = 0$）之高度称为中性面，在两个房间之间有开口的情况下，根据在中性面上下的位置关系，其烟气流动的方向是相反的。中性面的高度 Z_n（m）由下式求出：

$$Z_n = \frac{P_{01} - P_{02}}{(\rho_1 - \rho_2)g} \qquad (m) \qquad (1-52)$$

3.1.4　门口处的烟气流动

在门洞等纵长开口处，当两个房间有温差时，其压力差是不同的，烟气流动随着高度不同而不同。如图1-20，以中性面为基准面，测定高度 h 处的压力差 ΔP_h 为：

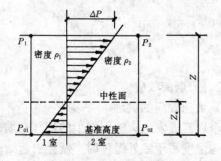

图 1-19　中性面与压力差

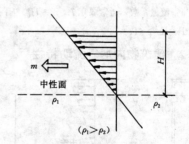

图 1-20　有温差时烟气的流动

$$\Delta P_h = |\rho_1 - \rho_2|gh$$

当开口宽为 B，$\rho_1 > \rho_2$ 时，在中性面以上的 H 范围内，房间2向房间1的流量 m 取微小区间 dh 的积分：

$$m = \int_0^H \alpha A_h \sqrt{2\rho_2 \Delta P}\,dh$$

$$= \alpha B \sqrt{2\rho_2(\rho_1 - \rho_2)g} \int_0^H h^{1/2} dh \tag{1-53}$$

$$= (2/3)\alpha B \sqrt{2g\rho_2(\rho_1 - \rho_2)} H^{1.5}$$

推而广之，可将气流量与中性面、开口高度及位置关系分类，从相邻 2 个房间的密度差与压力差，整理出开口处流量的计算结果如表 1-20。

开口两侧有温差时的流量计算　　　　　　　　　　　　表 1-20

判别条件		模 型	流 量 计 算 式
$\rho_j = \rho_i$	$P_j \leqslant P_i$		$m_{ij} = \alpha B (H_u - H_L) \sqrt{2\rho_i \Delta P}$ $m_{ji} = 0$
	$P_j > P_i$		$m_{ij} = 0$ $m_{ji} = \alpha B (H_u - H_L) \sqrt{2\rho_j \Delta P}$
$\rho_j > \rho_i$	$Z_n \leqslant H_L$		$m_{ij} = (2/3) \alpha B \sqrt{2g\rho_i \Delta P} \times \{(H_u - Z_n)^{1.5} - (H_L - Z_n)^{1.5}\}$ $m_{ji} = 0$
	$H_L < Z_n < H_n$		$m_{ij} = (2/3) \alpha B \sqrt{2g\rho_i \Delta P} (H_L - Z_n)^{1.5}$ $m_{ji} = (2/3) \alpha B \sqrt{2g\rho_i \Delta P} (Z_n - H_L)^{1.5}$
	$H_u \leqslant Z_n$		$m_{ji} = (2/3) \alpha B \sqrt{2g\rho_i \Delta P} \times \{(Z_n - H_L)^{1.5} - (Z_n - H_L)^{1.5}\}$
$\rho_j < \rho_i$	$Z_n \leqslant H_L$		$m_{ij} = 0$ $m_{ji} = (2/3) \alpha B \sqrt{2g\rho_i \Delta P} \times \{(H_u - Z_n)^{1.5} - (H_L - Z_n)^{1.5}\}$
	$H_L < Z_n < H_u$		$m_{ij} = (2/3) \alpha B \sqrt{2g\rho_i \Delta P} (Z_n - H_L)^{1.5}$ $m_{ji} = (2/3) \alpha B \sqrt{2g\rho_i \Delta P} (H_u - Z_n)^{1.5}$
	$H_u \leqslant Z_n$		$m_{ij} = (2/3) \alpha B \sqrt{2g\rho_i \Delta P} \times \{(Z_n - H_L)^{1.5} - (Z_n - H_L)^{1.5}\}$ $m_{ji} = 0$

注：Z_n：中性面高度（m）；　　　$Z_n = (P_i - P_j) / \{(\rho_i - \rho_j) g\}$；

　　α：流量系数，通常取 0.7；　　　H_u，H_L：开口的上端及下端高度（m）；

　　P：压力（Pa）；　　　ρ：密度（kg/m³）。

3.2　建筑物内烟气流动特性

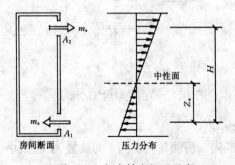

图 1-21　烟囱效应机理示意

3.2.1　烟囱效应

（1）烟囱效应的机理

冬季取暖或发生火灾而产生的烟气充满建筑物，室内温度高于室外温度时，就会引起烟囱效应。这时建筑的下部室内压力较低，外部的冷空气流入；与此相反，上部压力较高，高温烟气流向外部。这种烟囱效应，对于电梯竖井或楼梯间等竖向高度很大的空间，尤其突出。

如图 1-21 模型所示，我们来分析只有上下两个开口的空间，假设其内部充满了烟气，这时，流入内部的空气量为 m_a，流出的空气量为 m_s，同根据伯努利方程有：

$$m_a = \alpha A_1 \sqrt{2g\rho_s(\rho_a - \rho_s)Z_n} \tag{1-54}$$

$$m_s = \alpha A_2 \sqrt{2g\rho_s(\rho_a - \rho_s)(H - Z_n)} \tag{1-54'}$$

式中　H——上下开口之间的垂直距离（m）；

　　　Z_n——下部开口与中性面的垂直距离（m）。

在稳定状态下，空间内的压力满足质量守恒定律，即

$m_a = m_s$，因此可得：

$$\frac{Z_n}{H - Z_n} = \frac{(\alpha A_2)^2 \rho_s}{(\alpha A_1)^2 \rho_a}$$

中性面位置与流量，可由下式求得：

$$Z_n = \frac{(\alpha A_2)^2 \rho_s}{(\alpha A_1)^2 \rho_a + (\alpha A_2)^2 \rho_s} H \tag{1-55}$$

$$m_a^2 = m_s^2 = 2g(\rho_a - \rho_s)\frac{(\alpha A_1)^2(\alpha A_2)^2 \rho_a \rho_s}{(\alpha A_1)^2 \rho_a + (\alpha A_2)^2 \rho_s} \tag{1-56}$$

现讨论一个竖井，从其顶部到底部有连续的宽度相同的开缝与外界连通，由烟囱效应而引起的该竖井的流动和压力分布见图 1-22。竖井与外界的压差由方程给出。中性面以下流过微元高度 dh 的质量流率 dm_a 为：

$$dm_a = \alpha A' \sqrt{2\rho_0 \Delta P_{so}} dh = \alpha A' \sqrt{2\rho_0 bh} dh \tag{1-57}$$

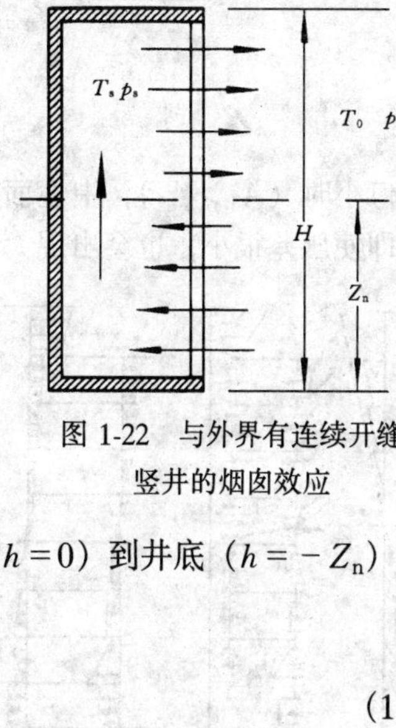

式中　$b = gP_{atm}[1/T_0 - 1/T_s]/R$；

　　　A'——单位高度的开缝面积。

图 1-22　与外界有连续开缝
竖井的烟囱效应

为了得到流进井内的质量流量，可对方程在中性面（$h = 0$）到井底（$h = -Z_n$）之间进行积分，得：

$$m_a = \frac{2}{3}\alpha A' Z_n^{3/2}\sqrt{2\rho_0 b} \tag{1-58}$$

类似，可得到流出竖井的质量流率。

$$m_s = \frac{2}{3}\alpha A'(H - Z_n)^{3/2}\sqrt{2\rho_s b} \tag{1-59}$$

式中　ρ_0 和 ρ_s——外界空气和竖井内气体的密度（kg/m³）；

　　　　Z_n——中性面到竖井底的距离（m），

　　　　H——竖井的高度（m）。

对于稳定情况，流进与流出竖井的质量流率相等，则联立式（1-58）、（1-59），消去相同的项，使用理想气体定律，并重新整理得：

$$\frac{Z_n}{H} = \frac{1}{1 + (T_s/T_0)^{1/3}} \tag{1-60}$$

式中　T_s——竖井内空气的绝对温度（K）；

　　　T_0——外界空气的绝对温度（K）。

（2）竖井的开口条件与中性面的位置

当竖井的顶部和底部的两个开口面积相等（$A_1 = A_2$），室内外温度差不太大时，中性面的位置在建筑物的中间（公式1-58）。当中性面上下的门窗洞口均匀分布时，这一结论也是成立的。

此外，若上部开口比下部开口大时（$A_1 < A_2$），中性面就会向下移动；上部开口比下

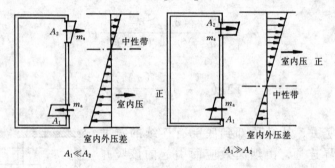

图 1-23　烟囱效应与开口大小

部开口小时（$A_1 > A_2$），中性面就会向下移动，如图 1-23 所示。所以，当下部开口较大时，即使压差很小，也会出现大量的烟气流。

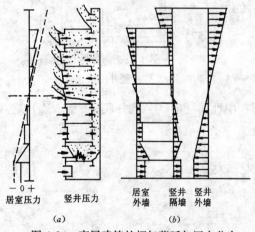

图 1-24　高层建筑的烟气蔓延与压力分布
（a）以大气压为准的压差；（b）作用在墙壁上的压差

3.2.2　烟气在竖井内的流动

如上所述，建筑物高度越大，烟囱效应就越突出。因此，竖井对火灾时烟气传播产生巨大影响。在取暖季节，竖井内部都会产生上升气流。在建筑物的低层部分，火灾初期产生的烟气，也会乘着上升的气流向顶部升腾。

图 1-24 是通过实验研究高层建筑竖井内烟气的扩散情况。为了研究方便，忽略了外部风的影响。这样，在竖井的下部，压力低于室外气压，而在上部的压力却高于室外。各个房间的压力处于大气压与竖井压力之间，从整体来看，以建筑高度的

中部为界，新鲜空气从下部流入，而烟气则从上部排出。假设火灾房间的窗户受火灾作用而破坏，出现大的通风口后，火灾房间的压力就与大气压相接近，其窗口也有部分烟气排出。而且火灾房间与竖井压差变大，因而，涌入竖井的烟气将会更加剧烈。图 1-25 是在烟囱效应作用下不同着火层的烟气流动状况。

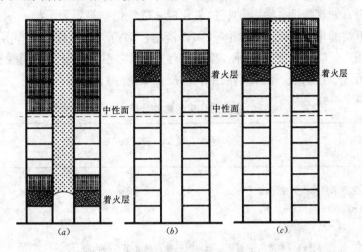

图 1-25　建筑物中烟囱效应引起的烟气流动

第 4 节　生产和贮存物品的火灾危险性分类

1　火灾危险性分类标准

　　火灾危险性分类的目的，是为了在建筑防火要求上，有区别地对待各种不同危险类别的生产和贮存物品，使建筑物既有利于节约投资，又有利于保障安全。

　　应该引起注意的是，尽管生产和贮存的是同一种物质，由于生产和贮存的条件不同，还具有不同的特点。例如在生产过程中，可燃液体（如重油）在设备内受热，温度超过燃点，漏出来就要起火，而贮存则不存在加热问题，故同一物品在贮存中火灾危险性较小，在生产中，则因为密闭容器中本身的温度超过了自燃点，具有较大的火灾危险性。生产上有一些浮游在空气中的粉尘达到爆炸极限浓度，遇火源能发生爆炸，如面粉厂中的磨粉车间，面粉尘有形成粉尘爆炸的危险，而放在仓库中的面粉，则不会发生爆炸。所以，在贮存中火灾危险性不大的面粉，到生产中，由于能产生出浮游状态的可燃粉尘，并能与空气形成爆炸性混合物，火灾危险性就大多了。又如钢材，需要在高温或熔融状态下进行加工，火灾危险性较大。相反，少数物品，如桐油织物及其制品，在贮存中，火灾危险性较大，当堆放在通风不良的地方，积热到一定温度时，能缓慢氧化，会导致自燃起火，而在生产过程中不存在自燃问题，比较安全，所以，桐油织物在生产时火灾危险性小，在贮存时火灾危险性反而要大。

　　生产的火灾危险性分类如表 1-21 所示，贮存物品的火灾危险性分类如表 1-22 所示。

1.1　固体的分类标准

固体在常温下能自行分解或在空气中氧化导致迅速自燃或爆炸的物品，如硝化棉、赛璐珞、黄磷等划为甲类。

固体在常温下受到水或空气中的水蒸气的作用，能产生可燃气体并引起燃烧或爆炸的物品，如钾、钠、氧化钠、氢化钙、磷化钙等划为甲类。

固体遇酸、受热、撞击、摩擦以及遇有机物或硫磺等易燃的无机物，极易引起燃烧或爆炸的强氧化剂，如氯酸钾、氯酸钠、过氧化钾、过氧化钠等划为甲类。

凡不属于甲类的化学易燃危险固体（如：镁粉、铝粉、硝化纤维漆布等），不属于甲类的氧化剂（如：硝酸铜、亚硝酸钾、漂白粉等）以及常温下在空气中能缓慢氧化、积热自燃的危险物品（如：桐油、漆布、油纸、油浸金属屑等），都划为乙类。

生产的火灾危险性分类 表 1-21

生产类别	火 灾 危 险 性 特 征
甲	使用或生产下列物质的生产： 1. 闪点<28℃的液体 2. 爆炸下限<10%的气体 3. 常温下能自行分解或在空气中氧化即能导致迅速自燃或爆炸的物质 4. 常温下受到水或空气中水蒸气作用，能产生可燃气体并引起燃烧或爆炸的物质 5. 遇酸、受热、撞击、摩擦、催化以及遇有机物或硫磺等易燃的无机物，极易引起燃烧或爆炸的强氧化剂 6. 受撞击、摩擦或与氧化剂、有机物接触时能引起燃烧或爆炸的物质 7. 在密闭设备内操作温度等于或超过物质本身自燃点的生产
乙	使用或生产下列物质的生产： 1. 闪点≥28℃至<60℃的液体 2. 爆炸下限≥10%的气体 3. 不属于甲类的氧化剂 4. 不属于甲类的化学易燃危险固体 5. 助燃气体 6. 能与空气形成爆炸性混合物的浮游状态的粉尘、纤维、闪点≥60℃的液体雾滴
丙	使用或生产下列物质的生产： 1. 闪点≥60℃的液体 2. 可燃固体
丁	具有下列情况的生产： 1. 对非燃烧物质进行加工，并在高热或熔化状态下经常产生强辐射热、火花或火焰的生产 2. 利用气体、液体、固体作为燃料或将气体、液体进行燃烧作其它用的各种生产 3. 常温下使用或加工难燃烧物质的生产
戊	常温下使用或加工非燃烧体的生产

贮存物品的类别	火 灾 危 险 性 特 征
甲	1. 闪点＜28℃的液体 2. 爆炸下限＜10％的气体，以及受到水或空气中水蒸气的作用，能产生爆炸下限＜10％气体的固体物质 3. 常温下能自行分解或在空气中氧化即能导致迅速自燃或爆炸的物质 4. 常温下受到水或空气中水蒸气的作用能产生可燃气体并引起燃烧或爆炸的物质 5. 当遇酸、受热、撞击、摩擦、催化以及遇有机物或硫磺等极易分解引起燃烧爆炸的强氧化剂 6. 受撞击、摩擦或与氧化剂、有机物接触时能引起燃烧或爆炸的物质
乙	1. 闪点≥28℃至＜60℃的液体 2. 爆炸下限≥10％的气体 3. 不属于甲类的氧化剂 4. 不属于甲类的化学易燃危险固体 5. 助燃气体 6. 常温下与空气接触能缓慢氧化，积热不散引起自燃的物品
丙	1. 闪点≥60℃的液体 2. 可燃固体
丁	难燃烧物品
戊	非燃烧物品

可燃固体，如：竹木、纸张、橡胶、粮食等属于丙类。

难燃固体，如：酚醛塑料、水泥刨花板等属于丁类。

不燃固体，如：钢材、玻璃、陶瓷等属于戊类。

1.2　液体的分类标准

液体分类的标准，是根据闪点划分的，汽油、煤油、柴油等常用的三大油品是甲、乙、丙类液体的代表。将闪点小于 28℃的液体，如二硫化碳、苯、甲苯、甲醇、乙醚、汽油、丙酮等划为甲类。闪点大于或等于 28℃，小于 60℃的液体，如煤油、松节油、丁烯醇、溶剂油、冰醋酸等划分为乙类。闪点大于或等于 60℃的液体，如柴油、机油、重油、动物油、植物油等划为丙类。

这里所说的闪点是用闭杯法测定的。一般说来，在正常室温下遇火源能引起闪燃的液体属于易燃液体，划为甲类火灾危险物品。另外，我国南方城市的最热月平均气温在28℃左右，在这样的气温下，易燃液体蒸气遇到火源就会闪燃起火，所以，以 28℃为划分甲乙类液体的界限。

1.3　气体的分类标准

划分气体火灾危险性的标准是气体的爆炸下限。凡是爆炸下限＜10％的气体为甲类，爆炸下限≥10％的气体为乙类。大多数的可燃气体（蒸气）在空气中混合很小数量时，遇到明火便会爆炸。它们在空气中的爆炸下限均小于 10％，如甲烷 5.0％，乙烷 3.2％，乙烯 2.8％，丙烯 2.0％，苯 1.5％，甲苯 1.4％，丙酮 2.0％，氢 4.0％，汽油 1.0％，石油气 3.2％等，均属于甲类。有少数可燃气体必须在空气中混合的数量较多时遇到明火才能爆炸。它们在空气中的爆炸下限均大于 10%，如氨气、助燃的氧气、氟气等，其火灾危险性属于乙类。

此外，氦、氖、氩、氪等不燃气体划为戊类。

2 确定火灾危险性类别的方法

在进行建筑防火设计、防火审核和防火安全检查时，首先要确定生产工艺或贮存物品的火灾危险性类别。只有先明确了生产工艺或贮存物品的火灾危险性，才能采用技术上先进、使用中安全可靠的防火措施。

当生产或贮存的物品为单一物品时，其火灾危险性类别按照上述划分标准，参照《建筑设计防火规范》（GBJ16—87）附录 3、附录 4 进行划分，对于一些新产品新工艺等，其闪点、爆炸下限及常温下的危险性不明确时，应查阅《化学危险品手册》、《防火手册》等，弄清其基本化学特性，然后再根据上述标准进行划分。

应该指出的是，在实际工作中，常常会遇到在同一车间或同一库房，其生产或贮存物品的危险性并不相同，这时，就应根据具体情况来进行划分。在同一厂房内有不同性质的生产时，原则上应按火灾危险性较大的部分确定。如，胶鞋厂成型和硫化工段，其中有上光和烘干工序时，就要考虑上光和烘干中蒸发汽油蒸气的危险性较大，确定为甲类生产。但是，若火灾危险性大的部分小于车间或防火分区面积的 5%（丁、戊类生产厂房的油漆工段小于 10%），且发生事故时，不足以蔓延到其它部位，或采取有效的防火措施，能够防止火灾蔓延时，可按火灾危险性较小的部分来确定。如汽车制造厂的总装车间，虽然其中有喷漆工艺，当其面积小于总装车间面积的 10% 时，总装车间仍按戊类生产来确定。

至于那些在生产过程中使用或生产易燃、可燃物质的数量较少，不足以构成爆炸或火灾危险时，如商场钟表修理间使用少量汽油等，可以按实际情况确定火灾危险性类别。

此外，对于丁、戊类物品库房，虽然贮存物品是难燃或不燃的，但一些贵重的仪器、机器设备等，其包装品大多是可燃的木箱、纸箱等，据调查统计，多者可燃包装品在 $100\sim300kg/m^2$，少者在 $30\sim50kg/m^2$。可见火灾荷载仍是相当大的，一旦发生火灾，损失惨重。所以，这类库房贮存的物品中，当其可燃包装的重量超过物品本身重量的 1/4 时，其火灾危险应确定为丙类。

【例 1-4】 试确定下列生产或贮存物品的火灾危险性类别：汽车库、汽油库、肉类冷藏库、面粉厂磨粉车间、面粉库。

解： 查规范附录 3、附录 4 可得：

汽车库为丁类；汽油库为甲类；肉类冷藏库为丙类；面粉厂磨粉车间为乙类；面粉库为丙类。

第 5 节 建筑防火基本概念

火灾的发生并不可怕，可怕的是我们思想上的麻痹。为此，首先必须提高对防火问题的认识。其次要根据烟火的运行规律采取相应的对策。第三要认真贯彻"预防为主，防消结合"的方针，抓好平时培训，立足火灾初期的自救，并保证本单位消防设施完好，切不可自作主张随意更改，关闭有关设施，使这些设施在火灾时无法使用。第四火灾时要及时拨通"119"，早报案，争取消防队早来灭火。

为便于大家今后更好地学习，本节特向大家介绍常用的几个消防术语。

耐火极限是指对任一建筑构件按时间-温度曲线进行耐火试验，从受到火的作用时起，到失去支持能力或完整性被破坏或失去隔火作用时为止的这段时间，用小时表示。

材料的燃烧性能，可分为非燃烧体、难燃烧体和燃烧体三种：

非燃烧体是指用非燃烧材料做成的构件。非燃烧材料系指在空气中受到火烧或高温作用时不起火、不燃烧、不炭化的材料，如建筑中采用的金属材料和天然或人工的无机矿物材料。

难燃烧体是指用难燃烧材料做成的构件，或用燃烧材料做成而用非燃烧材料做保护层的材料。难燃烧材料系指在空气中受到火燃烧或高温作用时难起火，难微燃，难炭化，当火源移走后，燃烧或微燃立即停止的材料。如沥青混凝土，经过防火处理的木材。用有机物填充的混凝土和水泥刨花板等。

燃烧体是指用燃烧材料做成的构件。燃烧材料系指在空气中受到火烧或高温作用时立即起火或燃烧，且火源移走后仍继续燃烧或微燃的材料，如木材等。

应该说明的是：建筑构件的耐火极限与材料的燃烧性能是截然不同的两个概念。材料不燃或难燃，并不等于其耐火极限就高，如钢材，它是不燃的，可其耐火极限，在没有被保护时，仅有15min的耐火极限。所以，在使用构件时，不仅要看材料的燃烧性能，还要看其耐火极限。

安全出口是指符合消防规范规定的疏散楼梯或直通室外地平面的门。

各种楼梯间等概念详见以后章节叙述。

第2章 建筑总平面防火设计

第1节 建筑分类及危险等级

1 高层建筑的概念

高层建筑起始高度，各国的标准不相同，主要是根据经济条件和消防技术装备等情况划分的，见表2-1。

高层建筑起始高度划分界限 表 2-1

国 别	起 始 高 度
中国 （GB50045—95）	住宅：10层及10层以上，其它建筑：>24m
德国	>22m（至底层室内地板面）
法国	住宅：>50m，其它建筑：>28m
日本	31m（11层）
比利时	25m（至室外地面）
英国	24.3m
原苏联	住宅：10层及10层以上，其它建筑：7层
美国	22~25m或7层以上

为了便于国际技术交流，1972年，国际高层建筑会议将高层建筑划分为四类：

第一类高层建筑：9～16层（最高到50m）；

第二类高层建筑：17～25层（最高到75m）；

第三类高层建筑：26～40层（最高到100m）；

第四类高层建筑：40层以上（高度在100m以上）。

综合国外对高层建筑起始高度的划分，考虑我国经济条件与消防装备等现实情况，规定10层及10层以上的住宅及高度超过24m的其它工业与民用建筑为高层建筑。应该说明的是，既名曰高层建筑，就应考虑层数多少这一主要因素，所以，单层主体高度在24m以上的体育馆、剧院、会堂、工业厂房等，均不属于高层建筑。

高层建筑起始高度的划分，主要考虑了以下因素：

（1）登高消防器材。目前我国有相当多的城市，高层建筑发展较快，数量逐渐增多，建筑高度不断加大，但未配置消防登高车。有的虽有一、二台消防登高车，但工作高度在20m左右，不能满足扑救高层建筑火灾的需要。我国目前定型生产的CT22型直升云梯车，最大工作高度为22m；CK20型曲臂高空喷射和消防登高车，其最大举高为20m。而引进的登高曲臂车、云梯车多数在24～30m之间。针对目前消防登高车的现状，确定24m为高层建筑的起始高度，是符合实际情况的。

（2）消防车供水能力。目前一些大城市的消防装备虽然有所改善，而大多数城市消防装备，特别是扑救高层建筑火灾的消防装备却没有多大改善。大多数的通用消防车在最不利情况下，直接吸水扑救火灾的最大高度约为24m左右。

（3）住宅建筑规定为10层及10层以上的原因除考虑上述因素外，还考虑它在高层建筑中，约占 40%～50%；此外高层住宅的防火分区面积不大，并有较好的防火分隔，对高层住宅火灾有较好的控制作用，故与其它高层建筑区别对待。

2　高层民用建筑的分类

为了保障重要的高层建筑有较高的消防安全性，并节约投资，将高层民用建筑划分为两类。其划分的依据主要是使用性质、火灾危险性、疏散和扑救的难度、建筑高度等。具体划分如表 2-2 所示。

高 层 建 筑 分 类　　　　　　　　　　　　　　　　表 2-2

名称	一　　　类	二　　　类
居住建筑	高级住宅 19 层及 19 层以上的普通住宅	10～18 层的普通住宅
公共建筑	1. 医院 2. 高层旅馆 3. 建筑高度超过 50m 或每层建筑面积超过 1000m² 的商业楼、展览楼、综合楼、电信楼、财贸金融楼 4. 建筑高度超过 50m 或每层建筑面积超过 1500m² 的商住楼 5. 中央级和省级（含计划单列市）广播电视楼 6. 网局级和省级（含计划单列市）电力调度楼 7. 省级（含计划单列市）邮政楼、防灾指挥调度楼 8. 藏书超过 100 万册的图书馆、书库 9. 重要的办公楼、科研楼、档案楼 10. 建筑高度超过 50m 的教学楼和普通的旅馆、办公楼、科研楼、档案楼等	1. 除一类建筑以外的商业楼、展览楼、综合楼、电信楼、财贸金融楼、商住楼、图书馆、书库 2. 省级以下的邮政楼、防灾指挥调度楼、广播电视楼、电力调度楼 3. 建筑高度不超过 50m 的教学楼和普通的旅馆、办公楼、科研楼、档案楼等

划分高层建筑的类别，是一个比较复杂的问题。应根据所设计的高层建筑的标准、功能、高度、火灾荷载等实际情况来确定。例如，表中所列的高级住宅，是指建筑标准高、功能复杂、可燃装修多、设有空气调节系统的住宅；重要的办公楼、科研楼、图书楼、档案楼是指性质重要，建筑标准高，设备、图书、资料贵重，火灾危险性大，发生火灾后损失大、影响大的建筑。

3　建筑物、构筑物危险等级划分原则

建筑物、构筑物危险等级的划分主要根据火灾危险性大小、可燃物数量、单位时间内放出的热量、火灾蔓延速度以及扑救难易程度等因素，划分为以下三级：

（1）严重危险级。火灾危险性大、可燃物较多、发热量大、燃烧猛烈和蔓延迅速的建筑物、构筑物。

（2）中危险级。火灾危险性较大，可燃物较多，发热量中等，火灾初期不会引起迅速

燃烧的建筑物、构筑物。

（3）轻危险级。火灾危险性较小，可燃物量小，发热量小的建筑物、构筑物。危险等级举例见表2-3。

建筑物、构筑物危险等级举例　　　　　　　　　　表2-3

危险等级	举　　　例
严重危险级建筑物、构筑物	氯酸钾压碾厂房，生产和使用硝化棉、火胶棉、赛璐珞胶片、硝化纤维的厂房 硝化棉、喷漆棉、火胶棉、赛璐珞胶片、硝化纤维库房、可燃物品的高架库房、地下库房 液化石油气贮配站的灌瓶间、实瓶库 演播室、电影摄影棚 剧院、会堂、礼堂的舞台葡萄架下部 乒乓球厂的轧坯、切片、磨球、分球、检验部位、赛璐珞制品加工厂等
中危险级建筑物、构筑物	双排停车的地下停车库、多层停车库和底层停车库 一类高层民用建筑的观众厅、营业厅、展览厅、多功能厅、餐厅、厨房以及办公室、走道、每层无服务台的客房和可燃物品库房 录音室和电视塔的塔楼餐厅、瞭望层、公共用房、无窗厂房、地下建筑 国家级文物保护单位的重点砖木结构或木结构建筑、飞机发动机试验台准备间 设有空气调节系统的旅馆和综合办公楼的走道、办公室、餐厅、商店、库房和每层无服务台的客房 省级邮政楼的信函和包裹分拣房、邮袋库、综合商场、百货楼 棉纺厂的开包、清花厂房，麻纺厂的开包、梳麻厂房，服装、针织厂房、木器制作厂房，火柴厂烤梗和筛选部位、泡沫塑料的预发、成塑、切片、压花部位 棉、毛、丝、麻、化纤、毛皮及其制品库房、香烟库房、火柴库房、难燃物品高架库房、多层库房
轻危险级建筑物、构筑物	单排停车的地下停车库、多层停车库和底层停车库 剧院、会堂、礼堂（舞台部分除外）和电影院 医院、疗养院 体育馆、博物馆 旅馆、办公楼、教学楼

注：1. 未列入本表的建筑物、构筑物，可比照本表举例，按自喷规范第2.0.1条的划分原则确定；
　　2. 一类高层民用建筑划分范围见表2-2。

第2节　防　火　间　距

防火间距是一座建筑物着火后，火灾不致蔓延到相邻建筑物的空间间隔。

通过对建筑物进行合理布局和设置防火间距，防止火灾在相邻建筑物之间相互蔓延，合理利用和节约土地，并为人员疏散、消防人员的救援和灭火提供条件，减少火灾建筑对邻近建筑及其居住（或使用）者强辐射热和烟气的影响。

1　影响防火间距的因素及确定防火间距的原则

火灾在相邻建筑物间蔓延的主要途径为热辐射、热对流和飞火作用。它们有时单一地作用于建筑物，有时则是几种同时起作用。

通常情况下，起火建筑物的热气流和火焰从外墙门洞口喷射出时，其烟火的水平距离往往小于窗口的自身高度，因而能够直接引燃相邻建筑物的情形并不多见。同样，从烧穿的屋顶喷出的热气流和火焰，因向上扩散，对相邻建筑物的影响也不大。只有当两座建筑物相邻很近，且其外墙面又有可燃物时，其中一座起火对另一座才构成威胁。

火灾对相邻建筑物威胁最大的是热辐射，当热辐射与飞火结合时，影响更大。热辐射可以使相距一定距离的建筑物引燃。建筑物之间的防火间距也主要是为了避免热辐射对相邻建筑物的威胁，及消防扑救需要而规定的。

火灾时的热传递，多是以火灾生成气体为介质。一般，气体的热辐射很大程度上取决于辐射线的波长。火灾生成气体中夹杂着大量的碳粒子等固体颗粒，它对气体的热辐射产生重要影响。此外，还有高温物体以及火焰放出的不同波长的强烈辐射热。热辐射在建筑物起火燃烧过程中始终存在，但最强的热辐射是燃烧最猛烈时才出现。通常砖混结构的建筑物起火后经窗口向外辐射的热量，大致是总发热量的 1.8% 左右。

当建筑材料表面受到建筑物的火灾热辐射时，辐射的强度大，建筑材料起火需要的时间就短，而与材料断面的大小关系不大。材料是否被点燃，主要取决于材料的性质（如自燃点、含水率、密实度等）、辐射的入射角和辐射的持续时间。材料在受到辐射热的作用时，表面温度升高，热流从材料的表面向内部传导。入射的强度越高，温度上升的速度越快，起火的时间就越短。

在起火建筑物上空，强烈的热气流常把正在燃烧的材料或带火的灰烬卷到空中，形成飞火。由于这些飞火本身携带的热量不多，很难单独对其他建筑物造成危害，但在火灾时，对此不应掉以轻心。飞火是点火源，特别是在火猛风大的情况下，飞火常点燃已经受到较强热辐射的建筑物。过去的火灾现场情况表明，飞火在有风的条件下，可以影响到下风方向几十米、几百米甚至更远。在市区，因受城市的建筑物密集等条件影响，飞火散落的范围多呈卵形；在郊区或空旷地，其散落范围多呈细长的扇形。

1.1 影响防火间距的因素

影响防火间距的因素很多，如热辐射、热对流、风向、风速、外墙材料的燃烧性能及其开口面积大小、室内堆放的可燃物种类及数量、相邻建筑物的高度、室内消防设施情况、着火时的气温及湿度、消防车到达的时间及扑救情况等，对防火间距的设置都有一定影响。

（1）热辐射。辐射热是影响防火间距的主要因素，当火焰温度达到最高数值时，其辐射强度最大，也最危险，如伴有飞火则更危险。

（2）热对流。无风时，因热气流的温度在离开窗口以后会大幅度降低，热对流对相邻建筑物的影响不大。通常不足以构成威胁。

（3）建筑物外墙门窗洞口的面积。许多火灾实例表明，当建筑物外墙开口面积较大时，发生火灾后,在可燃物的种类和数量都相同的条件下,由于通风好、燃烧快、火焰温度高,因而热辐射增强,使相邻建筑物接受的热辐射也多,当达到一定程度时便会很快被烤着起火。

（4）建筑物的可燃物种类和数量。可燃物种类不同，在一定时间内燃烧火焰的温度也有差异。如汽油、苯、丙酮等易燃液体，其燃烧速度比木材快，发热量也比木材大，因而热辐射也比木材强。在一般情况下，可燃物的数量与发热量成正比关系。

（5）风速。风能够加强可燃物的燃烧,促使火灾加快蔓延。露天火灾中,风能使燃烧的炭粒和燃烧着的碎片等飞散到数十米远的地方,强风时则更远。风对火灾的扑救带来困难。

（6）相邻建筑物的高度。一般地说，较高的建筑物着火对较低的建筑物威胁小，反之，则较大。特别是当屋顶承重构件毁坏塌落、火焰穿出房顶时，威胁更大。据测定，较低建筑物着火时对较高建筑物辐射角在 30°～45° 之间时，辐射强度最大。

（7）建筑物内消防设施水平。建筑物内设有火灾自动报警装置和较完善的其他消防设施时，能将火灾扑灭在初期阶段。这样不仅可以减少火灾对建筑物酿成较大损失，而且很大程度上减少了火灾蔓延到附近其他建筑物的条件。可见，在防火条件和建筑物防火间距大体相同的情况下，设有完善消防设施的建筑物比消防设施不完善的建筑物的安全性要高。

（8）灭火时间。建筑物发生火灾后，其温度通常随着火灾延续时间的长短而变化。火灾延续时间越长，则火场温度相应增高，对周围建筑物的威胁增大。只有当可燃物数量逐渐减少时，才开始逐渐降低。

1.2 确定防火间距的基本原则

影响防火间距的因素很多，在实际工程中不可能都考虑。通常根据以下原则确定建筑物的防火间距：

（1）考虑热辐射的作用。火灾实例表明，一、二级耐火等级的低层民用建筑，保持 7～10m 的防火间距，有消防队扑救的情况下，一般不会蔓延到相邻建筑物。

（2）考虑灭火作战的实际需要。建筑物的高度不同，救火使用的消防车也不同。对低层建筑，普通消防车即可；而对高层建筑，则要使用曲臂、云梯等登高消防车。防火间距应满足消防车的最大工作回转半径的需要。最小防火间距的宽度应能通过一辆消防车，一般宜为 4m。

（3）有利于节约用地。以有消防队扑救的条件下，能够阻止火灾向相邻建筑物蔓延为原则。

（4）防火间距应按相邻建筑物外墙的最近距离计算，如外墙有凸出的可燃构件，则应从其凸出部分外缘算起，如为储罐或堆场，则应从储罐外壁或堆场的堆垛外缘算起。

（5）耐火等级低于四级的原有生产厂房和民用建筑，其防火间距可按四级确定。

（6）两座相邻建筑较高的一面外墙为防火墙时，其防火间距不限。

（7）两座建筑相邻两面的外墙为不燃烧体，如无外露的燃烧体屋檐，当每面外墙上的门窗洞口面积之和不超过该外墙面积的 5% 时，其防火间距可减少 25%。但门窗洞口不应正对开设，以防止热辐射与热对流。

1.3 防火间距不足时的应变措施

防火间距因场地等各种原因无法满足国家规范规定的要求时，可依具体情况采取一些相应的措施：

（1）改变建筑物内的生产或使用性质，尽量减少建筑物的火灾危险性；改变房屋部分的耐火性能，提高建筑物的耐火等级。

（2）调整生产厂房的部分工艺流程和库房储存物品的数量；调整部分构件的耐火性能和燃烧性能。

（3）将建筑物的普通外墙，改成有防火能力的墙，如开设门窗，应采取防火门窗。

（4）拆除部分耐火等级低、占地面积小、使用价值低的影响新建建筑物安全的相邻的原有建筑物。

（5）设置独立的室外防火墙等。

2 建筑防火间距标准

2.1 多层民用建筑之间的防火间距

建筑物起火后,火势在建筑物的内部在热对流和热辐射作用下迅速蔓延扩大,在建筑物外部则因强烈的热辐射作用对周围建筑物构成威胁。火场的辐射热的强度取决于火灾规模的大小、火灾持续时间、与邻近建筑物的距离及风速、风向等因素。火势越大,持续时间越长,距离越近,建筑物又处于下风位置时,所受辐射热越强。所以,建筑物间应保持一定的防火间距。

根据《建筑设计防火规范》(GBJ16—87)的规定,多层民用建筑之间的防火间距不应小于表 2-4 的要求。

在执行表 2-4 的规定时,应注意以下几点:

(1)两座相邻建筑,较高的一面的外墙为防火墙时,其防火间距不限。

(2)相邻两座建筑物,较低一座的耐火等级不低于二级,屋顶不设天窗,屋顶承重构件的耐火极限不低于 1h,且相邻较低一面为防火墙时,其防火间距可适当减少,但不应小于 3.5m。

民用建筑之间的防火间距(m)　　表 2-4

防火间距 耐火等级 \ 耐火等级	一、二级	三级	四级
一、二级	6	7	9
三级	7	8	10
四级	9	10	12

(3)相邻两座建筑物,较低一座的耐火等级不低于二级,当相邻较高一面外墙的开口部位设有防火门窗或防火卷帘加水幕时,其防火间距可适当减小,但不应小于 3.5m。

(4)两座建筑物相邻两面的外墙为非燃烧体,如无外露的燃烧体屋檐,当每面外墙上的门窗洞口面积之和不超过该外墙面积的 5%,且门窗洞口不正对开设时,其防火间距可按表 2-4 的数值减小 25%。

(5)数座一、二级耐火等级且不超过 6 层的住宅,如果占地面积的总和不超过 2500m² 时,可以成组布置,如图 2-1 所示。组内建筑之间的防火间距不宜小于 4m,组与

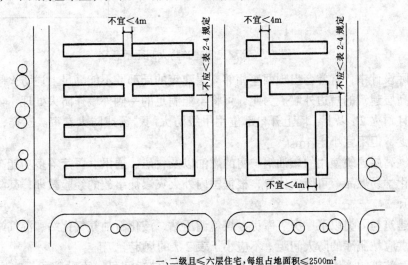

一、二级且≤六层住宅,每组占地面积≤2500m²

图 2-1 住宅成组布置防火间距示意

组之间的防火间距仍按表 2-4 的规定执行。

民用建筑距甲、乙类厂房的防火间距不应小于 25m；重要的公共建筑距甲、乙类厂房不应小于 50m。

2.2 高层建筑防火间距

高层民用建筑底层周围，大多设置一些附属建筑，如附设商店、邮局、商业营业厅、餐厅以及办公、修理服务用房等。为了节约用地，将附属建筑与高层主体建筑有所区别。高层建筑的防火间距如表 2-5 及图 2-2 所示。

高层建筑之间及高层建筑与其它民用建筑之间的防火间距（m）　　　表 2-5

建筑类别	高层建筑	裙房	其它民用建筑		
			耐火等级		
			一、二级	三级	四级
高层建筑	13	9	9	11	14
裙房	9	6	6	7	9

注：防火间距应按相邻建筑外墙的最近距离计算；当外墙有突出可燃构件时，应从其突出部分的外缘算起。

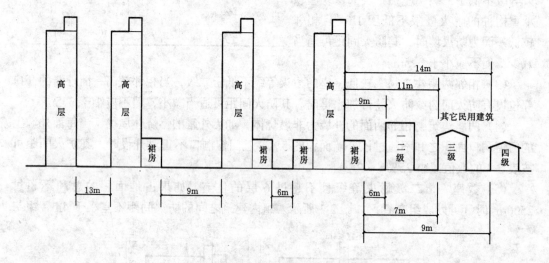

图 2-2　高层民用建筑防火间距示意

在实际设计中，常常会出现两座相邻高层建筑的局部，不能满足上述防火间距要求的情况，如高层建筑的短边外墙。为此，可将不能满足的一侧外墙作防火处理，如外墙材料为不燃烧且耐火 2h 以上，墙上开口部位用甲级防火门、窗或防火卷帘。这样，防火间距可适当减少，但不宜小于 4m。

对于供高层建筑使用的燃油锅炉房的燃油以及科研、通讯、医疗等多功能高层建筑所需的少量化学易燃品、可燃气体等，根据国内外火灾爆炸事故的经验教训，其防火间距如表 2-6 所示。

高层建筑与丙类以下厂房、库房、煤气调压站、液化石油气气化站、混气站和城市液化石油气供应站瓶库的防火间距，不应小于表 2-7 的规定。

高层医院等的液体储罐总容量不超过 3m³ 时，储罐间可一面贴邻所属高层建筑外墙建造，但应采用防火墙隔开，并应设直通室外的出口。

高层民用建筑与小型的甲、乙、丙类液体储罐、可燃
气体储罐和化学易燃物品库房的防火间距　　　　　　　　表 2-6

防火间距（m） 名　称　和　储　量	高层民用建筑	主　体　建　筑	直接相连的裙房
小型甲、乙类液体储罐	<30m³	35	30
	30~60m³	40	35
小型丙类液体储罐	<150m³	35	30
	150~200m³	40	35
可燃气体储罐	<100m³	30	25
	100~500m³	35	30
化学易燃物品库房	<1t	30	25
	1~5t	35	30

注：1. 储罐的防火间距应从距建筑物最近的储罐外壁算起；

　　2. 甲、乙、丙类液体储罐如直埋时，本表的防火间距可减少 50%。

高层民用建筑与厂房、库房、调压站等的防火间距　　　　表 2-7

防火间距（m） 名　　称	高层民用建筑		一　类		二　类	
			主体建筑	直接相连的裙房	主体建筑	直接相连的裙房
丙类厂（库）房	耐火等级	一、二级	20	15	15	13
		三、四级	25	20	20	15
丁、戊类厂（库）房	耐火等级	一、二级	15	10	13	10
		三、四级	18	12	15	10
煤气调压站	进口压力 （MPa）	0.005 至<0.15	15	15	13	13
		0.15 至≤0.3020	25	20	20	15
煤气调压箱	进口压力 （MPa）	0.005 至<0.15	15	13	13	6
		0.15 至≤0.30	20	15	15	13
液化石油气气化站、混气站	总储量（m³）	<30	45	40	40	35
		30~35	50	45	45	40
城市液化石油气供应站瓶库		>10	30	25	25	20
		<10	25	20	20	15

注：液化石油气气化站、混气站的储罐，其单罐的容积不宜超过 10m³。

2.3　工业建筑防火间距

《建筑设计防火规范》（GBJ16—87）对乙、丙、丁、戊类厂房与库房的防火间距要求是相同的，不应小于表 2-8 的规定。

在执行表 2-8 的规定时，应注意以下问题：

（1）甲类厂房之间及其与其他厂房的防火间距按照表 2-8 中的数值增加 2m。

（2）戊类厂房之间的防火间距，单层多层戊类库房之间的防火间距均可按表2-8中的

防火间距（m）　　耐火等级	一、二级	三　级	四　级
一、二级	10	12	14
三　级	12	14	16
四　级	14	16	18

厂房与库房（乙、丙、丁、戊类）的防火间距　　表 2-8

数值减小 2m。

（3）高层厂房、库房之间及其与其他建筑之间的防火间距均应按表 2-8 中的数值增加 3m，与高层民用建筑的防火间距大致相同。

（4）两座厂房相邻，较高一面为防火墙时，其防火间距不限，但甲类厂房之间不应小于 4m。

（5）两座库房相邻，较高一面外墙为防火墙，且总建筑面积不超过《建筑设计防火规范》（GBJ16—87）规定时，其防火间距不限。

（6）两座一、二级耐火等级的厂房，当相邻较低一面外墙为防火墙，且较低一座厂房屋盖耐火极限不低于 1h 时，其防火间距可适当减小，但甲、乙类厂房不应小于 6m，丙、丁、戊类厂房不应小于 4m。

（7）两座丙、丁、戊类厂房相邻，两面外墙均为非燃烧体，如无外露的燃烧体屋檐，当每面外墙上的门窗洞口面积之和均不超过该外墙面的 5%，且门窗洞口不正对开设时，其防火间距可按表 2-8 中的数值减少 25%。

（8）数座厂房（甲类厂房和高层厂房除外）的占地面积总和不超过《建筑设计防火规范》（GBJ16—87）对厂房防火分区最大允许占地面积的规定时，可成组布置，但允许占地面积应综合考虑组内各座厂房的耐火等级、层数和生产类别，按其中允许占地面积最小的一座确定（面积不限者，不应超过 10000m²）。组内厂房之间的防火间距：当厂房高度不超过 7m 时，不应小于 4m；厂房高度超过 7m 时，不应小于 6m。组与组或与相邻建筑之间的防火间距，应按相邻两座耐火等级较低的建筑确定。

如图 2-3 所示，设有三座二级耐火等级的丙、丁、戊类厂房，其中丙类火灾危险性最高，丙类二级厂房最大允许占地面积为 7000m²，则三座厂房面积之和应控制在 7000m² 以内。因丁类厂房高度超过 7m，则丁类厂房与丙类、戊类厂房间距不应小于 6m。丙、戊类厂房高度均不超过 7m，其防火间距不应小于 4m。

组与组或组与相邻厂房之间的防火间距应符合表 2-8 的规定。

以上主要介绍一般工业建筑的防火间距，对于甲类厂（库）房、储罐、堆场等的防火间距，应按《建筑设计防火规范》（GBJ16—87）的规定执行，在此不再详述。

2.4　汽车库防火间距

汽车库是指停放由内燃机驱动且

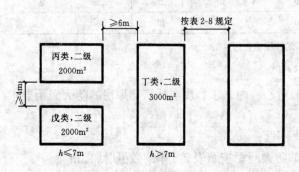

图 2-3　厂房成组布置防火间距示意

无轨道的客车、货车、工程车等汽车的建筑；修车库是指保养修理上述汽车的建筑物；停车场是指停放上述汽车的露天场地和构筑物。根据汽车库内停放汽车的数量，可分为Ⅰ、Ⅱ、Ⅲ、Ⅳ类。汽车主要使用汽油、柴油等易燃可燃液体。在停车或修车时，往往因各种原因引起火灾，造成损失。特别是对于Ⅰ、Ⅱ类停车库，一般停放车辆在100辆以上，停放车辆多、经济价值大，车辆出入频繁，致使火灾隐患多；Ⅰ、Ⅱ类汽车修车库的停放维修车位在6辆以上，甚至更多，一座修车库内还常有不同的工种，需使用易燃物品和进行明火作业，如有机溶剂、电焊等，火灾危险性大。因此，平面布置时，不应将汽车库布置在易燃、可燃液体和可燃气体的生产装置区和储存区内，与其他建筑物间也应保持一定的防火间距。而Ⅰ、Ⅱ类修车库、停车库则宜单独建造。

根据《汽车库、修车库、停车场设计防火规范》（GB50067—97）的规定，汽车库之间及与其他建筑之间的防火间距应符合表2-9的要求。

车库之间以及车库与除甲类物品的库房外的其他建筑物之间的防火间距　　　　表2-9

防火间距（m） 车库名称和耐火等级		汽车库、修车库、厂房、库房、民用建筑耐火等级		
		一、二级	三　级	四　级
汽车库、 修车库	一、二级	10	12	14
	三　级	12	14	16
停车场		6	8	10

注：1. 高层汽车库与其他建筑物之间，汽车库、修车库与高层工业、民用建筑之间的防火间距应按本表规定值增加3m；

　　2. 汽车库、修车库与甲类厂房之间的防火间距应按本表规定值增加2m。

第3节　消　防　车　道

1　环　形　车　道

高层建筑的平面布置、空间造型和使用功能往往复杂多样，给消防扑救带来不便。如大多数高层建筑的底部建有相连的裙房等，设计中如果对消防车道考虑不周，火灾时消防车无法靠近建筑主体，往往延误灭火战机，造成重大损失。如某厂大楼，由于其背面未设消防车道，发生火灾时延误了战机，致使大火燃烧了3个多小时，扩大了灾情。为了使消防车辆能迅速靠近高层建筑，展开有效的救助活动，高层建筑周围应设置环形消防车道。沿街的高层建筑，其街道的交通道路，可作为环形车道的一部分。

低层建筑的消防车道主要考虑生产厂房、仓库以及大型的公共建筑的消防车灭火需要。厂房、库房，特别是一些大面积的工厂、仓库，火灾时火势往往发展很快，扑救火灾的延续时间也较长，投入的灭火力量也较多。这样势必造成各种消防车辆阻塞，使消防车无法靠近火场，延误灭火时间。为此，在厂房、库房两侧如无消防车道，应沿其两侧全长设置宽度不小于6m的平坦空地。对一些大型厂房、库房，如占地面积超过3000m² 的甲、乙，丙类厂房和占地面积1500m² 的乙、丙类库房，宜设置环行车道。对于特大型厂房，如飞机库，还应在厂房内设消防车道。

对于大型公共建筑，如超过3000个座位的体育馆、超过2000个座位的会堂及占地面积超过3000m²的展览馆等，其体积和占地面积都较大，人员密集，为便于消防车靠近扑救和人员疏散，宜在建筑物周围设置环行车道。

1.1 消防通道

对于一些使用功能多、面积大、建筑长度大的建筑，如U形、L形、口形建筑，当

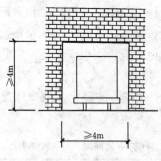

图2-4 穿过建筑的过街
楼洞口尺寸

其沿街长度超过150m或总长度超过220m时，应在适当位置设置穿过高层建筑，进入后院的消防车道。穿越建筑物的消防车道其净高与净宽不应小于4m；门垛之间的净宽不应小于3.5m，如图2-4所示。

此外，为了日常使用方便和消防人员快速便捷地进入建筑内院救火，应设连通街道和内院的人行通道，通道之间的距离不宜超过80m。

为了通风与采光、庭院绿化等需要，高层建筑常常设有面积较大的内院或天井。这种内院或天井一侧发生火灾，如果消防车进不去，就难于扑救。所以，为了消防车进入

内院或天井扑救火灾，且消防车辆在内院有回旋掉头余地，当内院或天井短边长度超过24m时，宜加设消防车道。

规模较大的封闭式商业街、购物中心、游乐场所等，进入院内的消防车道出入口不应少于2个，且院内道路宽度不应小于6m。

1.2 消防水源地的消防车道

发生火灾时，高层建筑高位消防水箱的水只够供水10min，消防车内的水也维持不了多长时间。许多工业与民用建筑，可燃物多，火灾持续时间长。所以，一旦火灾进入旺盛期，就要考虑持续供水的问题。对于设在高层建筑附近的消防水池或天然水源（如，江、河、湖、水渠等）应设消防车道。

1.3 尽头式回车场

目前，在我国经济发展较快的大中城市，超高层建筑（高度＞100m）也有所发展。为此，引进了一些大型消防车。对需要大型消防车救火的区域，应从实际情况出发设计消防车道路，还应注意设置尽头式消防车回车场。一般情况下回车场的面积应不小于15m×15m；对于大型消防车，回车场不宜小于18m×18m（图2-5）。

消防车道下的管沟等，应能承受消防车的压力。

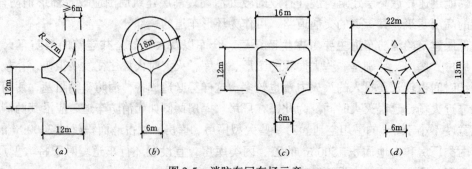

图2-5 消防车回车场示意

2 消防车工作空间

云梯车等登高车辆，灭火时要靠近建筑物。城市规划及建筑设计时，应考虑云梯车作业用的空间，使云梯车能够接近建筑主体。为此，高层建筑的主体周围，最少要求有一长边或周边长度的1/4且不小于一个长边长度，不应布置高度大于5m，进深大于4m的裙房建筑，建筑物的正面广场不应设成坡地；也不应设架空电线等；建筑物的底层不应设很长的突出物，如图2-6所示。

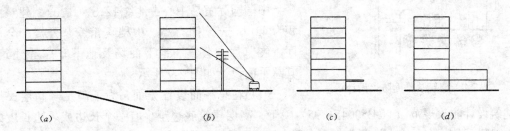

图 2-6 消防车工作空间示意
(a) 斜坡；(b) 电灯或电线杆；(c) 突出物；(d) 裙式建筑

为了便于云梯车的使用，高层建筑与其邻近建筑物之间应保持一定距离。消防车道与高层建筑的间距不小于5m，消防车与建筑物之间的宽度，如图2-7所示，其中 B 值可根据配备的消防车参数来确定。

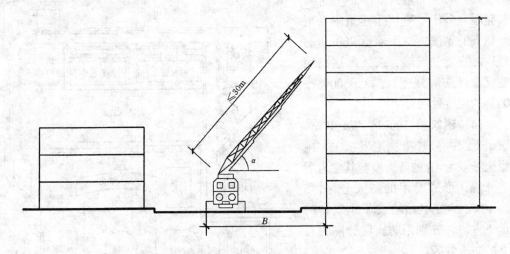

图 2-7 消防车与建筑之间的宽度

第4节* 建筑总平面防火设计举例

建筑总平面设计时，首先要弄清建设用地及周围环境有关情况。其次要根据规划要求合理确定建筑红线。第三，根据建筑性质、层数，合理确定建筑体量、位置及建筑物之间的关系。在进行具体布置时，要留够建筑防火间距和日照间距。布置道路时，要注意消防车道的要求及转弯半径、道路宽度、回车场地等。场地有坡度时，还要注意道路坡度是否

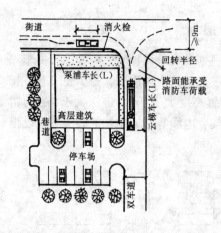

图 2-8　建筑总平面防火设计示意

合适。此外，还要安排绿化、室外管网及消火栓等。这些工作要反复推敲，以便达到既符合规范要求，又达到各方满意。

下面介绍几个实际布置的总平面例子，从中我们可看到在总体布置中应考虑的问题。

1　北京中国国际贸易中心总平面防火设计

中国国际贸易中心占地约 $12.8 \times 10^4 m^2$，建筑面积为 42 万 m^2，拥有高、中档宾馆、办公楼、会议厅、展览厅、公寓、地下商场及地下车库等建筑。其总平面设计如图 2-9 所示。

（1）在总平面设计方面，为了满足《高层民用建筑设计防火规范》（GB50045—95）关于"高层建筑底边至少有一个长边或周边长度的 1/4 且不小于一个长边长度，不应布置高度大于 5m，进深大于 4m 的裙房"的规定，在裙房的后部设一消防车道，可使消防车达到裙房屋顶，靠近高层建筑主体，开展救火活动。当然，裙房屋顶结构按所用消防车辆的荷载进行设计。

（2）各主要建筑均留出 13m 以上的距离，以便于消防车展开救火活动，同时设有环形消防车道，方便进出。

（3）对于储量为 $5m^3$ 的 2 个柴油储罐，采用了直埋于建筑附近室外地下的做法，对于储量 $200m^3$ 的 1 个大的柴油储罐，按《高层民用建筑设计防火规范》（GB50045—95）的规定处理。

（4）建筑群 100kV 的变电站，设于低层办公楼南侧地下室中，用耐火极限为 4h 的防火墙与其它地下室分隔，形成专用的防火分区；5 个 10kV 的变电站均设于建筑物的地下室内，分别用防火墙分隔为独立的防火分区。

（5）建筑群设有 1 个防灾总监控中心和 4 个监控分中心，其中 1 个监控分中心与总监控中心在一起，设于低层办公楼一层西北角，其它

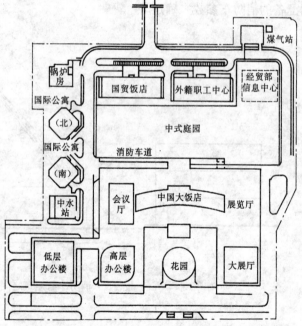

图 2-9　北京国贸中心总平面布置示意

3 个分别设于展览厅北侧一层、南公寓一层、国贸饭店一层。总监控中心只执行监视功能，监控分中心执行监视和控制双重功能。

2 日本新宿中心大厦总平面防火设计

日本新宿中心大厦是一幢集办公、商场、停车场、诊疗所为一体的综合性大厦。占地面积14920m²，总建筑面积183063m²，地上55层，地下5层，塔楼3层，高度222.95m。

该大厦位于超高层建筑集中的东京新宿区。与朝日生命大厦、安田火灾海上保险大厦等隔街相望。大厦南面为4号街、东侧为8号街、北侧为5号街、西侧为9号街，交通方便，道路环绕，消防车进出与施救方便；与附近建筑的防火间距满足要求；同时，各个方向都布置了疏散道路，为消防救助活动创造了有利条件。新宿中心大厦总平面防火设计如图2-10所示。

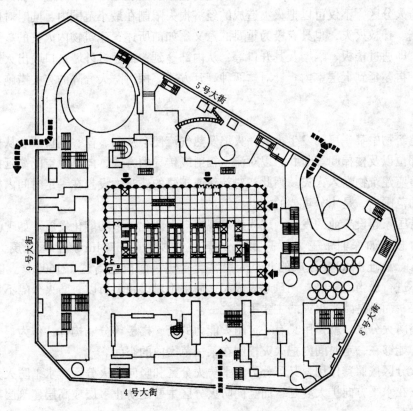

图 2-10 新宿中心大厦总平面示意

第3章 建筑平面防火设计

第1节 防火分区设计标准

本章主要是以旺盛期火灾为对象，阐述防止其扩大蔓延的基本方法。在建筑物中合理地设计防火分区，不仅可以把火灾造成的经济损失限制在最小范围内，同时对保证安全疏散和控制、扑救火灾，也具有极为重要的意义。如前所述，建筑物内火灾的蔓延大致有两种途径：即通过楼板、隔墙及其开口等，从内部蔓延；或通过外墙窗口喷出火焰，烧坏上层窗户，再蔓延到上层室内。针对这两种蔓延方式，探讨防火分隔的有关措施。

1 概 述

当建筑物中某一房间发生火灾，火焰及热气流便会从门、窗、洞口或者从楼板或墙壁的烧损部位以及楼梯间等竖井，以对流、辐射或传导的方式，向其他空间蔓延扩大，最终可能将整座建筑物卷入火灾。因此，对新建或扩建的建筑物设想在一定时间内把火灾控制在一定的范围内，是十分重要的。

随着国家建设事业的发展，现代建筑规模向大型化、多功能化发展。如现已涌现的有高层综合楼，如深圳帝王大厦高 326m，建筑面积为 266784m²。上海金茂大厦 88 层，287000m²。就连 1959 年建成的北京人民大会堂建筑面积也高达 171600m²。像这样的规模，如不进行适当的分隔，一旦起火成灾，后果不堪设想。所以，防火分隔不仅是现实生活的需要，而且是减少火灾的主要手段之一。

所谓防火分区，就是用具有一定耐火能力的墙、楼板等分隔构件，作为一个区域的边界构件，能够在一定时间内把火灾控制在某一范围内的空间。

防火分区按照其作用，又可分为水平防火分区和竖向防火分区。水平防火分区是用以防止火灾在水平方向扩大蔓延，而竖向防火分区主要是防止多层或高层建筑层与层之间的竖向火灾蔓延。

2 防火分区设计标准

2.1 普通民用建筑

建筑面积过大，室内容纳的人员和可燃物的数量相应增大，火灾时燃烧面积大，燃烧时间长，辐射热强烈，对建筑结构的破坏严重，火势难以控制，对消防扑救和人员、物资疏散都很不利。为了减少火灾损失，对建筑物防火分区的面积，按照建筑物耐火等级的不同给予相应的限制。也就是说，耐火等级高的防火分区面积可以适当大些，耐火等级低的防火分区面积就要小些。

一、二级耐火等级民用建筑的耐火性能较高，除了未加防火保护的钢结构以外，导致建筑物倒塌的可能性较小，一般能较好地限制火势蔓延，有利于安全疏散和扑救火灾，所以，规定其防火分区面积为 2500m²。三级建筑物的屋顶是可燃的，能够导致火灾蔓延扩大，所以，其防火灾分区面积应比一、二级要小，一般不超过 1200m²。四级耐火等级建筑的构件大多数是难燃或可燃的，所以，其防火分区面积不宜超过 600m²。同理，除了限制防火分区面积外，还对建筑物的层数和长度也提出了限制，详见表 3-1。

民用建筑的耐火等级、层数、长度和面积   表 3-1

| 耐火等级 | 最多允许层数 | 防 火 区 间 | | 备　　注 |
		最大允许长度(m)	每层最大允许建筑面积(m²)	
一、二级	住宅≤9 层 其它<24m	150	2500	1. 体育馆、剧院等的长度和面积可以放宽 2. 托儿所、幼儿园的儿童用房不应设在四层及四层以上
三级	5 层	100	1200	1. 托儿所、幼儿园的儿童用房不应设在三层及三层以上 2. 电影院、剧院、礼堂、食堂不应超过二层 3. 医院、疗养院不应超过三层
四级	2 层	60	600	学校、食堂、菜市场、托儿所、幼儿园、医院等不应超过一层

2.2 高层民用建筑

高层民用建筑防火分区设计，主要考虑以下因素：

（1）一类高层建筑（如高层医院、高级旅馆、商业楼、展览楼、综合楼、电信楼、财贸金融楼、电力调度楼、档案楼、科研楼以及高度超过 50m 的教学、办公、科研、档案楼等），其内部装修、陈设等可燃物多，设有贵重设备，并设有空调系统等，一旦失火，蔓延很快，扑救困难，疏散困难，容易造成伤亡事故和重大损失，所以对其防火分区应控制严一些，每个防火分区面积规定为 1000m²。

（2）二类高层建筑（如每层建筑面积小于 1000m² 的商业楼、展览楼、综合楼、财贸金融楼、商住楼；省级以下的邮政楼、电力调度楼；建筑高度不超过 50m 的教学楼和普通旅馆、办公楼、科研楼、档案楼等），其规模一般较小，内部装修、陈设等可燃物相对较少，火灾危险性也比一类建筑相对小一些。所以，其防火分区面积可适当放宽，其最大允许建筑面积规定为 1500m²。

（3）高层建筑的地下室用途较为广泛，如用作市场、游乐场、仓库、旅馆等，可燃物多，人流较大。从防火安全角度来看，地下室一般是无窗房间，其出入口（楼梯）既是人流疏散口，又是热流、烟气的排出口，同时又是消防队救火的进入口。一旦形成火灾时，人员交叉混乱，不仅造成疏散扑救困难，而且威胁上部建筑的安全。因此，地下室防火分区面积为 500m² 是合适的。

（4）当设有自动喷水灭火设备时，能及时扑灭初期火灾，有效控制火势蔓延，使建筑物的安全程度大为提高。如西安唐城宾馆 205 房间失火，并引燃旁边竖向管道保温材料（聚乙烯泡沫），烟气沿竖向管道向上，从三楼通风口逸出，引起 305 房间感烟探头报警，自动水喷淋系统动作，很快扑灭初期火灾。由于自动报警、自动灭火设备系统对阻止火势蔓延起到了很好的作用，保证了相邻房间、相邻楼层的安全。因此，对设有自动喷水灭火系统的防火分区，其最大允许建筑面积可增加 1 倍；当局部设置自动灭火系统时，则该局部面积可增加 1 倍。

对于大型百货商店、大型展览楼，其面积超过规范的规定较多，从目前经济发展情况来看，4000m² 基本能满足商场、展厅的使用要求。因此，为了满足实际需要，又能基本保障安全要求，当设有自动报警系统和自动灭火系统，并且采用不燃烧材料或难燃烧材料装修时，地上部分防火分区允许最大建筑面积 4000m²；地下部分防火分区最大建筑面积为 2000m²。

高层建筑相连的裙房，建筑高度一般较低，火灾时疏散较快，扑救难度也较小，易于控制火势蔓延。当高层建筑主体与裙房之间用防火墙等防火设施分隔时，其裙房的防火分区允许最大建筑面积，不应大于 2500m²；当设有自动灭火系统，防火分区允许最大建筑面积可增加 1 倍，即 5000m²。

(5) 高层建筑中设有贯通数层的各种开口，如走廊、开敞楼梯、自动扶梯等，为了既照顾实际需要，又能保障防火安全，应把连通的各部分作为一个整体看待，其建筑总面积不得超过表 3-2 的规定。否则，应在开口部位设置耐火极限大于 3h 的防火卷帘和水幕等，其面积可不叠加计算。

综上所述，设计高层民用建筑防火分区时，可按表 3-2 执行。

防火分区最大允许建筑面积 表 3-2

建 筑 类 别		每个防火分区建筑面积（m²）		备　　注
		无自动灭火系统	有自动灭火系统	
一般建筑	一类建筑	1000	2000	一类电信楼可增加 50%
	二类建筑	1500	3000	
	地下室	500	1000	
	裙　房	2500	5000	裙房和主体必须有可靠的防火分隔
大型公共建筑	商业营业厅、展览厅	地上部分	4000	必须具备 ①设有自动喷水灭火系统 ②设有火灾自动报警系统 ③采用不燃或难燃材料装修
		地下部分	2000	

2.3　工业厂房

工业厂房可分为单层厂房、多层厂房和高层厂房。单层工业厂房，即使建筑高度超过 24m，其防火设计仍按单层考虑；建筑高度等于或小于 24m、二层及二层以上的厂房为多层厂房；建筑高度大于 24m、二层及二层以上的厂房为高层厂房。

对于工业厂房来说，它的层数和面积是由生产工艺所决定的，但同时也受生产的火灾危险类别和耐火等级的制约。工业厂房的生产工艺、火灾危险类别、建筑物的耐火等级、层数和面积构成一个互相联系、互相制约的统一体。

层数太高，不利于疏散和扑救；面积过大，火灾容易在大范围内蔓延，同样不利于疏散和扑救；要求过严，会影响生产且浪费土地。

综合上述各种因素，为了使火灾时便于人员疏散，以及消防队控制、扑救火灾，甲类生产采用一、二级耐火等级的厂房，除了生产工艺必须采用多层者外，一般应采用单层；乙类生产采用一级耐火等级厂房时不受限制，即可以建造高层厂房，而采用二级耐火等级厂房时，不得超过 6 层。但是，不得把甲、乙类生产布置在地下室或半地下室内；丙类生产的火灾危险性还是比较大的，可以采用三级耐火等级的厂房，其层数不超过2层；丁、戊类生产厂房当采用三级耐火等级时，最多不要超过3层。

为了火灾事故时，尽可能使人员疏散出来，同时把火灾控制在一定范围内，减少损失，根据生产特点及厂房耐火等级规定不同的防火分区要求。甲类生产易燃易爆，发生火灾事故时，允许疏散的时间极短，因此，对甲类生产要从严要求，乙类生产次之，以下类推。甲类生产当采用一级耐火等级的单层厂房时，防火分区的面积可达4000m^2，采用多层厂房时防火分区的面积可达3000m^2。但是，甲类生产不得采用高层厂房。其它各类生产，各级耐火等级厂房的防火分区面积，要符合表3-3的有关规定。

考虑到高层厂房发生火灾时，危险性和损失比多层厂房更大，扑救更困难，所以，防火分区面积限制的要求也更加严格。乙类火灾危险性以下的生产，当采用高层厂房，其防火分区的面积为多层厂房的一半。丙类生产厂房设在厂房的地下室、半地下室时，其防火分区最大允许面积为500m^2，丁、戊类为1000m^2。

但是，当甲、乙、丙类厂房装设自动灭火设备时，防火分区最大允许面积比表3-3的规定增加一倍；丁、戊类厂房装设自动灭火设备时，其防火分区的建筑面积不限；局部设置时，增加面积可按该局部面积的一倍计算。

厂房的耐火等级、层数和防火分区的建筑面积　　　　表3-3

生产类别	耐火等级	最多允许层数	防火分区最大允许建筑面积（m^2）			
			单层厂房	多层厂房	高层厂房	厂房的地下室和半地下室
甲	一级	除生产必须采用多层者外，宜采用单层	4000	3000	—	—
	二级		3000	2000	—	—
乙	一级	不限	5000	4000	2000	—
	二级	6	4000	3000	1500	—
丙	一级	不限	不限	6000	3000	500
	二级	不限	8000	4000	2000	500
	三级	2	3000	2000	—	—
丁	一、二级	不限	不限	不限	4000	1000
	三级	3	4000	2000	—	—
	四级	1	1000	—	—	—
戊	一、二级	不限	不限	不限	6000	1000
	三级	3	5000	3000	—	—
	四级	1	1500	—	—	—

2.4　库房

库房建筑的特点，一是物资贮存集中，而且许多库房超量贮存。有的仓库不仅库内超量贮存，而且库房之间的防火间距也堆放大量物资；二是库房的耐火等级较低，原有的老库房多数为三级耐火等级，甚至四级及其以下的库房也占有一定比例，一旦失火，大多造成严重损失；三是库区水源不足，消防设施缺乏，扑救火灾难度大。

库房也可分为单层库房、多层库房、高层库房，其划分高度可参照工业厂房。此外，层高在7m以上的机械操作和自动控制的货架仓库，称做高架仓库。高层仓库和高架仓库的共同特点是，贮存物品比普通仓库（单层、多层）多数倍甚至数十倍，发生火灾时，疏散和抢救困难。为了保障仓库在火灾时不致很快倒塌，赢得扑救时间，减少火灾损失，要求其耐火等级不低于二级。

由于贮存甲、乙类物品的库房的火灾爆炸危险性大，所以，甲、乙类物品库房宜采用单层建筑，不要设在建筑物地下室、半地下室内。因为，一旦发生爆炸事故，将会威胁到整个建筑的安全。

甲类物品库房失火后，燃烧速度快，火势猛烈，并且还可能发生爆炸。所以，其防火分区面积不宜过大，以便能迅速控制火势蔓延，减少损失。考虑到仓库贮存物资集中，可燃物多，发生火灾造成的损失大等因素，仓库的耐火等级、层数和面积要严于厂房和民用建筑。

丙类固体可燃物品库房以及丁、戊类物品库房，当采用一、二级耐火等级建筑时，其层数不限，即可以建造高层库房。

综上所述，各类库房的耐火等级、层数和面积应符合表3-4的要求。

库房设有自动灭火设备，视其保护范围的大小，建筑面积可按规定增加100%。

库房的耐火等级、层数和建筑面积　　　　　　　　表 3-4

储存物品类别		耐火等级	最多允许层数	最大允许建筑面积（m²）						
				单层库房		多层库房		高层库房		库房的地下室、半地下室
				每座库房	防火墙间	每座库房	防火墙间	每座库房	防火墙间	防火墙间
甲	3、4项	一级	1	180	60	—	—	—	—	—
	1、2、5、6项	一、二级	1	750	250	—	—	—	—	—
乙	1、3、4项	一、二级	3	2000	500	900	300	—	—	—
		三级	1	500	250	—	—	—	—	—
	2、5、6项	一、二级	5	2800	700	1500	500	—	—	—
		三级	1	900	300	—	—	—	—	—
丙	1项	一、二级	5	4000	1000	2800	700	—	—	150
		三级	1	1200	400	—	—	—	—	—
	2项	一、二级	不限	6000	1500	4800	1200	4000	1000	300
		三级	3	2100	700	1200	400	—	—	—
丁		一、二级	不限	不限	3000	不限	1500	4800	1200	500
		三级	3	3000	1000	1500	500	—	—	—
		四级	1	2100	700	—	—	—	—	—
戊		一、二级	不限	不限	3000	不限	2000	6000	1500	1000
		三级	3	3000	1000	2100	700	—	—	—
		四级	1	2100	700	—	—	—	—	—

第2节　建筑平面防火设计

建筑物的平面布置应符合规范要求，通过对建筑内部空间进行合理分隔，防止火灾在建筑内部蔓延扩大，确保火灾时的人员生命安全，减少财产损失：

（1）建筑内部某部位着火时，能限制火灾和烟气在（或通过）建筑内部和外部的蔓延，并为人员疏散、消防人员的救援和灭火提供保护。

（2）建筑物内某处发生火灾时，减少对邻近（上下层、水平相邻空间）分隔区域的强辐射热和烟气的影响。

（3）消防人员能方便进行救援，利用灭火设施进行灭火活动。

（4）有火灾或爆炸危险的建筑设备设置部位，能防止对人员和贵重设备造成影响或危害。

（5）设置有火灾或爆炸危险的建筑设备的场所，采取措施能防止发生火灾或爆炸，及时控制灾害的蔓延扩大。

本书仅就《建筑设计防火规范》（GBJ16—87）和《高层民用建筑设计防火规范》（GB50045—95）对燃油燃气、燃煤锅炉、油浸变压器、多油开关和柴油发电机组，商业服务网点和人员密集或行为能力较弱者场所的布置的问题，做简要阐述。

1 设备用房或特殊用房布置

由于建筑规模的扩大和集中供热的需要，建筑所需锅炉的蒸发量越来越大。但锅炉在运行过程中又存在较大火灾危险，发生事故后的危害也较大，特别是燃油、燃气锅炉，容易发生燃烧爆炸事故，应严格控制。对此，国家劳动部制定的《蒸汽锅炉安全技术监察规程》❶ 和《热水锅炉安全技术监察规程》❷ 对锅炉的蒸发量和蒸汽压力有明确规定。可燃油油浸电力变压器发生故障产生电弧时，将使变压器内的绝缘油迅速发生热分解，析出氢气、甲烷、乙烯等可燃气体，压力骤增，造成外壳爆裂而大量喷油，或者析出的可燃气体与空气混合形成爆炸性混合物，在电弧或火花的作用下极易引起燃烧、爆炸。变压器爆炸后，火灾将随高温变压器油的流淌而蔓延，容易形成大范围的火灾。充有可燃油的高压电容器、多油开关等，也有较大的火灾危险性。在建筑防火设计中，应符合下列要求：

（1）总蒸发量不超过 6t、单台蒸发量不超过 2t 的锅炉，总额定容量不超过 1260kVA、单台额定容量不超过 630kVA 的可燃油油浸电力变压器以及充有可燃油的高压电容器和多油开关等，可贴邻民用建筑（除观众厅、教室等人员密集的房间或病房外）布置，但必须采用防火墙隔开，且不宜布置在民用建筑主体内。

（2）高压锅炉爆炸危险性较大，不允许放在居住和公共建筑中。

（3）油浸电力变压器是一种多油的电气设备，当它长期过负荷运行时，变压器油温过高可能起火，或发生其他故障产生电弧使油剧烈汽化，而造成变压器外壳爆炸酿成火灾，应设计防止油品流散的设施。为避免变压器发生燃烧或爆炸事故时引起秩序混乱，造成不必要的伤亡事故，这些设备不应布置在人员密集场所的上面、下面或相邻。

（4）由于受到规划用地限制及用地紧张、基建投资等条件制约，有时必须将燃煤、燃油、燃气锅炉房、可燃油油浸电力变压器室、充有可燃油的高压电容器、多油开关等布置在主体建筑内，这时应采取下列防火措施：

①不应布置在人员密集的场所的上面、下面或贴邻，并应采用无门窗洞口的耐火极限不低于 3h 的隔墙（包括变压器室之间的隔墙）和 1.5h 的楼板与其他部位隔开；当必须开门时，应设甲级防火门。

变压器室与配电室之间的隔墙，应设防火墙。

②锅炉房、变压器室应设置在首层靠外墙的部位，并应在外墙上开门。首层外墙开口部位的上方应设置宽度不小于 1m 的防火挑檐或高度不小于 1.2m 的窗间墙。

❶ 中华人民共和国劳动人事部 1987 年 10 月 1 日颁布执行。

❷ 中华人民共和国劳动人事部 1984 年 7 月 1 日颁布执行。

③变压器下面应有储存变压器全部油量的事故储油设施。多油开关、高压电容器室均应设有防止油品流散的设施。

（5）对于高层民用建筑,燃油、燃气的锅炉,可燃油油浸电力变压器,充有可燃油的高压电容器和多油开关等除液化石油气作燃料的锅炉外,当上述设备受条件限制必须布置在高层建筑或裙房内时,其锅炉的总蒸发量不应超过 6t/h,且单台锅炉蒸发量不应超过 2t/h;可燃油油浸电力变压器总容量不应超过 1260kVA,单台容量不应超过 630kVA,应符合上述（4）之①～③要求外,还应设置火灾自动报警系统和自动灭火系统。

（6）高层民用建筑中布置柴油发电机房的要求。

柴油发电机房可布置在高层建筑、裙房的首层或地下一层,但应符合下列要求:

①柴油发电机房应采用耐火极限不低于 2h 的隔墙和 1.5h 的楼板与其它部位隔开。

②柴油发电机房内应设置储油间,其总储存量不应超过 8h 的需要量,储油间应采用防火墙与发电机间隔开;当必须在防火墙上开门时,应设置能自行关闭的甲级防火门。

③应设置火灾自动报警系统和自动灭火系统。

（7）高层建筑使用丙类液体作燃料时,中间罐的容积不应大于 $1m^3$,并应设在耐火等级不低于二级的单独房间内,该房间的门应采用甲级防火门。

（8）当高层建筑采用瓶装液化石油气作燃料时,应设集中瓶装液化石油气间,并应符合下列要求:

①总储量超过 $1m^3$、而不超过 $3m^3$ 的瓶装液化石油气间,应独立建造,且与高层建筑和裙房的防火间距不应小于 10m。

②在总进气管道、总出气管道上应设有紧急事故自动切断阀。

③应设有可燃气体浓度报警装置。

④电气设计应按现行的国家标准《爆炸和火灾危险环境电力装置设计规范》（GB50058—92）的有关规定执行。

（9）存放和使用化学易燃易爆物品的商店、作坊和储藏间,严禁附设在民用建筑内。

（10）铁路旅客车站站房严禁设置易燃、易爆及危险品的存放处。

2 商业服务网点的布置

商业服务网点是指建筑面积不超过 $300m^2$ 的百货店、副食店、超市、粮店、邮政所、储蓄所、饮食店、理发店、小修理门市部等公共服务用房。如果多层住宅下部有几层均设有这种服务设施时,应视作商住楼。对于底部设有商业营业厅的高层住宅,也应视作商住楼。住宅建筑的底层如布置商业服务网点时,应符合下列要求:

（1）商业服务网点应采用耐火极限不低于 3h 的隔墙和耐火极限不低于 1h 的不燃烧体楼板与住宅分隔开。

（2）商业服务网点的安全出口必须与住宅部分隔开。

3 人 员 密 集 场 所

高层建筑内的观众厅、会议厅、多功能厅等人员密集场所,应设在首层或二、三层;当必须设在其它楼层时,除《高层民用建筑设计防火规范》（GB50045—95）另有规定外,尚应符合下列要求：

    （1）一个厅、室的建筑面积不宜超过 400m²。

    （2）一个厅、室的安全出口不应少于两个。

    （3）必须设置火灾自动报警系统和自动喷水灭火系统。

    （4）幕布和窗帘应采用经阻燃处理的织物。

4 婴幼儿生活间

    婴幼儿缺乏必要的自理能力，行动缓慢，易造成严重伤害，火灾时无法进行适当的自救和安全疏散活动，一般均需依靠成年人的帮助来实现疏散。因此，当一、二级耐火等级的多层和高层民用建筑内设托儿所、幼儿园时，应设置在建筑物的首层或二、三层；当设在三级耐火等级的建筑内时，不应设于三层及三层以上；当设在四级耐火等级的建筑内时，应设在首层。养老院及病房楼亦同此设计。

第 3 节　水平防火分区及其分隔设施

1 水平防火分区

    所谓水平防火分区，就是采用具有一定耐火能力的墙体、门、窗和楼板，按规定的建筑面积标准，分隔为防火区域。由于水平防火分区是按照建筑面积划分的，因此，又称为面积防火分区。

    在充分认识防火分区的作用与意义的基础上，在实际的建筑设计与建设中，除了自觉地按照规范规定的建筑面积设置外，还应根据建筑物内部的不同使用功能区域，设置防火分区或防火单元。例如，饭店建筑的厨房部分与顾客使用部分，由于使用功能不同，而且厨房部分有明火作业，应该划作不同的防火分区，并采用耐火极限不低于 3h 的墙体做防火分隔。

    在工业建筑中，要根据生产和贮存物品的火灾危险性类别，是否散发有毒有害气体，是否有明火或高温生产工艺等划分防火分区。

    划分防火分区，除了考虑不同的火灾危险性外，还要按照使用灭火剂的种类而加以分隔。例如，对于配电房、自备柴油发电机房等，当采用二氧化碳灭火系统时，由于这些灭火剂毒性大，应该分隔为封闭单元，以便施放灭火剂后能够密闭起来，防止毒性气体扩散、伤人。此外，使用与贮存不能用水灭火的化学物品的房间，应单独分隔起来。

    对于设置贵重设备，贮存贵重物品的房间，也要分隔成防火单元。

    对于设在建筑内的自动灭火系统的设备室，应采用耐火极限不低于 2h 的隔墙，1.5h 的楼板和甲级防火门与其他部位隔开。这样，即使建筑物发生火灾，也必须保障灭火系统不受威胁，保障灭火工作顺利实施。

2 防火分隔设施

2.1 防火墙

防火墙是指用具有 4h（高层建筑为 3h）以上耐火极限的非燃烧材料砌筑在独立的基

础（或框架结构的梁）上，用以形成防火分区，控制火灾范围的部件。它可以根据需要而独立设置，也可以把其它隔墙、围护墙按照防火墙的构造要求砌筑而成。

从建筑平面看，防火墙有纵横之分，与屋脊方向垂直的是横向防火墙，与屋脊方向一致的是纵向防墙。从防火墙的位置分，有内墙防火墙、外墙防火墙和室外独立的防火墙等。内墙的防火墙是把房屋划分成防火分区的内部分隔墙，外墙防火墙是在两幢建筑物间因防火间距不够而设置无门窗（或设防火门、窗）的外墙；室外独立的防火墙是当建筑物间的防火间距不足，又不便于使用外防火墙时，可采用室外独立防火墙，用以遮断两幢建筑之间的火灾蔓延。

在建筑设计中，如果在靠近防火墙的两侧开窗，如图3-1所示。发生火灾时，从一个

图 3-1　防火墙的平面布置

窗口窜出的火焰，很容易烧坏另一窗户，导致火灾蔓延到相邻防火分区。为此，防火墙两侧开的窗口的最近距离不应小于2m。此外，还应当尽量避免在 U 形、L 形建筑物的转角处设防火墙，否则，防火墙一侧发生火灾，火焰突破窗口后很容易破坏另一侧的门窗，形成火灾蔓延的条件。但是，必须设在转角附近时，两侧门窗口的最近水平距离不应小于4m。

防火墙应直接砌筑在基础上或钢筋混凝土框架梁上，并且要保证防火墙的强度和稳定。如图3-2所示，防火墙两侧的可燃构件（如屋面板、檩条等）应全部截断，不得穿过防火墙，以免火从墙内延烧过去。对于耐火等级为三级的建筑，为了防止火由屋面越过防火墙，还要把防火墙砌出屋面，形成一堵横断屋顶的矮墙，当屋面为燃烧体（木板、油毡等）时，矮墙应比屋面高出500mm。当屋面为非燃烧体（瓦、石棉瓦、铁皮）时，短墙高出屋面400mm。如果距防火墙小于4m的地方有一个高出屋面的开口（如天窗）或燃烧体、难燃烧体的构筑物时，万一失火它将是排气窜火的通道，必将威胁到防火墙另一侧屋顶的安全。此时防火墙必须砌至开口或构筑物上缘以上，并不小于400mm。当这个开口或构筑物距离防火墙外沿≥4m时，可以认为是安全的，防火墙可不作特殊处理。

当屋面为具有 0.5h 耐火极限的钢筋混凝土屋面板时，火烧穿屋顶的可能性很小，所以防火墙可以不砌出屋面。

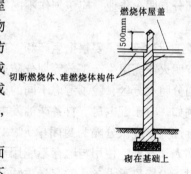

图 3-2　防火墙构造示意图

建筑物的外墙为难燃烧体时，为了防止火沿外墙蔓延，像屋面上突出的矮墙一样，也要把防火墙砌出墙面 400~500mm。但是，如果由于某种要求，例如美观的需要不便突出墙面时，也可用砌筑防火墙带的办法来代替。防火墙带即在防火墙中心线的两侧，用砌体等非燃烧体墙将原有燃烧体或难燃烧体墙壁隔开，保持 4m 距离，如图3-3所示。

为了方便交通与使用，防火墙上必须设门窗口时，为了保障不导致防火分区之间的火

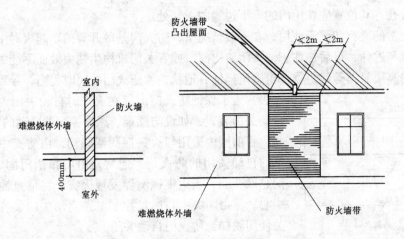

图 3-3 防火墙带示意

灾蔓延，其开口部位应设置耐火极限不低于 1.2h 的甲级防火门、窗。

输送煤气、氢气、汽油、柴油等可燃气体或甲、乙、丙类液体的管道，火灾危险性大，一旦发生燃烧或爆炸，危及范围大，因此，这类管道应严禁穿过防火墙。输送其它物质的管道必须穿过防火墙时，应用不燃烧材料将其周围缝隙紧密填塞。走道与房间的隔墙穿过各种管道时，构造可参照防火墙实施。

根据目前建筑发生的问题和火灾教训，必须将走道两侧的隔墙、面积超过 100m² 的房间隔墙、贵重设备房间隔墙、火灾危险性较大的房间隔墙及医院病房等房间的隔墙，均应砌至梁板的底部，不留缝隙，以防止烟火延烧，扩大灾害（图 3-4）。

2.2 防火门、窗

防火门、窗是指既具有一定的耐火能力，能形成防火分区，控制火灾蔓延，又具有交通、通风、采光功能的维护设施。

一般说来，为了有效地防止火灾从一个防火分区蔓延到另一个防火分区，防火墙上最好不要开设门窗洞口。若生产工艺、产品、原材料输送、人员流通、采光等必需设置门、窗洞口时，就需装设防火门、窗。即使

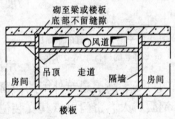

图 3-4 隔墙防火构造示意

装设了防火门、窗，也造成了防火分区上的薄弱部位，因此，必须采用甲级防火门、窗。当采用具有 1.2h 的防火门、窗时，基本上满足控制火灾蔓延，争取消防队到场扑救的要求。

我国把防火门按照耐火极限分为甲、乙、丙三级。甲级防火门的耐火极限不低于 1.2h，主要用于防火墙上；乙级防火门的耐火极限不低于 0.9h，主要用于疏散楼梯间及消防电梯前室的门洞口，以及单元式高层住宅开向楼梯间的户门等；丙级防火门的耐火极限不低于 0.6h，主要用于电缆井、管道井、排烟竖井等的检查门。

防火门、窗还有非燃烧体和难燃烧体之分。非燃烧体防火门是由非燃烧的钢板、镀锌铁皮、石棉板、矿棉等制作，而难燃烧体防火门是在可燃的木材、毛毡等外侧钉上铁皮、石棉板等制成。

应该指出，为了防止难燃烧体防火门木材分解出的热气体把铁皮撑开，应在镀锌铁皮

上留出泄气孔。其位置应在距门的上下边缘的 1/4 处。

为了正常的通行和便于使用，在一般情况下，防火门是敞开着的。起火时由于人们急于抢救物资和逃命，最后往往忘记关闭防火门，或者关门机构生锈失效而不能关闭。对于标准较高的高层旅馆等建筑物，走廊里都铺有地毯，使防火门关闭时受阻，导致火灾蔓延过去。为了保证防火门能够在火灾时自动关闭，最好采用自动关门装置，如设与感烟、感温探测器联动的关门装置。

目前国内采用与火灾探测器联动，由防灾中心摇控操纵的自动关闭的防火门。通常，由门扣把门固定在墙上，门是敞开的，当火灾探测器发现火灾，将信息输送到防灾中心，再由防灾中心通过控制电路启动关门装置的磁力开关使门脱扣，防火门自动关闭。

用于防火墙上的甲级防火门，宜做成自动兼手动的平开门或推拉门，并且关门后能从门的任一侧手动开启，也可在门上装设便于通行的小门。用于疏散通道（如楼梯间）上的乙级防火门，宜做成单向开启的弹簧门，以便人员紧急疏散时，人离开后门能自动关闭，有效防止火灾蔓延。

图 3-5 是防烟楼梯与消防电梯合用的前室防火门。平时开启，防火门嵌入墙体内，不影响正常使用和美观。火灾时，防火门自动关闭，使走道的一部分形成前室。防火门上设有通行小门和水带孔，以便消防员以前室为据点，展开救火活动。

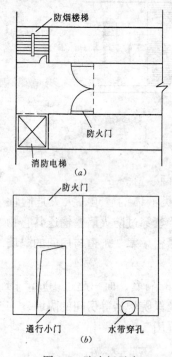

图 3-5　防火门示意

(a) 防火门平时开启位置的平面图；

(b) 防火门上的通行小门及水带孔

2.3　防火卷帘及其安装

防火卷帘一般由钢板或铝合金板材制成，在建筑中使用比较广泛。如开敞的电梯厅、百货大楼的营业厅、自动扶梯的封隔、高层建筑外墙的门窗洞口（防火间距不满足要求时）等。

钢质防火卷帘门可依其安装位置、形式和性能进行分类。

(1) 钢质防火卷帘门因安装在建筑物中位置的不同而有区别，可分为外墙用防火卷帘门和室内防火卷帘门。其中外墙卷帘也可由强度和耐火等级区分。而室内用卷帘则按其耐火等级、防烟性能来区分。

(2) 按耐风压强度，可分为 $500N/m^2$、$800N/m^2$、$1200N/m^2$ 三种。

(3) 按耐火极限，普通型防火卷帘门可分为耐火极限 1.5h 和 2h 两种。复合型防火卷帘门可分为 2.5h 和 3h 两种。

(4) 普通型钢质防火防烟卷帘门，可分为耐火极限为 1.5h，漏烟量（压力差为 20Pa）小于 $0.2m^3/m^2 \cdot min$ 以及耐火极限为 2h，漏烟量（压力差为 20Pa）小于 $0.2m^3/m^2 \cdot min$ 两种。

(5) 复合型钢质防火防烟卷帘门，也可分为耐火极限为 2.5h，漏烟量（压力差为 20Pa）小于 $0.2m^3/m^2 \cdot min$ 及耐火极限为 3h，漏烟量（压力差为 20Pa）小于 $0.2m^3/m^2 \cdot min$ 两种。

防火卷帘如图 3-6 及图 3-7 所示，防火构造应满足下列要求：

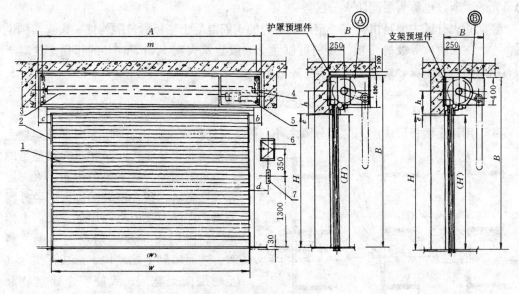

图 3-6　防火卷帘示意

（1）门扇各接缝处、导轨、卷帘箱等缝隙处，应该采取密封措施，防止串烟火；

（2）门扇和其他容易被火烧着的部分，应涂防火涂料，以提高其耐火极限；

（3）设置在防火墙上或代作防火墙的防火卷帘，要同时在卷帘两侧设置水幕保护；

（4）要采用自动和手动两种开启装置。

使用卷帘时可能出现下列问题：其一是防火卷帘采用易熔合金的关闭方式，在易熔合金熔断之前，卷帘箱的缝隙、导轨及卷帘下部常常因受热而变形，致使卷帘无法落下；其二是在防火卷帘下往往堆放货物、纸箱、杂品等，使卷帘不能落下；其三是防火

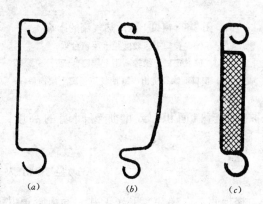

图 3-7　防火卷帘构造示意
（a）防火防烟卷帘钣；（b）防火耐风压卷帘钣；
（c）复合卷帘钣

卷帘的气密性较低，防烟效果较差；其四是防火卷帘受火焰作用后，向受火面凸出，往往出现较大缝隙，失去阻止火势蔓延的作用；其五是灼热的防火卷帘能产生强烈的辐射热，当背火面附近有可燃物时，便会引起火灾蔓延。

所以，在选用防火卷帘时，应该注意采取保护措施，使之充分发挥作用。

第4节　竖向防火分区及其分隔设施

1　竖　向　防　火　分　区

为了把火灾控制在一定的楼层范围内，防止从起火层向其它楼层垂直方向蔓延，必须沿建筑物高度划分防火分区，即竖向防火分区。由于竖向防火分区是以每个楼层为基本防

火单元的，所以也称为层间防火分区。

竖向防火分区主要是由具有一定耐火能力的钢筋混凝土楼板做分隔构件。火灾实例说明，一、二级耐火等级的楼板，分别可以经受一般建筑火灾 1.5h 和 1h 的作用。这对于 80% 以上的火灾来说，是安全的。

2　防止火灾从外窗蔓延

除了用耐火楼板形成层间防火分隔之外，科学研究和火灾实例表明，从外墙窗口向上层蔓延，也是现代高层建筑火灾蔓延的一个重要途径。这主要是因为，火灾层在轰燃之后，窗玻璃破碎，火焰经外窗喷出，在浮力及风力作用下，火向上窜越，将上层窗口及其附近的可燃物烤着，进而串到上层室内，形成逐层、甚至越层向上蔓延，致使整个建筑物起火。如巴西圣保罗的安得拉斯大楼火灾，就是这种蔓延方式的典型例子。为了防止火灾由外墙窗口向上蔓延，要求上下层窗口之间的墙尽可能高一些，一般不应小于 1.5~1.7m。

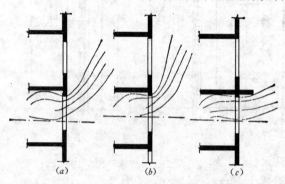

图 3-8　窗口上缘对热气流的影响

(a) 窗口上缘较低距上层窗台远；
(b) 窗口上缘较高距上层窗台近；
(c) 窗口上缘有挑出雨篷使气流偏离上层窗口

防止火灾从窗口向上层蔓延，可以采取减小窗口面积，或增加窗间墙的高度，或设置阳台、挑檐等措施，如图 3-8 所示。

3　竖井防火分隔措施

楼梯间、电梯井、采光天井、通风管道井、电缆井、垃圾井等竖井串通各层的楼板，形成竖向连通孔洞。因使用要求，竖井不可能在各层分别形成防火分区（中断），而是要采用具有 1h 以上（电梯井为 2h）耐火极限的不燃烧体做井壁，必要的开口部位设防火门或防火卷帘加水幕保护。这样就使得各个竖井与其它空间分隔开来，通常称为竖井分区，它是竖向防火分区的一个重要组成部分。应该指出的是，竖井应该单独设置，以防各个竖井之间互相蔓延烟火。若竖井分区设计不完善，烟火一旦侵入，就会形成火灾向上层蔓延的通道，其后果将不堪设想，例如：

日本东京国际观光旅馆，1976 年 4 月，因旅客将未熄灭的烟头扔进垃圾道，导致底层垃圾着火，火焰由垃圾道蔓延，从上层垃圾门窜出，烧毁 7 层~10 层的客房，造成了很大损失。

美国世界贸易中心，1975 年 2 月 23 日发生火灾，11 层建筑面积的 20% 被烧毁，损失 200 万美元。据查，这次大火是由 11 楼的董事室首先失火，很快烧到旁边的电话室，电话室顶棚及地板上均开有 300mm×450mm 的电缆洞口，大火烧过洞口，顺着电线一直延烧至 19 层的电话室。

高层建筑各种竖井的防火设计构造要求，见表 3-5。

名　称	防　火　要　求
电梯井	①应独立设置 ②井内严禁敷设可燃气体和甲、乙、丙类液体管道，并不应敷设与电梯无关的电缆、电线等 ③井壁应为耐火极限不低于 2h 的不燃烧体 ④井壁除开设电梯门洞和通气孔洞外，不应开设其他洞口 ⑤电梯门不应采用栅栏门
电缆井 管道井 排烟道 排气道	①这些竖井应分别独立设置 ②井壁应为耐火极限不低于 1h 的不燃烧体 ③墙壁上的检查门应采用丙级防火门 ④高度不超过 100m 的高层建筑，其电缆井、管道井应每隔 2～3 层在楼板处用相当于楼板耐火极限的不燃烧体作防火分隔，建筑高度超过 100m 的建筑物，应每层作防火分隔 ⑤电缆井、管道井与房间、吊顶、走道等相连通的孔洞，应用不燃烧材料严密填实
垃圾道	①宜靠外墙独立设置，不宜设在楼梯间内 ②垃圾道排气口应直接开向室外 ③垃圾斗宜设在垃圾道前室内，前室门采用丙级防火门 ④垃圾斗应用不燃材料制作并能自动关闭

4　自动扶梯的防火设计

自动扶梯是建筑物楼层间连续运输效率最高的载客设备，适用于车站、地铁、空港、商场及综合大厦的大厅等人流量较大的场所。自动扶梯可正逆向运行，在停机时，亦可作为临时楼梯使用。

随着建设标准的提高、规模扩大、功能综合化的发展，自动扶梯的使用越来越广。如北京西客站、北京国际贸易中心、上海希尔顿酒店、深圳国贸大厦、西安民生大楼等均设有自动扶梯，不仅方便了顾客，而且也为建筑室内环境增色不少。自动扶梯的平面与剖面如图 3-9。

4.1　自动扶梯的火灾危险性

首先，由于设置自动扶梯，使得数层空间连通，一旦某层失火，烟火很快会通过自动扶梯空间上跳下窜，上下蔓延，形成难以控制之势。若以防火隔墙分隔，则不能体现自动扶梯豪华、壮观之势；若以防火卷帘分隔，会有卷帘之下空间被占用，卷帘长期不用失灵等问题。总之，自动扶梯的竖向空间形成了竖向防火分区的薄弱环节。自动扶梯安装的部位，是人员多的大厅（堂）。火灾实例证明，当某处着火，若发现晚，报警迟，往往形成大面积立体火灾，致使自动扶梯自身也遭火烧毁。

此外，自动扶梯本身运行及人们使用过程中，也会出现火灾事故：

（1）机器摩擦　机器在运行过程中，尤其是自动扶梯靠主拖动机械拖动，在扶梯导轨上运行时，因未及时加润滑油，或者未清除附着在机器轴承上面的落尘、杂废物，使机器发热，引起附着可燃物燃烧成灾。

（2）电气设备故障　自动扶梯在运行中离不开电，从过去的电气事故看，一是电动机

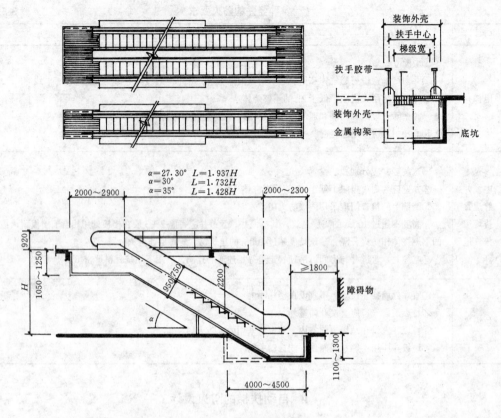

图 3-9　自动扶梯示意

长期运转，由于自动扶梯传动油泥等物卡住，负荷增大，致使电动机的电流增大，将电机烧毁而引起附着可燃物着火，酿成火灾；二是对电机和线路在运行过程中，缺乏严格检查制度，导致绝缘破坏，也未及时修理，养患成灾。

（3）吸烟不慎　自动扶梯设在人员密集、来往频繁的场所，络绎不绝的人群中吸烟者不少，有人随便扔烟头，抛到自动扶梯角落处或缝隙里，容易引起燃烧事故。如英国伦敦军王十字街地铁车站 4 号自动扶梯起火，由于燃烧迅速猛烈，造成 31 人死亡，54 人受伤。经事后查明原因，可能是有人乱扔烟头或火柴梗，漏到自动扶梯缝隙之中，引起机器附着可燃物燃烧所致。

综上所述，对自动扶梯采取防火分隔措施是十分必要的。

4.2　自动扶梯防火要求

根据自动扶梯的火灾危险性和工程实际，应采取如下防火安全措施：

（1）在自动扶梯上方四周加装喷水头，其间距为 2m，发生火灾时既可喷水保护自动扶梯，又起到防火分隔作用，以阻止火势向竖向蔓延。

（2）在自动扶梯四周安装水幕喷头，其流量采用 1L/s，压力为 350kPa 以上。

（3）在自动扶梯四周安装防火卷帘，或两对面安装卷帘，另两面设置固定轻质防火隔墙（轻质墙体）。

①在四周安装防火卷帘，如北京国际贸易大厦、西安民生大楼，在自动扶梯的四周或两面设有防火卷帘（图 3-10），此时应安装水幕保护。

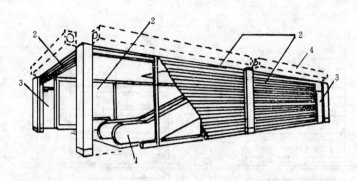

图 3-10　自动扶梯防火分隔示意

1—电动扶梯；2—卷帘；3—自动关闭的防火门；4—吊顶内的转轴箱

②在出入的两对面设防火卷帘，非出入的两侧面设轻质防火隔墙，以阻止火势的蔓延，减少损失。

（4）采用不燃烧材料作装饰材料，自动扶梯分轻型和重型两种。按使用要求可制成全透明无支撑、全透明有支撑和半透明等结构形式。全透明无支撑是指扶梯两边的扶手下面的装饰挡板都采用透明的有机玻璃制成，从侧面可以看到踏步运行情况，造型美观大方。全透明有支撑就是在有机玻璃的装饰挡板中，每隔 600～800mm 处加装钢柱支撑，有机玻璃镶嵌在支撑之间。应提倡这种美观大方，又具有耐火性质的设计，从防火安全来看，应尽量避免采用木质胶合板做自动扶梯的装饰挡板。

第 5 节　中庭的防火设计

1　中庭的发展与特点

中庭的概念由来已久，希腊人最早在建筑中利用露天庭院（天井）这个概念。后来，罗马人加以改进，在天井上盖屋顶，便形成了有屋顶的大空间——中庭。人们对中庭的叫法不一，有人称它为"四季厅"，也有人称它为"共享空间"。

近年来，建筑中庭的设计在世界上非常流行，由于旅游事业的发展，现代旅馆建筑中，建筑师围绕建筑物墙体，用大型建筑的内部大空间作为核心，以其丰富的想象力，创造出一个室内如同外部自然环境一般的美妙环境。这样的大空间中庭，可为顾客和公众提供壮观、遐想和心理上的满足。

在大型中庭空间中，可以用于集会、举办音乐会、舞会和各种演出，其大空间的团聚气氛显示出良好的效果。中庭空间具有以下特点：

①在建筑物内部、上下贯通多层空间；

②多数以屋顶或外墙的一部分采用钢结构和玻璃，使阳光充满内部空间；

③中庭空间的用途是不特定的。

中庭防火设计如图 3-11 所示。

2　中庭建筑火灾的危险性

近年来，随着建筑物大规模化和综合化趋势的发展，出现了贯通数层，乃至数十层，

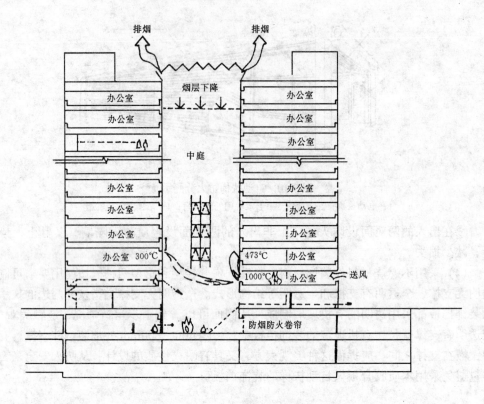

图 3-11 中庭的防火设计

具有很高顶棚的封闭式中庭设计，这种空间不同于传统的内部划分成层的建筑空间。

设计中庭的建筑，最大的问题是发生火灾时，其防火分区被上下贯通的大空间所破坏。因此，当中庭防火设计不合理或管理不善时，有火灾急速扩大的可能性。其危险在于：

(1) 火灾不受限制地急剧扩大　中庭空间一旦失火，类似室外火灾环境条件，火灾由"通风控制型"燃烧转变为"燃料控制型"燃烧，因此，很容易使火势迅速扩大，如沈阳商业城火灾便是一例。

(2) 烟气迅速扩散　由于中庭空间形似烟囱，因此易产生烟囱效应。若在中庭下层发生火灾，烟火就进入中庭；若在上层发生火灾，中庭空间未考虑排烟时，就会向周围楼层扩散，并进而扩散到整个建筑物。

(3) 疏散危险　由于烟气迅速扩散，楼内人员会产生心理恐惧，人们争先恐后夺路逃命，极易出现伤亡。

(4) 火灾易扩大　中庭空间的顶棚很高，因此采取以往的火灾探测和自动喷水灭火装置等方法不能达到火灾早期探测和初期灭火的效果。即使在顶棚下设置了自动洒水喷头，由于太高，而温度达不到额定值，洒水喷头就无法启动。

(5) 灭火和救援活动可能受到的影响：

①同时可能出现要在几层楼进行灭火（如沈阳商业城）；

74

②消防队员不得不逆疏散人流的方向进入火场；

③火灾迅速多方位扩大，消防队难以围堵扑灭火灾；

④烟雾迅速扩散，严重影响消防活动；

⑤火灾时，屋顶和壁面上的玻璃因受热破裂而散落，对消防队员造成威胁；

⑥建筑物中庭的用途不固定，将会有大量不熟悉建筑情况的人员参与活动，并可能增加大量的可燃物，如临时舞台、照明设施、座席等，将会加大火灾发生的机率，加大火灾时人员的疏散难度。

正因为中庭存在上述问题，所以必须采取有效措施，方可妥善解决。

3 中庭防火设计规定

我国《高层民用建筑防火规范》（GB50045—95）对中庭防火设计作了如下规定：

①房间与中庭回廊相通的门、窗应设自行关闭的乙级防火门、窗；

②与中庭相连的过厅、通道处应设乙级防火门，或耐火极限大于3h的防火卷帘分隔；

③中庭每层回廊都要设自动喷水灭火设备，以提高扑救初期火灾的效果。喷头要求间距不小于2m，也不能大于2.8m，以提高灭火和隔火的效果；

④中庭每层回廊应设火灾自动报警设备，以求早报警，早扑救，减少火灾损失；

⑤按照要求设置排烟设施。

4 中庭防火设计举例

4.1 西安阿房宫凯悦饭店

4.1.1 建筑概况

西安阿房宫凯悦饭店位于西安市大差市口东南角，占地16330m²，总建筑面积44642m²，建筑总高度为40.5m，地下1层，地上12层。

饭店主楼呈东座、西座及中间体相连接布置。东座内设有高达40m的中庭，即中庭空间贯通全部上下楼层。东、西座因建筑物竖向渐渐内缩，外形呈塔形。东座是围绕中庭周边布置的塔楼，中庭空间内设有两部可通视的观光电梯，在整个共享空间显得静中有动。

该饭店地下层为后勤服务用房，一、二层为各类公用房，三层以上为客房。共设有客房约500个标准间。

阿房宫凯悦饭店的3层与中庭平面如图3-12所示。

4.1.2 防火安全设计

（1）防火分区 建筑物地下一层建筑面积为5790m²，共划分为8个防火分区，最大的防火分区为953m²，最小的为391m²（整个地下室均设自动灭火设备）。

一层为大厅、中庭、娱乐中心、商店、中西餐厅等公共用房和消防控制室，建筑面积共计6902m²，分为8个防火分区。最大的防火分区面积为1930m²，最小的为362m²。由于首层功能复杂，个别分区设置了复合防火卷帘并加水幕保护。

二层为健身中心、会议厅、宴会厅和电话总机室等，总建筑面积为6644m²，防火分

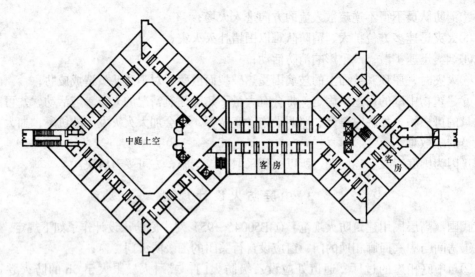

图 3-12 西安阿房宫凯悦饭店的 3 层与中庭平面示意

区面积的控制基本与一层相同。

三层以上为标准客房层,由于建筑设计是竖向每层内缩,所以每层面积不等,从三层起,所有客房层,均划分为两个防火分区。

(2) 中庭防火分区设计 该建筑东座设有 18.45m×18.45m 的中庭。中庭部分与客房相邻,其空间贯通整个东座大楼 12 层。为了防止火势向上蔓延和不使这两部分某一方发生火灾殃及他方,在垂直方向采取了防火分隔措施。除中庭四周内墙为耐火构造外,各层回廊周围面向中庭所有客房的门均采用乙级防火门,所有安全疏散楼梯间及其前室,包括消防电梯前室的门均采用乙级火门。

(3) 防排烟 中庭空间的排烟设施设在顶棚上。发生火灾时,设在中庭顶棚上的排烟风机通过自控系统立即启动,打开天窗排烟。

(4) 自动灭火系统 环绕中庭走廊的吊顶、中庭屋顶设置了自动喷水灭火系统,主要是为了形成防火分区及保护中庭金属屋顶。

4.2 日本新宿 NS 大楼中庭防火设计

日本新缩 NS 大楼是集商场、办公、餐饮于一体的综合大楼,建筑占地面积 14053m²,总建筑面积 166767.8m²;共有地下 3 层,地上 30 层,总高度 133.65m;大楼的 3 层以下采用钢与钢筋混凝土结构,4 层以上为钢结构。NS 大楼的标准层平面是由两个 L 型平面组成的囗形平面,中庭面积约 1750m²,中庭空间容积约 230000m³。大楼地下 3 层为停车场,1、2 层为商场,3～28 层为办公楼,29、30 层为餐厅。

NS 大楼标准层防火、防烟分区划分如图 3-13 所示。其中庭的幕墙用夹丝防火玻璃,墙壁用不燃材料,环绕中庭的走廊为第一安全分区;东南、西北两个 L 型平面之间设计为完善的防火、防烟分区,当一个 L 型平面内发生火灾时,逃至另一个 L 型平面就达到安全区了。

29、30 层的餐厅街,考虑到用火较多,失火概率较办公楼大,就餐人数较多,约是办公楼工作人员的 3～4 倍。为了防火安全,把每个饭馆作为一个独立的防火分区,并加大了第一安全区——走廊的面积。

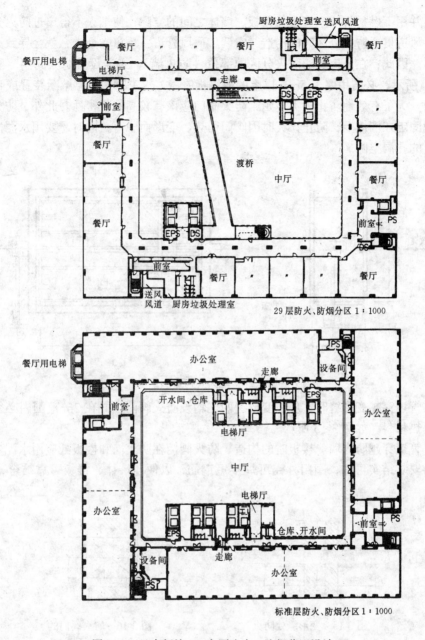

图 3-13 日本新缩 NS 大厦防火、防烟分区设计

第6节 防火分区构造

在现代建筑中，为了交通、输送能源和情报等的需要，设置了大量的竖井和管道，而且，有些管道相互连通、交叉，火灾时形成了蔓延的通道。

风道、管线、电缆等贯通防火分区的墙体、楼板时，就会引起防火分区在贯通部位的耐火性能降低，所以，应尽量避免管道穿越防火分区，不得已时，也应尽量限制开洞的数量和面积。为了防止火灾从贯通部位蔓延，所用的风道、管线、电缆等，要具有一定的耐火能力，并用不燃材料填塞管道与楼板、墙体之间的空隙，使烟火不得窜过防火分区。

（1）风道贯通防火分区时的构造　空调、通风管道一旦窜入烟火，就会导致火灾在大范围蔓延。因此，在风道贯通防火分区的部位（防火墙），必需设置防火阀门。防火阀门如图 3-14 所示，必需用厚 1.5mm 以上的薄钢板制做，火灾时由高温熔断装置或自动关闭装置关闭。为了有效地防止火灾蔓延，防火阀门应该有较高的气密性。此外，防火阀门应该可靠地固定在墙体上，防止火灾时因阀门受热、变形而脱落，同时还要用水泥砂浆紧密填塞贯通的孔洞空隙。

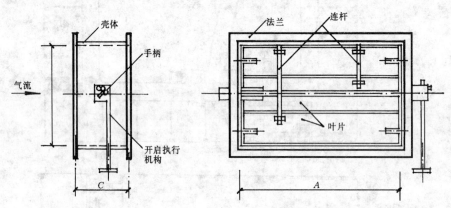

图 3-14　防火阀构造示意

通风管道穿越变形缝时，应在变形缝两侧均设防火阀门，并在 2m 范围内必须用不燃烧保温隔热材料，如图 3-15 所示。

（2）管道穿越防火墙、楼板时的构造　防火阀门在防火墙和楼板处应用水泥砂浆严密封堵，为安装结实可靠，阀门外壳可焊接短钢筋，以便与墙体、楼板可靠结合，如图 3-16 所示。

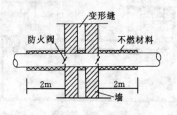

图 3-15　变形缝处防火
阀门的安装示意

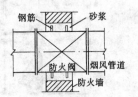

图 3-16　防火阀门的
安装构造

如图 3-17 所示，对于贯通防火分区的给排水、通风、电缆等管道，也要与楼板或防火墙等可靠固定，并用水泥砂浆或石棉等紧密填塞管道与楼板、防火墙之间的空隙，防止烟、热气流窜出防火分区。

（3）电缆穿越防火分区时的构造　当建筑物内的电缆是用电缆架布线时，因电缆保护层的燃烧，可能导致火灾从贯通防火分区的部位蔓延。电缆比较集中或者用电缆架布线时，危险性则特别大。因此，在电缆贯通防火分区的部位，用石棉或玻璃纤维等填塞空隙，两侧再用石棉硅酸钙板覆盖，然后再用耐火的封面材料覆面，这样，可以截断电缆保护层的燃烧和蔓延。

78

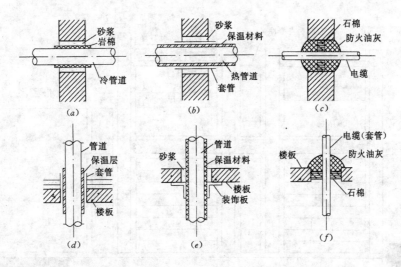

图 3-17　管道穿墙处的防火构造

(a) 冷管道穿墙；(b) 热管道穿墙；(c) 电缆穿墙；

(d) 穿越防火楼板；(e) 穿越一般楼板；(f) 电缆穿越楼板

如上所述，贯通防火分区部位的耐火性能与施工详图的设计和施工质量密切相关。贯通防火分区的孔洞面积虽然小，但是当施工质量不合格时，就会失去防火分区的作用。因此，对于防火分区贯通部位的耐火安全问题必须予以高度重视。最好在施工期间进行中期检查监督和隐蔽工程验收，以确保防火分区耐火性能可靠。

第 7 节* 防火分区设计举例

1 日本有乐町中心大厦

日本东京有乐町中心大厦是集商场、电影院、办公、停车场为一体的综合大厦。大厦占地面积 8221.85m²，总建筑面积 78630.99m²；共有地下 4 层，用作停车场，地上 14 层，其中 1~7 层为商场，8 层为避难层，9~14 层为电影院。大厦地下 4 层~地上 2 层为钢与钢筋混凝土结构，地上 3 层以上为钢结构。

如图 3-18 所示，用防火缓冲区把 5 个建筑体部分隔开（其中右侧的一块为二期待建工程），建筑体部之间避免直接连通，在防火方面当作另一栋建筑来设计。水平缓冲区把电影院与商场分隔开，同时形成了中部避难层（第 8 层）。

图 3-19 是商场平面的防火、防烟分区示意。在平面的对称轴两侧布置自动扶梯、疏散楼梯、电梯等，形成中心核，并以不燃墙壁、防火卷帘、夹丝防火玻璃、防火门等形成防火缓冲区，两侧商场为独立的防火分区，每一商场面积为 1700m²，每一商场又以挡烟垂壁分隔为两个防烟分区（图中虚线所示）。

2 大阪全日空饭店

大阪全日空饭店占地 7332.8m²，总建筑面积 50788.32m²，标准层建筑面积 1100m²，

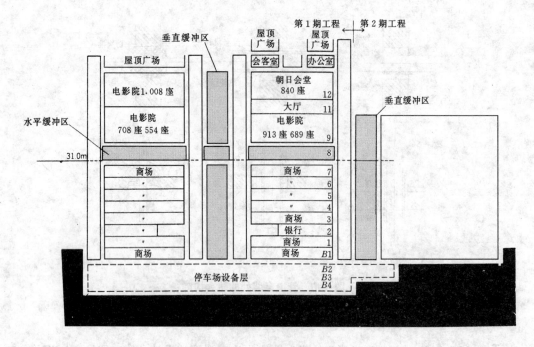

图 3-18 防火分区剖面示意

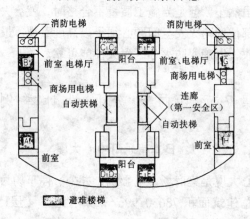

图 3-19 商场平面防火、防烟分区示意

地下 3 层，地上 23 层，总高度 87.88m，是一座现代化饭店。标准层平面及防火分区划分如图 3-20 所示。

（1）高层主体以层为单位划分防火分区。

（2）加强各类竖井的防火分隔，如楼梯间、电梯井、管道井、电缆井等，均作为竖井防火分区，单独划分。特别是高层用的电梯厅，为了防止烟气向上层传播，将电梯厅单独划分为防火分区。

（3）对于日常使用明火，火灾危险较大的厨房、餐具间等，划为单独的防火分区。

（4）客房门采用具有防火、防烟功能的乙级防火门，使走廊形成了第一安全分区。由走廊进入中心核的出入口均用防火、防烟的防火门，使中心核处的疏散设施更加安全可靠。

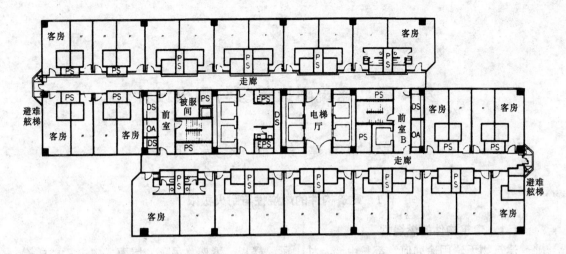

图 3-20　大阪全日空饭店防火分区

（5）客房以 2 间为单位形成小的防火分区，为了防止发生火灾及火灾扩大，内部装修尽量采用不燃材料。

第4章　建筑耐火等级与耐火设计

第1节　建　筑　耐　火　等　级

1　建筑构件的燃烧性与耐火极限

1.1　建筑构件的燃烧性

建筑物无论用途如何，都是由墙、柱、梁、楼板、屋架、吊顶、屋面、门窗、楼梯等基本构件组成的。这些构件通常称为建筑构件。建筑物的耐火性能是由其组成构件的燃烧性能和耐火极限决定的。根据建筑构件在明火作用下的变化，可分为非燃烧体、难燃烧体、燃烧体三大类。

1.2　建筑构件的耐火极限

建筑火灾的发生、发展及其熄灭，是受到建筑物的通风口大小、火灾荷载的多少、建筑物规模等多种因素影响的，而火灾对建筑物的破坏作用，除了建筑构件的燃烧性能之外，还有建筑构件的最大耐火时间。在实际建筑火灾中，由于建筑物及其容纳的可燃物的燃烧性能的不同，每次火灾的实际时间-温度曲线是各不相同的，即便在同一房间发生两起火灾，其燃烧状况也不尽完全相同。因此为了对建筑构件的极限耐火时间有一个统一的检验标准，同时为了各国对火灾预防的研究与交流，国际标准化组织制订了标准火灾升温曲线，我国和世界大多数国家都采用了国际标准 ISO830 的标准火灾升温曲线。

所谓耐火极限，是指任一建筑构件按时间-温度标准曲线进行耐火试验，从受到火的作用时起，到失去支持能力或完整性被破坏或失去隔火作用时为止的这段时间，用小时表示。

由上述定义可知，确定建筑构件的耐火极限有 3 个条件：即：失去支持能力；完整性被破坏；失去隔火作用。在耐火试验炉中作建筑构件的耐火试验时，只要三个条件中任一个条件出现，就可以确定达到其耐火极限了。如何具体应用这三个条件呢？现分别简要介绍如下：

（1）关于失去支持能力。主要是指构件在受到火焰或高温作用下，由于构件材质高温性能的变化，使承载能力和刚度降低，截面缩小，承受不了原设计的荷载而破坏。例如，钢筋混凝土简支梁、板等受弯承重构件，挠度超过设计规定值，即超过计算长度的 1/50、1/30 时，就表明失去支持能力；钢柱受火作用发生失稳破坏；非承重构件受火作用后自身解体或垮塌等，均属失去支持能力。

（2）关于完整性被破坏。主要是薄壁分隔构件在火焰或高温作用下，发生爆裂或局部塌落，形成穿透裂缝或孔洞，火焰穿过构件，使其背面可燃物燃烧起火。如板条抹灰墙，在火焰或高温作用下，其内部可燃板条先行自燃，使中部空隙部分气体膨胀，到一定时间，使背火面的抹灰层龟裂脱落，火焰穿过去，引起燃烧起火。又如，预应力钢筋混凝土楼板受火焰和高温作用时，使钢筋失去预应力，发生爆裂，出现孔洞，使火灾窜到上层房间。在实际中，这类火灾例子是相当多的。

（3）关于失去隔火作用　主要是指具有分隔作用的构件，试验中背火面测得的平均温度升高了140℃（不含背火面的初始温度）；或背火面任一点的温度升高了180℃（不含背火面的初始温度）；或不考虑初始温度的情况下，背火面任一点的温度达到220℃时，都表明构件失去隔火作用。在上述温度下，在一定时间内，能够使一些燃点较低的可燃物，如纤维系列可燃物（棉花、纸张、化纤品等）烤焦，以至起火。

建筑构件的耐火极限除了实验确定之外，平常还可以通过导热计算的方法求出。利用电子计算机可以求出建筑构件比较准确的耐火极限值，这里不作详细介绍。

截止目前的研究表明：建筑构件的耐火极限与构件的材料性能、构件尺寸、保护层厚度、构件在结构中的连接方式等有着密切的关系。图4-1表明砖墙、钢筋混凝土墙的耐火极限基本上是与其厚度成正比增加的。图4-2表明，钢筋混凝土梁的耐火极限是随着其主筋保护层厚度成正比增加的。表4-1是预应力多孔板、圆孔空心板耐火实验的数据。从表中可以看出，楼板耐火极限随着保护层厚度的增加而增加，随着荷载的增加而减小，并且支撑条件不同时，耐火极限也不相同。其基本规律是，四面简支现浇板＞非预应力板＞预应力板。原因是，四面简支现浇板在火灾温度作用下，挠度的增加比后二者都慢，非预应力板次之。

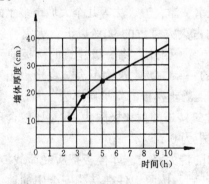

图4-1　墙体厚度与耐火极限

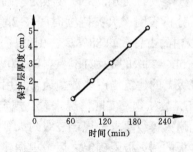

图4-2　梁的主筋保护层厚度与耐火极限

掌握楼板保护层与耐火极限的关系后，在做设计时，当该建筑防火等级确定后，建筑设计者应提醒结构设计者楼板保护层需要适当加大的部位，以保证火灾时结构安全。

2　建筑耐火等级

所谓耐火等级，是衡量建筑物耐火程度的标准，它是由组成建筑物的构件的燃烧性能和耐火极限的最低者所决定的。

划分建筑物耐火等级的目的在于根据建筑物不同用途提出不同的耐火等级要求，做到既有利于安全，又节约基本建设投资。火灾实例说明，耐火等级高的建筑，火灾时烧坏、倒塌的很少，耐火等级低的建筑，火灾时不耐火，燃烧快，损失大。

根据我国多年的火灾统计资料，结合建筑材料、建筑设计、建筑结构及其施工的实际情况，并参考国外划分耐火等级的经验，将普通建筑的耐火等级划分为四级，高层建筑划分为二级，如表4-2。

三种板的耐火极限比较 表4-1											
保护层厚度(cm) 耐火极限(min) 荷载(kN/m²) 楼板种类		0	1.0	1.5	2.0	2.5	2.6	3.0	4.0	4.6	5.0
预应力多孔板 (标准荷载 2.6kN/m²)	1	60	45	35	30	—	25①	—	—	—	—
	2	70	60	50	45	—	40①	—	—	—	—
	3	80	70	60	55	—	50①	—	—	—	—
圆孔空心板 (标准荷载 2.5kN/m²)	1	80	70	65	60	55①	—	50	45	—	40
	2	110	95	85	75	70①	—	60	55	—	50
	3	120	110	100	95	90①	—	80	75	—	70
四面简支板 (标准荷载 4.6kN/m²)	1	170	150	135	125	110	—	100	90	85①	80
	2	200	170	150	135	120	—	110	100	95①	90
	3	250	215	180	145	130	—	120	115	110①	100

①设计荷载值。

耐火等级的划分，是以楼板为基础的。据京、津、沪、沈等几个大城市多年的火灾统计资料分析表明：火灾持续时间在 2h 以内的占火灾总数的 90% 以上；火灾持续时间在 1.5h 以内的占总数的 88%；在 1h 以内的占 80%。因此，将一级建筑的楼板的耐火极限定为 1.5h，二级的定为 1h。这样，80% 以上的一、二级建筑物不会被烧垮。此外，我国耐火等级高的建筑物占多数，通常采用的钢筋混凝土楼板的保护层厚为 1.5cm，其耐火极限为 1h，故从这一实际情况来看，规定二级建筑楼板的耐火极限为 1h 是比较合理的。根据不同耐火等级要求，规定三级耐火等级的楼板为 0.5h。

楼板的耐火极限确定之后，根据建筑结构的传力路线，即楼板把所受荷载传递给梁，梁再传递给柱（或墙），柱（或墙）再传递给基础。按照构件在结构安全中的地位，确定适宜的耐火极限。凡比楼板重要的构件，其耐火极限都应有相应的提高。例如，在二级耐火等级建筑中，支撑楼板的梁比楼板更重要，其耐火极限应比楼板高，定为 1.5h。柱和承重墙比梁更为重要，定为 2~2.5h，依此类推。

由表 4-2 可见，高层建筑中的墙、柱构件的耐火极限比普通建筑的相应构件要低一些。这是因为，高层建筑中设置了早期报警、早期灭火等保护设施，并对室内可燃装修材料加以限制，其综合防火保护能力比普通建筑要高。但基本构件如楼板、梁、疏散楼梯等耐火极限并没有降低，可保障基本安全。

但是，只提出构件的耐火极限指标还不能完全满足建筑物的防火安全要求。因为，构件还有燃烧性能的区别。即便是相同的耐火极限，难燃烧体和燃烧体的构件因本身燃烧，比起非燃烧体构件来，在火灾时的破坏性要大得多。例如，一、二级耐火等级吊顶的耐火极限都是 0.25h，但一级非燃烧体吊顶本身不燃烧，不会传播火焰而蔓延火灾。而二级难燃烧体吊顶（如板条件灰）不仅表面保护层容易脱落，而且还会因本身燃烧而扩大火灾范围。因此，虽然一些构件的耐火极限相同，由于其燃烧性能不同，故在防火设计中应予以区别对待。如表 4-2 所示，一级耐火等级的构件全是非燃烧体；二级耐火等级的构件除吊顶为难燃烧体之外，其余都是非燃烧体；三级耐火等级的构件除吊顶和屋顶承重构件外，也都是非燃烧体；四级耐火等级的构件，除防火墙为非燃烧体外，其余的构件按其作用与部位不同，有难燃烧体，也有燃烧体。

建筑构件的燃烧性能和耐火极限 表 4-2

燃烧性能和耐火极限(h) 构件名称		高层建筑		普通建筑			
		一级	二级	一级	二级	三级	四级
墙	防火墙	非燃烧体 3.00	非燃烧体 3.00	非燃烧体 4.00	非燃烧体 4.00	非燃烧体 4.00	非燃烧体 4.00
	承重墙、楼梯间、电梯井和住宅单元之间的墙	非燃烧体 2.00	非燃烧体 2.00	非燃烧体 3.00	非燃烧体 2.50	非燃烧体 2.50	难燃烧体 0.50
	非承重外墙、疏散走道两侧的隔墙	非燃烧体 1.00	非燃烧体 1.00	非燃烧体 1.00	非燃烧体 1.00	非燃烧体 0.50	难燃烧体 0.25
	房间隔墙	非燃烧体 0.75	非燃烧体 0.50	非燃烧体 0.75	非燃烧体 0.50	难燃烧体 0.50	难燃烧体 0.25
柱	支承多（高）层的柱	非燃烧体 3.0	非燃烧体 2.50	非燃烧体 3.00	非燃烧体 2.50	非燃烧体 2.50	非燃烧体 2.50
	支承单层的柱			非燃烧体 2.50	非燃烧体 2.00	非燃烧体 2.00	燃烧体
梁		非燃烧体 2.00	非燃烧体 1.50	非燃烧体 2.00	非燃烧体 1.50	非燃烧体 1.00	难燃烧体 0.50
楼板		非燃烧体 1.50	非燃烧体 1.00	非燃烧体 1.50	非燃烧体 1.00	非燃烧体 0.50	难燃烧体 0.25
屋顶承重构件		非燃烧体 1.50	非燃烧体 1.00	非燃烧体 1.50	非燃烧体 0.50	燃烧体	燃烧体
疏散楼梯		非燃烧体 1.50	非燃烧体 1.00	非燃烧体 1.50	非燃烧体 1.00	非燃烧体 1.00	燃烧体
吊顶（包括吊顶搁栅）		非燃烧体 0.25	难燃烧体 0.25	非燃烧体 0.25	难燃烧体 0.25	难燃烧体 0.15	难燃烧体

一般说来，一级耐火等级建筑是钢筋混凝土结构或砖混结构。二级耐火等级建筑和一级耐火等级建筑基本上相似，但其构件的耐火极限可以较低，而且可以采用未加保护的钢屋架。三级耐火等级建筑是木屋顶、钢筋混凝土楼板、砖墙组成的砖木结构。四级耐火等级建筑是木屋顶、难燃烧体墙壁组成的可燃结构。

但应该特别指出的是，对于二级耐火等级的建筑，现在广泛采用预应力钢筋混凝土预制楼板，其耐火极限只有0.5h。但这种楼板自重小，强度大，节约材料，经济意义很大，所以也是允许的；大型二级耐火等级建筑，允许采用无保护层的大跨度钢屋架，但在火焰能烧到的部位或高温作用的部位，要采取防火保护措施。

【例4-1】 试确定下列建筑物的耐火等级。

（1）现浇钢筋混凝土框架承重结构、加气混凝土填充墙、预应力钢筋混凝土楼板（耐火极限为0.5h），轻钢搁栅石膏板吊顶（耐火极限为0.25h）的旅馆。

（2）砖墙、钢筋混凝土楼板、木屋架、瓦屋面、板条抹灰吊顶（耐火极限为0.25h）的多层宿舍；

（3）砖墙、木柱、木屋架、瓦屋面的单层仿古建筑；

（4）钢筋混凝土柱、无保护层的钢屋架、钢筋混凝土大型屋面板（耐火极限为1.5h）的厂房。

解： 确定建筑物的耐火等级，应按照构件的燃烧性能和耐火极限最低的构件而定，只要其中某一项指标不符合要求，都应定为下一级。

（1）除预应力钢筋混凝土楼板外，其它构件均符合一级耐火等级的要求，而耐火等级只能按照耐火极限最低的构件来确定。又因为二级建筑允许采用耐火极限为0.5h的预应力钢筋混凝土楼板，所以该建筑的耐火等级为二级。

（2）因为只有三级耐火等级的建筑允许采用燃烧体屋架，所以其耐火等级为三级。

（3）因为只有四级耐火等级的建筑允许采用燃烧体的柱，所以其耐火等级为四级。

（4）因为只有二级耐火等级的建筑允许采用无保护层的钢屋架，尽管其它构件符合一级耐火等级，但其耐火等级应以耐火极限最低的构件来确定，所以定为二级。

3 建筑耐火等级的选定

选定建筑物耐火等级的目的在于使不同用途的建筑物具有与之相适应的耐火安全贮备，这样既利于安全，又节约投资。从建筑物的使用情况来看，其火灾危险性并不完全相同，所以，各种建筑物的安全贮备要求是不相同的。消防安全投资要受到建筑总投资的限制，它在建筑总投资里占有一定的比例，而这个比例的大小与建筑物的重要程度及其在使用中的火灾危险性相适应，以求获得最佳的经济效果。消防投资的比例，以高层建筑为例，在国外一般约为20%左右，个别的甚至高达30%。我国因经济和技术条件的限制，以及人们对防火安全认识之限，消防设施的投资仅占建筑总投资的11%左右。因此，我们在选定耐火等级时，要注意把"钢用在刀刃上"。

确定建筑物的耐火等级时，要受到许多因素的影响，如，建筑物的使用性质与重要程度、生产和贮存物品的火灾危险性类别，建筑物的高度和面积等。现就确定建筑物耐火等级的主要因素分述如下：

3.1 建筑物的重要性

对于功能多、设备复杂、性质重要、扑救困难的重要建筑，其耐火等级应要求高一些。这些建筑包括多功能高层建筑、高级机关重要的办公楼、通信中心大楼、广播电视大厦、重要的科学研究楼、图书档案楼、重要的旅馆及公寓、重要的高层工业厂房、自动化多层及高层库房，等等。这些建筑一旦发生火灾，人员、物资集中，扑救困难，疏散困难，经济损失大，人员伤亡多，造成的影响大，对这类建筑的耐火等级要求高一些，是完全必要的。而对一般的办公楼、旅馆、教学楼等，由于其可燃物相对少些，起火后危险也会小些，因此，耐火等级可以适当低些。

3.2 建筑物的高度

建筑物的高度越高，功能越复杂，经常停留在建筑物内的人员就越多，物资也就越多，火灾时蔓延快，燃烧猛烈，疏散和扑救工作就越困难。另外，从火灾发生的楼层统计来看，高层建筑火灾发生率基本上是自上而下地增多。根据高层建筑火灾的这些特点，对其耐火等级要求应该严格一些。我国规定：一类高层建筑的耐火等级为一级，二类高层建筑的耐火等级不应低于二级。

为了使高度较大的高层建筑有较高的耐火能力，在火灾时不致很快被烧坏甚至倒塌，能给人们较多的安全疏散时间，并为消防扑救创造必要的安全贮备，对高度超过 50m 的建筑，其耐火等级应分段考虑。50m 以下各层应采用不低于一级耐火等级，50m 以上的楼层可采用不低于二级耐火等级。在国外，日本就是依建筑物高度、层数的不同，对其主要承重构件的耐火极限要求也不同，在低层部分耐火极限要求高，顶层部分耐火极限要求低。

此外，高层工业厂房和高层库房应采用一级或二级耐火等级的建筑。当采用二级建筑时，容纳的可燃物量平均超过 $200kg/m^2$ 时，其梁、楼板应符合一级耐火等级的要求。但是，设有自动灭火设备时，则发生火灾的机率要减小，火灾规模也会相应减小，故可以不再提高。

3.3 使用性质与火灾危险性

对于民用建筑来说，使用性质有很大差异，因而诱发火灾的可能性也就不同。而且发生火灾后的人员疏散、火灾扑救的难度也不同。例如：医院的住院部、外科手术室等，不仅病人行动不便、疏散困难，而且手术中的病人也不能转移和疏散，因此，耐火等级应该高一些。又如：大型公共建筑，使用人数多，疏散困难，而且建筑空间大，火灾扑救困难，故其耐火等级也应该选用较高的。旅游宾馆、饭店等建筑，在住旅客多，并对疏散通道不够了解，发生火灾时，旅客不易找到疏散出口，因而疏散时间长，易造成伤亡事故，所以也应选用较高的耐火等级。相反，普通建筑的使用人员固定，对建筑物情况熟悉，可燃物相对较少，故其耐火等级可适当低些。

对于工业厂房或库房，根据其生产和贮存物品火灾危险性的大小，提出与之相应的耐火等级要求，特别是对有易燃、易爆危险品的甲、乙类厂房和库房，发生事故后造成的影响大，损失大，所以，应该提出较高的耐火等级要求。为此，甲、乙类厂房和库房应采用一、二级耐火等级建筑；丙类厂房和库房不得低于三级耐火等级建筑；不燃物品的厂房和库房的耐火等级不应低于四级。

为了避免发生火灾后造成巨大损失，厂房或库房如有贵重的机器设备、贵重物资时，应该采用一级耐火等级的建筑。

中小企业的甲、乙类生产厂房最好采用一、二级耐火等级建筑，但如面积较小，且为独立的厂房，考虑到投资的实际情况，并估计到火灾损失不大的前提下，也可以采用三级耐火等级建筑。此外，使用或生产可燃液体的丙类生产，有火花、赤热表面、明火的丁类生产厂房均应采用一、二级耐火等级的建筑，但是，上述厂房规模较小，丙类厂房不超过 $500m^2$，丁类厂房不超过 $1000m^2$ 时也可以采用三级耐火等级的单层建筑。

第 2 节　混凝土构件的耐火性能

混凝土是由水泥、水和骨料（如卵石、碎石、砂子）等原材料经搅拌后入模浇筑，经养护硬化后形成的人工石材。

1　混凝土在高温下的抗压强度

混凝土受热后温度、时间与强度的关系如图 4-3 所示。

由图可知，混凝土在低于 300℃ 的情况下，温度升高，对强度的影响不大，但是在高于 300℃ 时，强度损失随温度升高而增加，当温度为 600℃ 时，强度已损失 50％ 以上。大量试验结果表明其基本的变化规律是：混凝土在热作用下，受压强度随温度的上升而基本上呈直线下降。当温度达 600℃ 时，混凝土的抗压强度仅是常温下强度 45％；而当温度上升到 1000℃ 时，强度值变为零。但是在相当一部分试验中，出现了在 300℃ 以前混凝土的抗压强度高于常温强度的现象（图 4-4）。

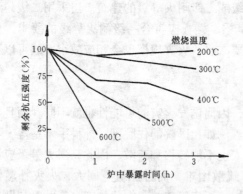

图 4-3　混凝土受热温度、时间与强度的关系

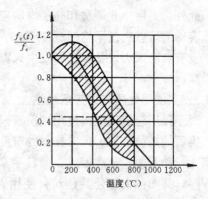

图 4-4　混凝土抗压强度随温度的变化

2　混凝土的抗拉强度

在一般的结构设计中，强度计算起控制作用，抗裂度和变形计算起辅助验算作用。抗拉强度是混凝土在正常使用阶段计算的重要物理指标之一。它的特征值高低直接影响构件的开裂、变形和钢筋锈蚀等性能。而在防火设计中，抗拉强度更为重要。这是因为构件过早地开裂会将钢筋直接暴露于火中，并由此产生过大的变形。

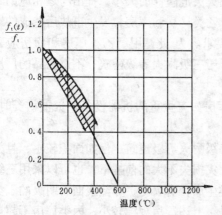

图 4-5　混凝土抗拉强度随温度的变化

图 4-5 给出了混凝土抗拉强度随温度上升而下降的实测曲线。图中纵坐标为高温抗拉强度与常温抗拉强度的比值，横坐标为温度值。试验结果表明，混凝土抗拉强度在 50℃ 到 600℃ 之间的下降规律基本上可用一直线表示，当温度

达到 600℃ 时，混凝土的抗拉强度为 0。与抗压相比，抗拉强度对温度的敏感度更高。

3 弹性模量的变化

弹性模量是结构计算的一个重要的物理指标。它在热作用下同样会随温度的上升而迅速地降低。图 4-6 是实测结果，纵坐标为热弹性模量 $E_c(t)$ 与常温下的弹性模量 E_c 之比；横坐标为温度值。试验结果表明，在 50℃ 的温度范围内，混凝土的弹性模量基本没有下降，之后到 200℃ 之间混凝土弹性模量下降最为明显。200~400℃ 之间下降速度减缓，而 400~600℃ 时变化幅度已经很小，可这时的弹性模量也基本上接近 0。

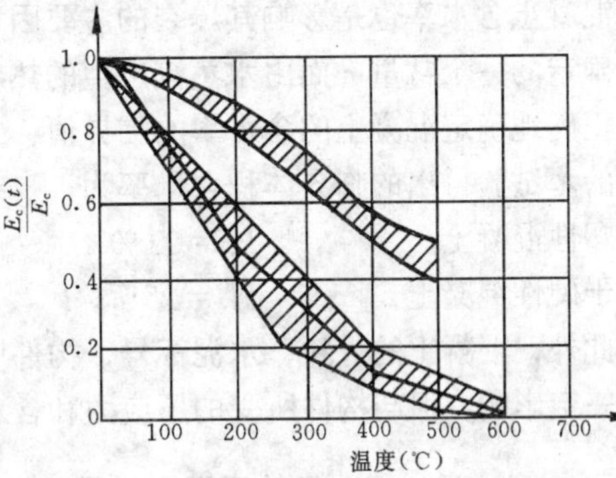

图 4-6　混凝土的弹性模量随温度的变化

4 高温时钢筋混凝土的破坏

钢筋混凝土的粘结力，主要是由混凝土硬结时将钢筋紧紧握裹而产生的摩擦力、钢筋表面凹凸不平而产生的机械咬合力及钢筋与混凝土接触表面的相互胶结力所组成。

当钢筋混凝土受到高温时，钢筋与混凝土的粘结力要随着温度的升高而降低。粘结力与钢筋表面的粗糙程度有很大的关系。试验表明，光面钢筋在 100℃ 时，粘结力降低约 25%；200℃ 时，降低约 45%；250℃ 时，降低约 60%；而在 450℃ 时，粘结力几乎完全消失。但非光面钢筋在 450℃ 时才降低约 25‰。其原因是，光面钢筋与混凝土之间的粘结力主要取决于摩擦力和胶结力。在高温作用下，混凝土中水分排出，出现干缩的微裂缝，混凝土抗拉强度急剧降低，二者的摩擦力与胶结力迅速降低。而非光面钢筋与混凝土的粘结力，主要取决于钢筋表面螺纹与混凝土之间的咬合力。在 250℃ 以下时，由于混凝土抗压强度的增加，二者之间的咬合力降低较小；随着温度继续升高，混凝土被拉出裂缝，粘结力逐渐降低。

试验表明，钢筋混凝土受火情况不同，耐火时间也不同。对于一面受火的钢筋混凝土板来说，随着温度的升高，钢筋由荷载引起的蠕变不断加大，350℃ 以上时更加明显。蠕变加大，使钢筋截面减小，构件中部挠度加大，受火面混凝土裂缝加宽，使受力主筋直接受火作用，承载能力降低。同时，混凝土在 300~400℃ 时强度下降，最终导致钢筋混凝土完全失去承载能力而破坏。

5 钢筋混凝土在火灾作用下的爆裂

爆裂是钢筋混凝土构件和预应力钢筋混凝土构件在火灾中的常见现象。混凝土的突然爆裂，导致构件丧失原有的力学强度；或使钢筋暴露在火中；或使构件出现穿透裂缝或孔洞，失去隔火作用，并最终使结构丧失整体稳定或失去承载能力而倒塌破坏。

实验证明，构件承受的压应力是发生爆裂的主要因素之一，从理论上讲，爆裂可认为是内力释放。这个内力由两部分组成。一是外部施加的荷载应力，二是混凝土内部所含水分在温度作用下产生的热应力，这两项应力是导致混凝土爆裂的主要原因。当构件受热时，最初会发生膨胀，而后混凝土中的水泥砂浆会有一段体积缩小的过程，可是混凝土中的骨料却一直随温度的升高而膨胀。最后又出现水泥砂浆和骨料共同膨胀。这种不协调的膨胀与收缩必然在混凝土中产生内应力，与阻碍构件自由变形的外加荷载的共同作用，导致混凝土中的应力集中和内部出现裂缝，并最终产生混凝土的爆裂。

混凝土含水率也是影响其爆裂的主要因素之一。一般地说，构件的荷载应力是设计时就已确定的一个常量，而由水蒸汽产生的热应力却因混凝土本身的含水率不同而变化。为此，正确地确定混凝土的含水率的临界值，并应用于混凝土结构的生产和维护中，是十分必要的。试验得出的临界体积含水率为：

塑性混凝土　　　　　$H_v = 11\%$

干硬性混凝土　　　　$H_v = 15\%$

此外，混凝土的骨料、水泥标号、构件厚度、钢筋的保护层厚度等，均对混凝土的爆裂有一定影响，但与构件所受的压应力和含水率相比，属于次要因素了。

6　保护层厚度对钢筋混凝土构件耐火性能的影响

在火灾中，无论是水平构件，还是垂直构件，最常见的是单面受火作用。如楼板就是受拉面单面受火的典型构件。为了使楼板具有规定的耐火性能，就必须保证钢筋不过早地改变物理力学性能。因而，必须掌握混凝土保护层厚度对构件耐火性能的影响，即混凝土中温度梯度的变化。图 4-7 所示结果表明，沿混凝土深度其内部温度将由表及里呈递减状态。由图可见，适当加大受拉区混凝土保护层的厚度，是降低钢筋温度、提高构件耐火性能的重要措施之一。

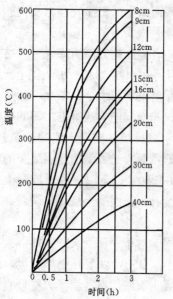

图 4-7　混凝土保护层厚度、受火
时间与内部温度的关系

四川消防科研所对不同保护层厚度的预应力钢筋混凝土楼板做了耐火试验，结果如表 4-1。由表 4-1 可见，适当增厚预应力钢筋混凝土楼板的保护层，对提高耐火时间是十分有效的。当然，在客观条件允许的情况下，也可以在楼板的受火（拉）面抹一层防火涂料，可较大幅度地延长构件的耐火时间。

通过空心楼板的耐火试验，可以说明钢筋混凝土受弯构件的破坏原因。一块受火 32min 钟断裂的楼板，其混凝土被烧酥并呈淡紫红色，在楼板断处的钢筋有颈缩现象，在断处 15cm 的范围内，因高温下的徐变，钢筋直径由 $\phi 6$ 减小到 $\phi 5$ 左右。由此可见，加大混凝土保护层厚度和减小混凝土徐变，是防止板类构件破坏的重要措施。

一般地说，预应力钢筋混凝土构件要比非预应力构件的耐火时间短。这主要是因为在同等配筋的情况下，预应力构件在使用阶段承受的荷载要大于非预应力构件。即在受火作用时，预应力筋是处于高应力状态，而高应力状态一定会导致高温下钢筋的徐变。例如，当低碳冷拔钢丝强度为 $600N/mm^2$，温度达到 300℃ 时，预应力几乎全部消失，此时构件的刚度降低 2/3 左右。

四川消防科研所对钢筋混凝土简支梁的耐火性能进行了试验研究，得出受力主筋温度与保护层厚度的关系，如表4-3所示。

火灾温度作用下梁内主筋温度与保护层厚度的关系　　　　表4-3

升温时间（min）	15	30	45	60	75	90	105	140	175	210
火灾温度（℃）主筋温度（℃）	750	840	880	925	950	975	1000	1020	1045	1065
主筋保护层厚度（cm）										
1	245	390	480	540	590	620				
2	165	270	350	410	460	490	530			
3	135	210	290	350	400	440		510		
4	105	175	225	270	310	340			500	
5	70	130	175	215	260	290				480

第3节　钢结构耐火设计

1　钢材在高温下的物理力学性能

钢材属于不燃烧材料，可是在火灾条件下，裸露的钢结构会在十几分钟内发生倒塌破坏。因此，为了提高钢结构耐火性能，必须研究钢材在高温下的性能。

1.1　钢材在高温下的强度

钢材的强度是随温度的升高而逐渐下降的。图4-8给出了高温下钢材强度随温度变化的试验曲线。图中纵坐标为γ，它代表热作用下的强度与常温强度之比，横坐标为温度值。由图可知，当温度小于175℃时，受热钢材强度略有升高，随后，强度伴随温度急剧地下降；当温度为500℃时，受热钢材强度仅为其常温强度的30％；而当温度达到750℃时，可认为钢材强度已全部丧失。

表4-4列出了常用建筑钢材16Mn、25MnSi在高温下屈服强度降低系数。

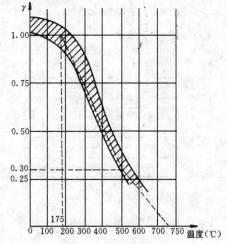

图4-8　钢材强度随温度变化

16Mn、25MnSi钢筋高温下屈服强度降低系数　　　　表4-4

钢材品种＼温度（℃）	100	200	250	300	350	400	450	500
16Mn	0.90	0.84	0.82	0.77	0.64	(0.64)	(0.54)	(0.43)
25MnSi	0.93	0.88	0.84	0.82	0.71	(0.66)	(0.56)	(0.44)

注　1.本表引自冶金建筑研究院资料；
　　2.钢材加热至400℃时，屈服平台消失，表中括号内的值系根据$\sigma_s = 0.5\sigma_b$算出的。

1.2 弹性模量

钢材的弹性模量随着温度升高而连续地下降。在 0～1000℃ 这个温度范围内，钢材弹性模量的变化可用两个方程描述，其中 600℃ 之前为第一段，600～1000℃ 为第二段。当温度 T 大于 0 而小于或等于 600℃ 时热弹性模量 E_T 与普通弹性模量 E 的比值方程为：

$$\frac{E_T}{E} = 1.0 + \frac{T}{2000 \log e \left(\frac{T}{1100} \right)} \qquad (0 < T \leqslant 600℃) \qquad (4\text{-}1)$$

当温度 T 大于 600℃ 小于 1000℃ 时，方程为：

$$\frac{E_T}{E} = \frac{690 - 0.69T}{T - 53.5} \qquad (600 < T < 1000℃) \qquad (4\text{-}2)$$

上述两个方程集中反映在图 4-9 中。

表 4-5 列出了常用建筑钢材在高温下弹性模量的降低系数。

A_3、16Mn、25MnSi 在高温下弹性模量降低系数   表 4-5

温度（℃） 钢材品种	100	200	300	400	500
A_3	0.98	0.95	0.91	0.83	0.68
16Mn	1.00	0.94	0.95	0.83	0.65
25MnSi	0.97	0.93	0.93	0.83	0.68

注：本表引自冶金建筑研究院资料。

1.3 热膨胀系数

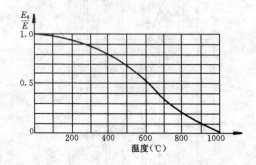

图 4-9 钢材弹性系数与受热温度的关系   图 4-10 钢材的热膨胀

钢材在高温作用下产生膨胀，如图 4-10 所示。当温度在 0℃ ≤ T_s ≤ 600℃ 时，钢材的热膨胀系数与温度成正比，钢材的热膨胀系数 α_s 可采用如下常数：

$$\alpha_s = 1.4 \times 10^{-5} \qquad [\text{m}/(\text{m} \cdot ℃)] \qquad (4\text{-}3)$$

2 钢框架结构的应力、变形

2.1 连续梁

钢构件的耐火性能与该构件端部所受的约束条件有很大关系，实际建筑构件的约束与简支构件有很大差异。

连续梁就是最简单的有端部约束——弯曲约束的一个例子。

简支梁在受均布荷载作用时，形成了图 4-11（a）所示的内力分布。而两跨连续梁的内力分布如图 4-11（b）所示。这些钢梁受到火灾作用，假设钢梁断面的温度均匀地升高，到达某一温度时，简支梁就屈服，连续梁则在中部支点处产生塑性铰，简支梁破坏了，而连续梁还可以进一步承受高温，直到成为图 4-11（c）所示的内力分布之后，才失去其整体作用。

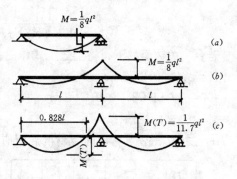

图 4-11　连续梁的热应力

设简支梁与连续梁最外缘应力均为 160N/mm²，实际上简支梁在屈服时，连续梁的应力只有：

$$(8/11.7) \times 160 = 110\text{N}/\text{mm}^2$$

当钢材的屈服应力为 240N/mm² 时，利用屈服点降低系数，如果简支梁在钢材温度为 450℃时屈服，连续梁则要达到 544℃时才能屈服。由于约束条件的不同，可使钢材屈服时的温度相差约 100℃。由此可见，构件端部的弯曲约束具有提高其耐火性能的作用。

2.2　端部约束构件

一般说来，火灾时建筑构件受到了火焰加热，由于截面内温度升高，材料长度就要发生变化；由于截面内温度分布不均匀，会发生弯曲变形。端部不受约束的简支构件，由于可以自由变形，因此不发生其它问题。而通常的建筑构件，由于其端部受到约束，当发生变形时，构件内部则产生附加应力，即火灾加热产生的热应力。如果热应力过大，就会造成构件破坏，并极大地降低结构的承载力。

对于钢质构件，截面内部温度分布比较均匀，一般可以不考虑弯曲热应力。但是，因为构件长度变化较大，在构件端部轴向延伸受到约束时，钢质构件就会出现非常大的热应力。理论研究和实验结果表明，有端部约束的钢质构件在火灾时极易受到破坏。

假设端部有约束的钢构件火灾前的初应力为 σ_1，初应变为 ε_1，火灾加热使构件内部温度均匀地上升了 $T℃$，并产生了热应力 σ_T。并设 σ_1 与 σ_T 之和使构件产生的应变为 ε_T，构件受热膨胀的伸长率为 δ，则有下述公式成立：

$$\sigma_1 = E \cdot \varepsilon_1 \tag{4-4}$$

$$\sigma_1 + \sigma_T = E_T \cdot \varepsilon_T \tag{4-5}$$

$$\delta = \alpha_T - \varepsilon_T + \varepsilon_1 \tag{4-6}$$

式中　E、E_T——分别是常温时和高温时钢材的弹性模量；

　　　　α——钢材的线膨胀系数。

设构件截面积为 A，构件长度为 l，构件端部约束刚度系数为 k，则：

$$\sigma_T = \frac{k}{A} \cdot l\delta = K\delta \tag{4-7}$$

式中　K——构件端部约束刚度。

因而火灾时，构件的实际应力与伸长率分别为：

$$\sigma_1 + \sigma_T = \frac{E_T}{1 + (E_T/K)}\left\{\left(1 + \frac{E}{K}\right)\varepsilon_1 + \alpha T\right\} \tag{4-8}$$

$$\delta = \frac{1}{1+(K/E_T)}\left\{\alpha \cdot T - \left(\frac{E}{E_T}-1\right)\varepsilon_1\right\} \qquad (4\text{-}9)$$

若令有关数值如下，将上述二式作图，如图 4-12、图 4-13 所示。

$E = 2.1 \times 10^5 \text{N/mm}^2$

$E_T = E / (1 + 3.8 \times 10^9 \times T^3)$

$\alpha = 1.2 \times 10^{-5}$

$\sigma = 270 \text{N/mm}^2$（常温时钢材的屈服应力）

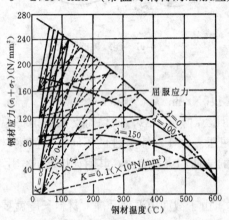

图 4-12　钢材温度与热应力　　　　图 4-13　钢材温度与热变形

　　热应力、热变形的增加率，在很大程度上是由构件端部的约束刚度 K 决定的。初期实际应力值决定了起点的不同，而热应力在温度升高时，大致成线性增加，当达到构件的高温屈曲应力时（这一应力取决于构件的长细比），发生屈曲破坏。图 4-14 表示的是实验结果。

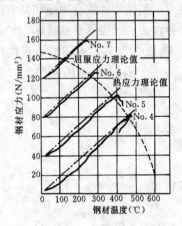

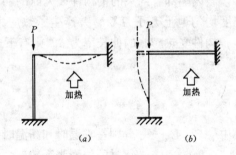

图 4-14　端部约束的钢构件的热应力　　　　图 4-15　构件端部约束与热变形

　　　　　　　　　　　　　　　　　　　　　　（a）K：大；（b）K：小

　　一般的建筑结构，构件端部的约束刚度 K，取决于约束构件受荷载作用后的变形性质，当 K 值大时，受热构件在较低的温度下就被破坏，而对施加约束的构件没有什么损坏；当 K 值小时，受热构件在相当高温度下都不发生破坏，其约束构件则会产生相当大的强制变形，如图 4-15 所示。

一般认为，梁是受热构件，而柱是梁的约束构件。因此，提高柱子的刚度，就等于加大了对梁的端部约束。柱子受到很大的向外侧推出的强制变形，如果不防止这一点，就可能招致整个建筑物的倒塌破坏。也就是说，可有意识地预先对梁采取能够较早出现塑性铰的设计，以求减少热应力。

2.3 钢框架的热应力

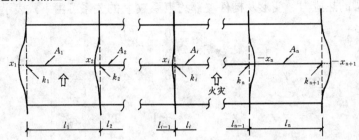

图 4-16 钢框架在火灾时的变形

图 4-16 所示的 n 跨屋架结构受到火灾作用时，任意一根梁所产生的热应力都有如下关系：

$$k_1 x_1 + k_2 x_2 + \cdots\cdots + k_i x_i = A_i \sigma_i \qquad (4\text{-}10)$$

式中　k_1、$k_2 \cdots\cdots k_i$——相对于各节点梁伸长的约束刚度系数；

　　　x_1、$x_2 \cdots\cdots x_i$——各节点的位移；

　　　A_1、$A_2 \cdots\cdots A_i$——各梁截面的面积；

　　　σ_1、$\sigma_2 \cdots\cdots \sigma_i$——各梁的热应力。

各构件的伸长率由下式求得：

$$\delta_i = \frac{1}{l_i}(x_i - x_{i+1}) \qquad (4\text{-}11)$$

将各单元构件的关系式代入上式，则有如下公式：

$$k_1 x_1 + k_2 x_2 + \cdots\cdots + \left(k_i + \frac{E_{iT} A_i}{l_i}\right) x_i - \frac{E_{iT} A_i}{l_i} x_{i+1}$$

$$= E_{iT} A_i \left\{ \alpha T_i + \varepsilon_i \left(1 - \frac{E_i}{E_{iT}}\right) \right\} \qquad (4\text{-}12)$$

式中　E_i、E_{iT}——各梁在常温、高温时的钢材弹性模量；

　　　l_i——各梁的长度；

　　　ε_i——各梁在火灾前的应变；

　　　T_i——各梁在火灾时的温度；

　　　α——钢材的线膨胀系数。

另外，根据梁整体的应力平衡条件，可得方程：

$$k_1 x_1 + k_2 x_2 + \cdots\cdots + k_i x_i + \cdots + k_{n+1} x_{n+1} = 0 \qquad (4\text{-}13)$$

求解由 n 跨梁的 n 个方程式（4-13）与（4-12）组成的联立方程组，可得到火灾时 $n+1$ 个节点的位移。

在各跨梁的跨度相等、截面相等、在火灾前的应变相等的情况下，当钢梁的整跨受到火灾作用而使梁的温度均匀上升时，各梁的端部约束度以及其它系数一定，则有下述公式成立：

$$\frac{kl}{A} = K = \gamma E_T \tag{4-14}$$

$$\left[\alpha T + \varepsilon \left(1 - \frac{E}{E_T} \right) \right] = m \tag{4-15}$$

这样，各梁的热应力、变形及构件端部约束系数 γ 的关系可由下式表示：

$$\begin{bmatrix} \gamma+1 & -1 & 0 & \cdots & \cdots & 0 & 0 \\ \gamma & \gamma+1 & -1 & \cdots & \cdots & 0 & 0 \\ \gamma & \gamma & \gamma+1 & -1 & \cdots & 0 & 0 \\ \cdots & \cdots & \cdots & \cdots & \cdots & \cdots & \cdots \\ \gamma & \gamma & \gamma & \gamma & \cdots & \gamma+1 & -1 \\ \gamma & \gamma & \gamma & \gamma & \cdots & \gamma & \gamma+1 \end{bmatrix} \cdot \begin{bmatrix} x_1 \\ x_2 \\ x_3 \\ \cdots \\ x_n \\ x_{n+1} \end{bmatrix} = \begin{bmatrix} l \cdot m \\ l \cdot m \\ l \cdot m \\ \cdots \\ l \cdot m \\ 0 \end{bmatrix} \tag{4-16}$$

通过解（4-16）式求得的火灾时最外侧柱所产生的位移与中跨梁所产生的热应力，在不同跨数下的曲线如图 4-17（a）、（b）所示。从图中可看出，最外侧柱的位移与中跨梁的热应力是随着跨数越多值越大，当端部约束系数达到一定值后，它们基本上不受跨数的影响，特别是超过三跨后几乎不存在差别。图 4-17（c）～（h）给出了三跨九层写字楼建筑，当第四层发生火灾时的部分热应力计算结果。图中显示了当柱端假设为固定端，跨度、跨数及柱截面面积变化时，对最外侧柱的位移及中跨梁的热应力的影响。

3 钢结构防火保护材料

3.1 混凝土

人们从钢筋混凝土结构比钢结构耐火这一事实出发，把混凝土最早、最广泛地作用钢结构的防火保护材料。混凝土作为防火材料主要是由于：

（1）混凝土可以延缓金属构件的升温，而且可承受与其面积和刚度成比例的一部分荷载；

（2）根据耐火试验，耐火性能最佳的粗集料为石灰岩卵石集料；花岗岩、砂岩和硬煤渣集料次之；由石英和燧石颗粒组成的粗集料最差；

（3）决定混凝土防火能力的主要因素是厚度。

H 型钢柱混凝土防火层的做法见图 4-18。

3.2 石膏

石膏具有较好的耐火性能。当其暴露在高温下时，可释放出 20% 的结晶水而被火灾的热量所气化（每蒸发 1kg 的水，吸收 232.4×10^4 J 的热）。所以，火灾中石膏一直保持相对的稳定状态，直至被完全煅烧脱水为止。石膏作为防火材料，既可做成板材，粘贴于钢构件表面；也可制成灰浆，涂抹或喷涂到钢构件表面上（图 4-19）。

（1）石膏板　分普通和加筋的两类，它们在热工性能上无大差别，只是后一种含有机纤维，结构整体性有一定提高。石膏板重量轻，施工快而简便，不需专用机械，表面平整可做装饰层。

（2）石膏灰浆　既可机械喷涂，也可手工抹灰。这类灰浆大多用矿物石膏（经过煅烧）做胶结料，用膨胀珍珠岩或蛭石作轻骨料。喷涂施工时，把混合干料加水拌合，密度

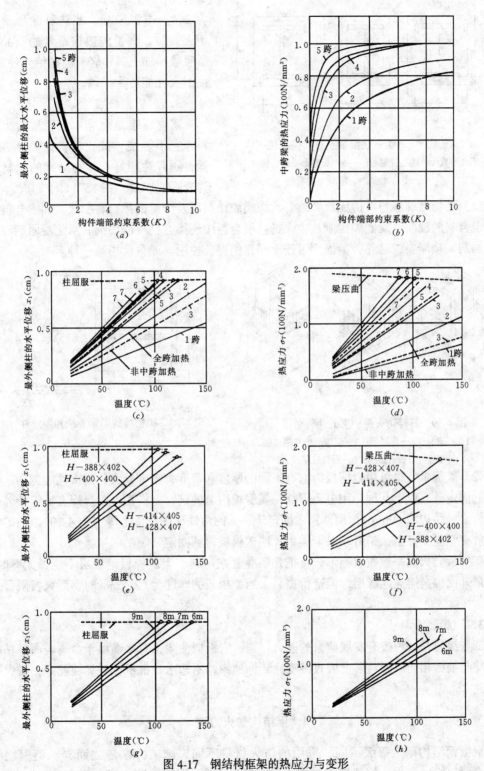

图 4-17 钢结构框架的热应力与变形

(a)最外侧柱的水平位移;(b)中跨梁的热应力;(c)外柱的位移(不同跨数);(d)中跨梁的热应力(不同跨数);

(e)外柱的位移(不同柱截面);(f)中跨梁的热应力(不同柱截面);(g)外柱的位移(不同跨长);

(h)中跨梁的热应力(不同跨长)

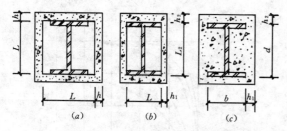

图 4-18　H型钢柱混凝土防火保护层
a—正方形截面，四边宽度相同；b—长方形截面，宽度不同；
c—长方形截面，混凝土满灌

为 $2.4 \sim 4.0 \text{kg/m}^3$。当这种涂层暴露于火灾时，大量的热被石膏的结晶水所吸收，加上其中轻骨料的绝热性能，使耐火性能更为优越。

3.3　矿物纤维

矿物纤维是最有效的轻质防火材料，它不燃烧，抗化学侵蚀，导热性低，隔音性能好。矿物纤维的原材料为岩石或矿渣，在 1371℃下制成。

（1）矿物纤维涂料　由无机纤维、水泥类胶结料以及少量的掺合料配成。加掺合料有助于混合料的浸润、凝固和控制灰尘飞扬。混合料中还掺有空气凝固剂、水化凝固剂和陶瓷凝固剂，按需要，这几种凝固剂可按不同比例混合使用，或只使用某一种。

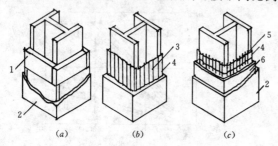

图 4-19　石膏防火保护层的几种做法
1—圆孔石膏板；2—装饰层；3—钢丝网或其他基层；
4—角钢；5—钢筋网；6—石膏抹灰层

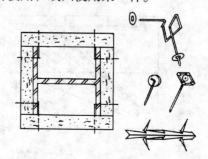

图 4-20　矿棉板的固定方法和固定件

（2）矿棉板　也可用岩棉板，它有不同的厚度和密度，密度越大，耐火性能越高。矿棉板的固定件有以下几种：用电阻焊焊在翼缘板内侧的销钉上；用电阻焊焊在翼缘板外侧的销钉上（距边缘 20mm）；用薄钢带固定于柱上的角铁形固定件上等（图 4-20）。把矿棉板插放在钢丝销钉上，销钉端头卡钢板片使矿棉板得到固定。

矿棉板防火层一般做成箱形，可把几层叠置在一起。当矿棉板绝缘层不能做太厚时，可在最外面加高熔点绝缘层，但造价提高。当矿棉板的厚度为 62.5mm 时，耐火极限可达 2h。

3.4　膨胀涂料

膨胀涂料是一种极有发展前景的防火材料，它极似油漆，直接喷涂于金属表面，粘结和硬化与油漆相同。涂料层上可直接喷涂装饰油漆，不透水，抗机械破坏性能好，耐火极限可达 2h。

4　钢结构防火方法

根据钢结构耐火等级不同，采用的防火材料不同，施工方法随之而异。英国钢结构协会（BSC）认为，钢梁喷涂矿物纤维灰浆，钢柱贴轻质防火板，是最经济、最有效的做法。我国几幢高层钢结构防火做法见表 4-6，钢结构通常采用的防火保护层见表 4-7。

我国几个钢结构工程的防火做法 表 4-6

建筑名称	层数/高度	钢柱防火层	钢梁防火层
北京香格里拉饭店	26/82.75m	钢柱包裹在SRC柱内，无需防火层	位于平顶以内的钢梁喷涂岩棉，厚4.5cm，处在平顶以下钢梁粘贴石膏防火板，厚4cm
上海静安-希尔顿饭店	43/143.62m	公共服务层、设备层和避难层钢柱用少筋混凝土现浇层，厚65mm；标准客房层壁柜内钢柱喷涂蛭石水泥灰浆，厚20mm，耐火极限为2h	吊顶以内钢梁以及设备和避难层钢梁喷涂蛭石水泥灰浆，厚20mm，耐火极限为2h；标准客房层客房内外露的钢柱、钢梁部分粘贴矿棉石膏板，厚20mm
北京长富宫饭店	25/94m	钢结构耐火等级要求为一级，防火采用国产STI-A型蛭石水泥灰浆喷涂防火涂料，厚度35mm，干料密度为460kg/m³，喷涂前清理构件表面油污、浮锈、尘土、刷防锈漆包扎钢丝网，与其构件表面的间隙为5～20mm，钢丝网网格10mm×25mm，钢丝直径0.8mm	

钢结构柱、梁、桁架通常采用的防火保护层 表 4-7

钢柱	●	○	●	●	●
实腹钢梁	○	●	○		●
钢桁架	●	●		●	
施工法	现场施工		工厂预制		
	浇灌	喷涂（射）	板材	异形板	毡子
形状	工字形		工字形或箱形		箱形
材料	石膏混凝土*	喷射混凝土蛭石灰浆*　矿物纤维灰浆*　珍珠岩灰浆　蛭石珍珠岩灰浆	石膏板　灰泥板　石棉硅酸盐板*　纤维硅酸盐板　蛭石水泥板　石棉硅酸钙板	石膏件　珍珠岩石膏件　硅酸钙件	矿物纤维毡

注：●—很适用；○—比较适用；带*者为经常采用的材料。

4.1 现浇法

现浇法一般用普通混凝土、轻质混凝土或加气混凝土，是最可靠的钢结构防火方法。其优点是，防护材料费低，而且具有一定的防锈作用，无接缝，表面装饰方便，耐冲击，可以预制。其缺点是，支模、浇筑、养护等施工周期长，用普通混凝土时，自重较大。

现浇施工采用组合钢模，用钢管加扣件作抱箍。浇灌时每隔 1.5～2m 设一道门子板，用振动棒振实。为保证混凝土层断面尺寸的准确，先在柱脚四周地坪上弹出保护层外边线，浇灌高 50mm 的定位底盘作为模板基准，模板上部位置则用厚 65mm 的小垫块控制。

4.2 喷涂法

喷涂法是目前钢结构防火保护使用最多的方法，可分为直接喷涂和先在工字型钢构件上焊接钢丝网，而将防火保护材料喷涂在钢丝网上，形成中空层的方法，喷涂材料一般用岩棉、矿棉等绝热性材料。

喷涂法的优点是，价格低，适合于形状复杂的钢构件，施工快，并可形成装饰层。其缺点是，养护、清扫麻烦，涂层厚度难于掌握，因工人技术水平而质量有差异，表面较粗糙。

喷涂法首先要严格控制喷涂厚度，每次不超过 20mm，否则会出现滑落或剥落；其次

99

是在一周之内不得使喷涂结构发生振动，否则会发生剥落或造成日后剥落。

4.3 粘贴法（图 4-21）

先将石棉硅酸钙、矿棉、轻质石膏等防火保护材料预制成板材，用粘结剂粘贴在钢结构构件上，当构件的结合部有螺栓、铆钉等不平整时，可先在螺栓、铆钉等附近粘垫衬板材，然后将保护板材再粘到在垫衬板材上。粘贴法的优点是材质、厚度等容易掌握，对周围无污染，容易修复，对于质地好的石棉硅酸钙板，可以直接用作装饰层。其缺点是这种成型板材不耐撞击，易受潮吸水，降低粘结剂的粘结强度。

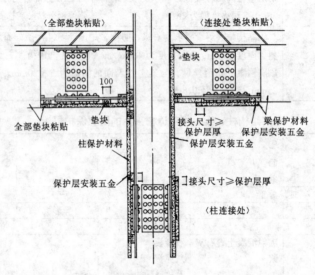

图 4-21　粘贴法图示

从板材的品种来看，矿棉板因成型后收缩大，结合部会出现缝隙，且强度较低，最近较少使用。石膏系列板材，因吸水后强度降低较多，破损率高，现在基本上不再使用。

防火板材与钢构件的粘结，关键要注意粘结剂的涂刷方法。钢构件与防火板材之间的粘结涂刷面积应在 30％ 以上，且涂成不少于 3 条带状，下层垫板与上层板之间应全面涂刷，不应采用金属件加强。

4.4 吊顶法（图 4-22）

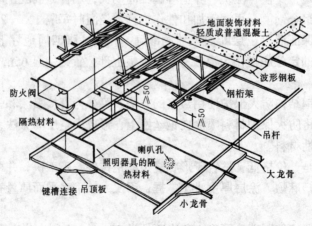

图 4-22　吊顶法图示

100

用轻质、薄型、耐火的材料，制作吊顶，使吊顶具有防火性能，而省去钢桁架、钢网架、钢屋面等的防火保护层。采用滑槽式连接，可有效防止防火保护板的热变形。吊顶法的优点是，省略了吊顶空间内的耐火保护层施工（但主梁还要做保护层），施工速度快。缺点是，竣工后要有可靠的维护管理。

4.5 组合法（图 4-23、图 4-24）

用两种以上的防火保护材料组合成的防火方法。将预应力混凝土幕墙及蒸压轻质混凝土板作为防火保护材料的一部分加以利用，从而可加快工期，减少费用。

这种防火保护方法，对于高度很大的超高层建筑物，可以减少较危险的外部作业，并可减少粉尘等飞散在高空，有利于环境保护。

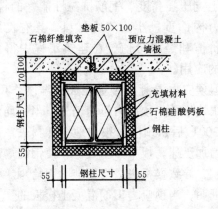

图 4-23　钢柱的组合法防火保护

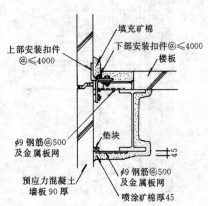

图 4-24　钢梁的组合法防火保护

第4节　建筑耐火构造

1　玻璃幕墙防火设计

在现代建筑中，经常采用类似幕帘式的墙板。这种墙板一般都比较薄，最外层多采用玻璃、铝合金或不锈钢等漂亮的材料，形成饰面，改变了框架结构建筑的艺术面貌。幕墙工程技术飞速发展，当前多以精心设计和高度工业化的型材体系为主。由于幕墙框料及玻璃均可预制，大幅度降低了工地上复杂细致的操作工作量；新型轻质保温材料、优质密封材料和施工工艺的较快发展，促使非承重轻质外墙的设计和构造发生了根本性改变。

然而，玻璃幕墙也有其不足的一面，如当受到火烧或受热时，玻璃易破碎，甚至造成大面积的破碎事故，引起火势迅速蔓延，出现"引火风道"，酿成大灾，危害生命财产安全。因此，必须重视玻璃幕墙的防火构造设计。

为了阻止火灾时幕墙与楼板、隔墙之间的洞隙蔓延火灾，幕墙与每层楼板交界处的水平缝隙和隔墙处的垂直缝隙，应该用不燃烧材料严密填实，如图 4-25 所示。

窗间墙、窗槛墙的填充材料应采用不燃烧材料，以阻止火灾通过幕墙与墙体之间的空隙蔓延。但是，当外墙面采用不燃烧材料，如铝合金板、不锈钢以及防火玻璃等，且耐火极限不低于 1h 时，其墙内填充材料可采用难燃烧材料。

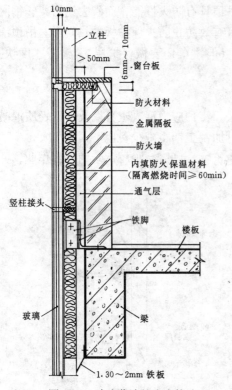

图 4-25 玻璃幕墙的防火构造

对于无窗间墙和窗槛墙的玻璃幕墙，应在楼板外沿设置耐火极限不低于1h、高度不低于0.8m的不燃烧实体裙墙，如图4-26所示。

2 预应力钢筋混凝土楼板耐火构造

预应力钢筋混凝土楼板由于预先对其混凝土造成人为的应力状态，其承受荷载后，能全部或部分地抵消外荷载引起的应力，使构件的拉应力减少，减少变形，充分发挥了混凝土抗压强高度、钢筋抗拉性能好的特点。预应力构件重量小，节约材料，具有良好的使用价值和经济价值，在建筑工程中得到了广泛的应用。

但预应力混凝土楼板在火灾温度作用下，钢筋很快松弛，预应力迅速消失。当钢筋温度超过300℃后，预应力很快地全部损失，板中挠度增加迅速，板下产生裂缝，使钢筋局部受热加剧，导致楼板失去支持能力而垮塌。大量实验证明，当预应力钢筋混凝土楼板的受力钢筋的保护层为10mm时，耐火极限低于0.5h，不能满足二级耐火等级楼板的耐火极限1h的要求。下面介绍提高预应力钢筋混凝土楼板耐火极限的方法。

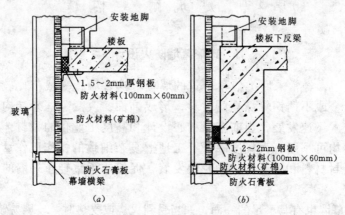

图 4-26 玻璃幕墙的防火构造之二

2.1 增加预应力楼板保护层的厚度

从表3-1可以看出，适当提高预应力钢筋混凝土楼板钢筋的保护层厚度，可以提高其耐火极限。当保护层的厚度达到30mm时，耐火极限可达50min。但是，较大地增加保护层厚度，结构设计和施工也难以做到，而作板底抹灰却比较实际可行，如果能使保护层和抹灰厚度总和在35mm以上，就能基本满足二级耐火等级的要求。另外，也可以在预应力板中配人适量的非预应力钢筋，这样做不仅可以提高其耐火极限，还可防止预应力板在火灾高温下骤燃断裂塌落造成的危害。

2.2 使用预应力混凝土楼板防火涂料

国内现已开发研究成功，并投入广泛使用的 106 和 TA 两种预应力混凝土楼板的防火隔热涂料。

106 预应力混凝土楼板的防火隔热涂料以无机、有机复合物体粘结剂，配以珍珠岩、硅酸铝纤维等绝热、吸热、膨胀和增强材料，用水作溶剂，经混合搅拌而成。在预应力混凝土楼板的下表面喷涂 5mm 涂料，楼板的耐火极限由 0.5h 以下提高到 1.8h 以上，可满足一级耐火等级的要求。

TA 预应力楼板防火隔热涂料用 425 号以上普通硅酸盐水泥或矿渣水泥为粘结材料，以膨胀珍珠岩等材料为骨料配制而成。该涂料在预应力混凝土楼板表面涂 8mm 时，其耐火极限由 0.50h 以下提高到 1.6h 以上。该涂料原料丰富，价格低，施工方便，防火隔热性能好。

上述两种预应力楼板防火隔热涂料，是提高预应力钢筋混凝土楼板的新技术。用防火涂料提高预应力混凝土楼板的耐火极限，比增加钢筋保护层厚度的方法，涂层厚度小，自重小，耐火极限提高的幅度大，是目前国内提高预应力钢筋混凝土楼板耐火极限的一种好方法。

3 隔墙的耐火构造

为了减轻建筑物自重荷载，有利于防震、防火，对于建筑物的隔墙，尤其是高层建筑中的隔墙，必须采用具有较高耐火能力的不燃烧体轻质板材。由表 4-2 可知，一、二级耐火等级的疏散走道两侧隔墙应为耐火极限 1h 的不燃烧体。由于疏散走道关系到人员疏散的安全，故必须给予充分保障。房间隔墙应分别为耐火 0.75h 及 0.5h 的不燃烧体，它对疏散安全的影响较小，所以规定也有所放宽。在建筑规模、高度及重要性不大，而且不燃烧体隔墙难于做到时，二级耐火等级的房间隔墙还可以考虑采用难燃烧体制作，但必须满足耐火极限的要求。

随着我国建材工业的发展，不燃、耐火的轻质材料不断被开发利用。例如，目前国内广泛用作隔墙的加气混凝土砌块，其耐火性能如表 4-8 所示。从表中可看出，加气混凝土砌块隔墙的耐火极限远远超过了规范的规定。加气混凝土材料还用于屋面板及钢板件的耐火保护层。

加气混凝土构件的耐火极限　　　　　　　　　　表 4-8

构 件 名 称	规 格（cm）	结 构 厚 度（cm）	耐火极限（h）
加气混凝土砌块墙	60×50×7.5	7.5	2.50
	60×25×10	10	3.75
	60×25×15	15	5.75
	60×20×20	20	8.00
加气混凝土墙板	2.70×60×15	15	5.75
加气混凝土屋面板	600×60×15	15	1.25
	330×60×15	15	1.25

此外，用轻钢龙骨外钉玻璃纤维石膏板、轻钢龙骨钢丝网抹灰做为隔墙，其耐火极限随饰面层厚度而增加，属于不燃烧体的隔墙构件，完全可以满足一级耐火等级的要求，图4-27是石膏板隔墙构造示意。可燃龙骨外加不燃材料面层的隔墙，耐火极限可随不燃饰面层厚度的增加而提高，但它属于难燃烧体，只能用于二级耐火等级的建筑。

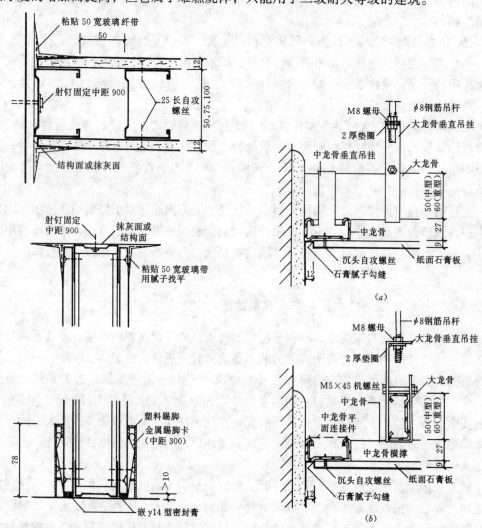

图 4-27 石膏板隔墙构造示意

图 4-28 石膏板吊顶构造示意

4 吊顶的耐火构造

吊顶（包括吊顶搁栅）是建筑室内重要的装饰性构件，吊顶空间内往往密布电线或采暖、通风、空调设备管道，起火因素较多。吊顶及其内部空间，常常成为火灾蔓延的途径，严重影响人员的安全疏散。其主要原因是面层的厚度往往较小，受火时其背火面的材料很快被加热。同时，多数吊顶构造采用可燃的木搁栅，或木板条，当其受高温作用时就逐渐碳化燃起明火。即使采用了不燃的钢搁栅，也不能耐高温的侵袭。

吊顶的不燃或难燃化的途径是采用轻质、耐火、易于加工的材料，发展新型不燃、耐火的吊顶建材，使之满足一级耐火等级要求，其二是发展新型防火涂料，对可燃的木质吊顶进行防火处理，使之满足二级耐火等级的要求。

4.1 不燃材料吊顶

这里仅介绍几种符合一级耐火等级的吊顶构造。

（1）轻钢搁栅钉石膏板吊顶 经实验研究证明，采用轻钢搁栅、石膏装饰板吊顶，板厚 10mm，耐火极限可达 0.25h；采用轻钢搁栅、表面装饰石膏板吊顶，板厚 12mm，耐火极限可达 0.30h；轻钢搁栅、双层石膏板吊顶，板厚（8 + 8）mm，耐火极限可达 0.45h。这三种吊顶均为不燃烧体，耐火极限符合一级耐火等级要求。

（2）轻钢搁栅钉石棉型硅酸钙板吊顶 经耐火试验证明，以钢搁栅钉 10mm 厚的石棉型硅酸钙板吊顶，耐火极限达 0.3h，符合一级耐火等级要求。

（3）轻钢搁栅复合板吊顶 这种吊顶始用于船舶中，其构造是，轻钢搁栅，铺 0.5mm 的两层薄钢板，中间填充 39mm 厚的陶瓷棉，其耐火极限可达 0.4h。用于建筑的吊顶，可适当减薄陶瓷棉夹层，使其耐火极限符合 0.25h 的要求。根据需要，还可以在板面压制图案、花纹和表面涂饰处理，这种复合板轻质、美观、耐火性能好。除适用于一级耐火等级的高层建筑外，还特别用于空间高大、吊顶面积开阔的建筑，如候机厅、候车室、影剧院、礼堂、展览厅等场所。

4.2 经防火处理的难燃吊顶

用防火涂料对可燃建筑材料进行难燃化处理，效果较好。这些涂料用于胶合板、装饰吸音板、纤维板等材料作成的吊顶，可由燃烧体变为难燃烧体，防火性能得到了显著的改善，能够有效地阻止初期火灾的蔓延扩大。经难燃处理的吊顶，其耐火极限可达 0.25h，符合二级耐火等级的要求。

此外，国内还研制了阻燃胶合板，可以作为吊顶等装修构件，其耐火极限能够达到 0.25h，但属于难燃烧体，限于二级耐火等级建筑中使用。

图 4-28 是石膏板吊顶构造示意。

第5章 安全疏散设计

第1节 安全分区与疏散路线

建筑物发生火灾时，为了避免建筑物内的人员因烟气中毒、火烧和房屋倒塌而受到伤害，必须尽快撤离失火建筑，同时消防队员也要迅速对起火部位进行火灾扑救。因此，需要完善的安全疏散设施。

安全疏散设计，是建筑设计中最重要的组成部分之一。因此，要根据建筑物的使用性质、人们在火灾事故时的心理状态与行动特点、火灾危险性大小、容纳人数、面积大小合理布置疏散设施，为人员的安全疏散创造有利条件。

1 火灾事故时人的心理与行为

火灾时，人们疏散的心理和行为与正常情况下的心理状态是不同的（表 5-1）。例如，在紧张和恐惧心理下，不知所措，盲目跟随他人行动，甚至钻入死胡同等，都是火灾事故疏散时的异常心理状态。在这些心理状态的支配下，往往造成惨痛的后果。

疏散人员的心理与行为 表 5-1

(1) 向经常使用的出入口、楼梯口疏散	在旅馆、剧场等发生火灾时，一般旅客和观众习惯于从原出入口或走过的楼梯疏散，而很少使用不熟悉的出入口或楼梯。就连自己的住处也要从常用的楼梯去疏散，只有当这一退路被火焰、烟气等封闭了，才不得已另求其它退路
(2) 习惯于向明亮的方向疏散	人具有朝向光明的习性，故以明亮的方向为行动的目标。例如，在旅馆、饭店等建筑物内，假设从房间内走出来后走廊里充满烟雾，这时如果一个方向黑暗，相反方向明亮的话，就会向明亮方向疏散
(3) 奔向开阔空间	这一点，与上述趋向光明处的心理是相同，在大量火灾实例中，确有这些现象
(4) 对烟火怀有恐惧心理	对于红色火焰怀有恐惧心理是动物的一般习性，一旦被烟火包围，则不知所措。因此，即使身处安全之地，亦要逃向相反的方向
(5) 危险迫近，陷入极度慌乱之中，就会逃向狭小角落	在出现死亡事故的火灾中，往往发现缩在房间、厕所或把头插进橱柜的尸体
(6) 越是慌乱，越容易跟随他人	人在极度的慌乱之中，就会变得失去正常行动的能力，于是无形中产生跟随他人的行为
(7) 紧急情况下能发挥出意想不到的力量	遇到紧急情况时，失去了正常的理智行动，把全部精力集中在应付紧急情况上，会发挥出平时意想不到的力量。如遇火灾时，甚至敢从高楼跳下去

2 疏散安全分区

当建筑物内某一房间发生火灾，并达到轰燃时，沿走廊的门窗被破坏，导致浓烟、火焰涌向走廊。若走廊的吊顶上或墙壁上未设有效的阻烟、排烟设施，则烟气就会继续向前室蔓延，进而流向楼梯间。另一方面，发生火灾时，人员的疏散行动路线，也基本上和烟气的流动路线相同，即，房间→走廊→前室→楼梯间。因此，烟气的蔓延扩散，将对火灾层人员的安全疏散形成很大的威胁。为了保障人员疏散安全，最好能够使疏散路线上各个空间的防烟、防火性能逐步提高，而楼梯间的安全性达到最高。为了阐明疏散路线的安全可靠，需要把疏散路线上的各个空间划分为不同的区间，称为疏散安全分区，简称安全分区，并依次称之为第一安全分区，第二安全分区等。离开火灾房间后先要进入走廊，走廊的安全性就高于火灾房间，故称走廊为第一安全区；依此类推，前室为第二安全分区，楼梯间为第三安全分区。一般说来，当进入第三安全分区，即疏散楼梯间，即可认为达到了相当安全的空间。安全分区的划分如图 5-1 所示：

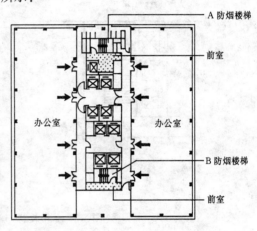

如前所述，进行安全分区设计，主要目的是为了人员疏散时的安全可靠，而安全分区的设计，也可以减少火灾烟气进入楼梯间，并防止烟火向上层扩大蔓延。进一步讲，安全分区也为消防灭火活动提供了场地和进攻路线。

一类高层民用建筑及高度超过 32m 的二类高层民用建筑及高层厂房等要设防烟楼梯间。这样，建筑物的走廊为第一安全分区，防烟前室为第二安全分区，楼梯间为第三安全分区。由于楼梯间不能进入烟气，所以，人员疏散进入防烟楼梯间，便认为到达安全之地。

为了保障各个安全分区在疏散过程中的防烟、防火性能，一般可采用外走廊，或在走廊的吊顶上和墙壁上设置与感烟探测器联动的防排烟设施，设防烟前室和防烟楼梯间。同时，还要考虑各个安全分区的事故照明和疏散指示等，为火灾中的人员创造一条求生的安全路线。

图 5-1　安全分区示意

3　疏散设施的布置与疏散路线

根据火灾事故中疏散人员的心理与行为特征，在进行建筑平面设计，尤其是布置疏散楼梯间时，原则上应使疏散的路线简捷，并能与人们日常生活的活动路线相结合，使人们通过生活了解疏散路线，并尽可能使建筑物内的每一房间都能向两个方向疏散，避免出现袋形走道。

3.1　合理组织疏散流线

综合性高层建筑，应按照不同用途，分别布置疏散路线，以便平时管理，火灾时便于有组织地疏散。如某高层建筑地下一、二层为停车场，地上几层为商场，商场以上若干层为办公用房，再上若干层是旅馆、公寓。为了便于安全使用，有利火灾时紧急疏散，在设计中必须做到车流与人流完全分流，百货商场与其上各层的办公、住宿人流分流。

3.2 在标准层（或防火分区）的端部设置

对中心核式建筑，布置环形或双向走道；一字形、L形建筑，端部应设疏散楼梯，以便于双向疏散。

3.3 靠近电梯间设置

如图 5-2，发生火灾时，人们往往首先考虑熟悉并经常使用的、由电梯所组成的疏散路线，靠近电梯间设置疏散楼梯，既可将常用路线和疏散路线结合起来，有利于疏散的快速和安全。如果电梯厅为开敞式时，楼梯间应按防烟楼梯间设计，以免电梯井蔓延烟火而切断通向楼梯的道路。

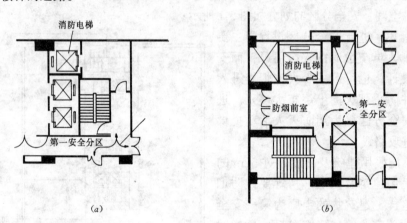

图 5-2　疏散楼梯与消防电梯结合设置

3.4 靠近外墙设置

这种布置方式有利于采用安全性最大的、带开敞前室的疏散楼梯间形式。同时，也便于自然采光通风和消防队进入高楼灭火救人。

3.5 出口保持间距

建筑安全出口应均匀分散布置，也就是说，同一建筑中的出口距离不能太近。太近则会使安全出口集中，导致人流疏散不均匀，造成拥挤，甚至伤亡。而且，出口距离太近，还会出现同时被烟火封堵，使人员不能脱离危险区域而造成重大伤亡事故。因此，高层建筑的两个安全出口的间距不应小于 5m。

3.6 设置室外疏散楼梯

当建筑设置内楼梯不能满足疏散要求时，可设置室外疏散楼梯，既安全可靠，又可节约室内面积。室外疏散楼梯的优点是不占使用面积，有利于降低建筑造价，又是良好的自然排烟楼梯。

第2节　安全疏散时间与距离

1　允许疏散时间

建筑物发生火灾时，人员能够疏散到安全场所的时间叫允许疏散时间。如本章第一节所述，由于建筑物的疏散设施不同，对普通建筑物（包括大型公共民用建筑）来说，允许疏散时间是指人员离开建筑物，到达室外安全场所的时间，而对于高层建筑来说：是指到达封闭楼梯间、防烟烟楼梯间、避难层的时间。

影响允许疏散时间的因素很多，主要可从两个方面来分析。一方面是火灾产生的烟气对人的威胁；另一方面是建筑物的耐火性能及其疏散设计情况、疏散设施可否正常运行。

根据国内外火灾统计，火灾时人员的伤亡，大多数是因烟气中毒、高温和缺氧所致。而建筑物中烟气大量扩散与流动以及出现高温和缺氧，是在轰燃之后才加剧的。火灾试验表明，建筑物从着火到出现轰燃的时间大多在 5～8min。

一、二级耐火等级的建筑，一般说来是比较耐火的。但其内部若大量使用可燃、难燃装修材料，如房间、走廊、门厅的吊顶、墙面等采用可燃材料，并铺设可燃地毯等，火灾时不仅着火快，而且还会产生大量有毒气体，影响人员的安全疏散。如某大楼的走廊和门厅采用可燃材料吊顶，火灾时很快烧毁，掉落在走廊地面上，未疏散出的人员不敢通过走廊进行疏散，耽误了疏散时间，以致造成伤亡事故。我国建筑物吊顶的耐火极限一般为 15min，它限定了允许疏散时间不能超过这一极限。

但是，由于建筑构件，特别是吊顶的耐火极限，一般都比出现一氧化碳等有毒烟气、高温或严重缺氧的时间晚。所以，在确定允许疏散时间时，首先要考虑火场上烟气中毒问题。产生大量有毒气体和出现高温、缺氧等情况，一般是在轰燃之后，故允许疏散时间应控制在轰燃之前，并适当考虑安全系数。一、二级耐火等级的公共建筑与高层民用建筑，其允许疏散时间为 5～7min，三、四级耐火等级建筑的允许疏散时间为 2～4min。

考虑影剧院、礼堂的观众厅，容纳人员密度大，安全疏散比较重要，所以允许疏散时间要从严控制。一、二级耐火等级的影剧院允许疏散时间为 2min，三级耐火等级的允许疏散时间为 1.5min。由于体育馆的规模一般比较大，观众厅容纳人数往往是影剧院的几倍到几十倍，火灾时的烟层下降速度、温度上升速度、可燃装修材料、疏散条件等，也不同于影剧院，疏散时间一般比较长，所以对一、二级耐火等级的体育馆，其允许疏散时间为 3～4min。

工业厂房的疏散时间，是根据生产的火灾危险性不同而异。考虑到甲类生产的火灾危险性大，燃烧速度快，允许疏散时间控制在 30s，而乙类生产的火灾危险性较甲类生产要小，燃烧速度比甲类慢，故允许疏散时间控制在 1min 左右。

2 疏 散 速 度

疏散速度是安全疏散的一个重要指标。它与建筑物的使用功能，使用者的人员构成、照明条件有关，其差别比较大，表 5-2 是群体情况下疏散人员行动能力分类。

3 安 全 疏 散 距 离

安全疏散距离包括两个含义，一是要考虑房间内最远点到房门的疏散距离，二是从房门到疏散楼梯间或外部出口的距离。现分述如下：

3.1 房间内最远点到房门的距离

当房间面积过大时，可能集中人员过多，要把较多的人群集中在一个宽度很大的安全出口来疏散，实践证明，这是不安全的。因为疏散距离大，则疏散时间就要长，若超过允许的疏散时间，就是不安全的。

人 员 特 点	群 体 行 动 能 力			
	平均步行速度 (m/s)		流动系数 (人/m)	
	水平 (V)	楼梯 (V)	水平 (N)	楼梯 (N′)
仅靠自力难以行动的人: 重病人、老人、婴幼儿、弱智者、身体残疾者等	0.8	0.4	1.3	1.1
不熟悉建筑内的通道、出入口等位置的人员: 旅馆的客人、商店顾客、通行人员等	1.0	0.5	1.5	1.3
熟悉建筑物内的通道、出入口等位置的健康人 建筑物内的工作人员、职员、保卫人员等	1.2	0.6	1.6	1.4

对于人员密集的影剧院、体育馆等，室内最远点到疏散门口距离是通过限制走道之间的座位数和排数来控制的。在布置疏散走道时，横走道之间的座位排数不超过 20 排；纵走道之间的座位数，影剧院、礼堂等每排不超过 22 个，体育馆每排不超过 26 个，这样，就有效地控制了室内最远点到安全出口的距离，如图 5-3。

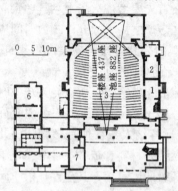

图 5-3 观众厅走道与座位布置示意

3.2 从房门到安全出口疏散距离

根据建筑物使用性质、耐火等级情况的不同，对房门到安全出口的疏散距离提出不同要求，以便各类建筑在发生火灾时，人员疏散有相应的保障。例如，对托儿所、幼儿园、医院等建筑，其内部大部分是孩子和病人，无独立疏散能力，而且疏散速度很慢，所以，这类建筑的疏散距离应尽量短捷。学校的教学楼等，由于房间内的人数较多，疏散时间比较长，所以到安全出口的距离不宜过大。对居住建筑，火灾多发生在夜间，一般发现比较晚，而且建筑内部的人员身体条件不等，老少兼有，疏散比较困难，所以疏散距离也不能太大。此外，对于有大量非固定人员居住、利用的公共建筑，如旅馆等，由于顾客对疏散路线不熟悉，发生火灾时容易引起惊慌，找不到安全出口，往往耽误疏散时间，故从疏散距离上也要区别对待。民用建筑的疏散距离如表 5-3 所示。应该指出的是，房间内最远点到房门的距离，不应超过表 5-3 中袋形走道两侧（或尽端房间）从房门到外部出口（或楼梯间）的距离。

民用建筑安全疏散距离 表 5-3

建 筑 名 称	房门至外部出口或封闭楼梯间的最大距离 (m)					
	位于两个外出口或楼梯间之间的房间			位于袋形走道两侧或尽端的房间		
	耐 火 等 级			耐 火 等 级		
	一、二级	三级	四级	一、二级	三级	四级
托儿所、幼儿园	25	20	—	20	15	—
医院、疗养院	35	30	—	20	15	—
学 校	35	30	—	22	20	—
其它民用建筑	40	35	25	22	20	15

高层建筑的疏散更困难，人们对于高层建筑火灾的惊慌与恐惧更为严重，因此，疏散距离较一般民用建筑要求更加严格（表5-4）。高层民用建筑的观众厅、展览厅、多功能厅、餐厅、营业厅和阅览室等，其内任意一点至最近的疏散出口的直线距离不宜超过30m（图5-4）；其它房间最远点不宜超过15m（图5-5）。

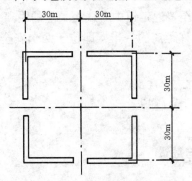

图 5-4　方型大厅疏散口示意

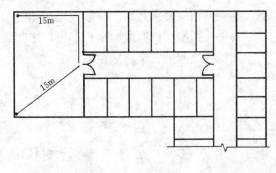

图 5-5　房间内最远点到门口不宜大于 15m

高层民用建筑安全疏散距离　　　　　　　　　　　　　　　　　　　表 5-4

建　筑　名　称		房间门或住宅户门至最近的外部出口或楼梯间的最大距离（m）	
		位于两个安全出口之间的房间	位于袋形走道两侧或尽端的房间
医院	病房部分	24	12
	其它部分	30	15
教学楼、旅馆、展览楼		30	15
其　它　建　筑		40	20

厂房安全疏散距离（m）　　　　　　　　　　　　　　　　　　　　表 5-5

生产类别	耐火等级	单层厂房	多层厂房	高层厂房	厂房的地下室、半地下室
甲	一、二级	30	25	—	—
乙	一、二级	75	50	30	—
丙	一、二级	80	60	40	30
	三级	60	40	—	—
丁	一、二级	不限	不限	50	45
	三级	60	50	—	—
	四级	50	—	—	—
戊	一、二级	不限	不限	75	60
	三级	100	75	—	—
	四级	60	—	—	—

工业厂房的安全疏散距离是根据火灾危险性与允许疏散时间及厂房的耐火等级确定的。从表5-5可以看出，火灾危险性越大，安全疏散距离要求越严，厂房耐火等级越低，安全疏散距离要求越严。而对于丁、戊类生产，当采用一、二级耐火等级的厂房时，其疏散距离可以不受限制。

应该指出的是，位于两座疏散楼

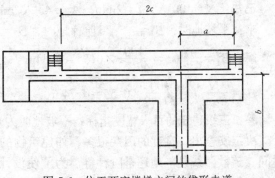

图 5-6　位于两座楼梯之间的袋形走道

梯间的袋形走道两侧或尽端的房间（图5-6），其安全疏散距离应按下式计算：

$$a + 2b \leqslant c \tag{5-1}$$

式中　a——一般走道与位于两座楼梯之间的袋形走道中心线交叉点至较近楼梯间或门的距离；

　　　b——两座楼梯之间的袋形走道端部的房间门至普通走道中心线交叉点的距离；

　　　c——两座楼梯间或两个外部出口之间最大允许距离的一半，即位于两个安全出口之间的安全疏散距离。

第3节　安　全　出　口

1　安全出口的宽度与数量

1.1　安全出口的宽度

为了满足安全疏散的要求，除了对安全疏散的时间、距离提出要求之外，还对安全出口的宽度提出要求。如果安全出口宽度不足，就会延长疏散时间，造成滞留和拥挤，甚至出现因安全出口宽度不足造成意外伤亡事故。

安全出口的宽度是由疏散宽度指标计算出来的。宽度指标是对允许疏散时间、人体宽度、人流在各种疏散条件下的通行能力等进行调查、实测、统计、研究的基础上建立起来的，它既利于工程技术人员进行工程设计，又利于消防安全部门检查监督。下面简要介绍工程设计中应用的计算安全出口宽度的简捷方法——百人宽度指标。

百人宽度指标可按下式计算：

$$B = \frac{N}{A \cdot t} b \tag{5-2}$$

式中　B——百人宽度指标，即每100人安全疏散需要的最小宽度（m）；

　　　N——疏散总人数（人）；

　　　t——允许疏散时间（min）

　　　A——单股人流通行能力，平坡时$A = 43$人/min；阶梯地时，$A = 37$人/min。

　　　b——单股人流的宽度，人流不携带行李时，$b = 0.55$m。

【例7-1】　试求$t = 2$min时（三级耐火等级）的百人宽度指标。已知，平坡地时，$A_1 = 43$人/min；阶梯地时$A_2 = 37$人/min。

已知：$N = 100$人，$t = 2$min，$A_1 = 43$人/min；$A_2 = 37$人/min，$b = 0.55$m。

求：平坡地时，$B_1 = ?$　　　阶梯地时，$B_2 = ?$

解：$B_1 = \dfrac{N}{A_1 \cdot t} b = \dfrac{100}{43 \times 2} \times 0.55 = 0.64$m　　　　取0.65m

$B_2 = \dfrac{N}{A_2 \cdot t} b = \dfrac{100}{37 \times 2} \times 0.55 = 0.74$m　　　　取0.75m

答：三级建筑的百人宽度指标，平坡地时为0.65m，阶梯地时为0.75m。

决定安全出口宽度的因素很多，如建筑物的耐火等级与层数、使用人数、允许疏散时间、疏散路线是平地还是阶梯等。为了使设计既安全又经济，符合实际使用情况，对上述计算结果作适当调整后，学校、商店、办公楼、候车室等的走道的宽度百人指标如

表 5-6 所示，影剧院、礼堂、体育馆的疏散宽指标如表 5-7 所示。

楼梯、门和走道宽度指标　　　　　表 5-6

宽度指标 (m/百人)　　耐火等级 层数	一、二级	三级	四级
一、二层	0.65	0.75	1.00
三层	0.75	1.00	—
≥四层	1.00	1.25	—

大型公共建筑疏散宽度指标　　　　　表 5-7

观众厅座位数（个）宽度指标 (m/百人)　耐火等级 疏散部位		影剧院、礼堂		体　育　馆		
		≤2500	≤1200	≤3000～5000	5001～10000	10000～20000
		一、二级	三级	一、二级	一、二级	一、二级
门和走道	平坡地面	0.65	0.85	0.43	0.37	0.32
	阶梯地面	0.75	1.00	0.50	0.43	0.37
楼　　梯		0.75	1.00	0.50	0.43	0.37

底层外门和每层楼梯的总宽度应按该层或该层以上人数最多的一层计算，不供楼上人员疏散的外门，可按一层的人数计算。

电影院、剧院、礼堂等观众厅内疏散走道的宽度按每百人 0.6m 的指标计算，这一宽度基本上是按成年人单股人流行进的宽度考虑的。即

$$B_{总} = b_1 + b_2 + \cdots + b_n = \frac{N_{总}}{100} \times 0.6 (m) \qquad (5-3)$$

在进行观众厅疏散走道布置时，应注意中间走道的最小宽度不得小于 1.1m，约是两股人流的宽度，边走道应尽量宽一些。因为无论正常使用的散场时，还是发生事故时，人员大量拥向两侧的安全出口，所以边走道宽一些，人员的容量就会大一些，通行能力也会得到提高。

高层建筑首层疏散外门和走道的净宽（m）　　表 5-8

建筑名称	每个外门的净宽	走道净宽	
		单面布房	双面布房
医　院	1.30	1.40	1.50
住　宅	1.10	1.20	1.30
其　它	1.20	1.30	1.40

高层建筑各层走道、门的宽度应按其通行人数每 100 人不小于 1m 计算，其首层疏散外门的总宽度应按人数最多的一层每 100 人不小于 1m 计算，但外门和走道的最小宽度均不应小于表 5-8 的规定。并且，疏散楼梯间和防烟前室的门，其最小净宽度不应小于 0.9m。

工业厂房的疏散楼梯、走道和门的百人宽度指标如表 5-9 所示。当使用人数少于 50 人时，楼梯、走道、门的最小宽度可适当减小。

1.2　安全出口的数量

为了保证公共场所的安全，应该有足够数量的安全出口。在正常使用的条件下，疏散

是比较有秩序地进行的，而紧急疏散时，则由于人们处于惊慌的心理状态下，必然会出现拥挤等许多意想不到的现象。所以平时使用的各种内门、外门、楼梯等，在发生事故时，不一定都能满足安全疏散的要求，这就要求在建筑物中应设置较多的安全出口，保证起火时能够安全疏散。

厂房疏散楼梯、走道和门的宽度指标 表 5-9

厂　　房	一、二层	三层	≥4 层
宽度指标（m/百人）	0.6	0.8	1.00

在建筑设计中，应根据使用要求，结合防火安全的需要布置门、走道和楼梯。一般要求建筑物都有两个或两个以上的安全出口，避免造成严重的人员伤亡。例如，影剧院、礼堂、多用食堂等公共场所，当人员密度很大时，即使有两个出口，往往也是不够的。根据火灾事故统计，通过一个出口的人员过多，常常会发生意外，影响安全疏散。因此对于人员密集的大型公共建筑，如影剧院、礼堂、体育馆等，为了保证安全疏散，要控制每个安全出口的人数，具体作法是，影剧院、礼堂的观众厅每个安全出口的平均疏散人数不应超过 250 人。当容纳人数超过 2000 人时，其超过 2000 人的部分，每个安全出口的平均疏散人数不应超过 400 人。体育馆每个安全出口的平均疏散人数不宜超过 400~700 人，当然，规模较小的体育馆采用下限值较为合适，规模较大的采用上限值较合适。

公共建筑和通廊式居住建筑安全出口的数量不应小于两个，但符合下述条件时可设一个：

（1）一个房间的面积不超过 60m²，且人数不超过 50 人时，可设一个门；位于走道尽端的房间（托儿所、幼儿园除外）内，由最远一点到房门口的直线距离不超过 14m，且人数不超过 80 人时，也可设一个向外开启的门，但门的净宽不应小于 1.4m。

（2）二、三层的建筑（医院、疗养院、托儿所、幼儿园除外）符合表 5-10 要求时，可设一个疏散楼梯。

设置一个疏散楼梯的条件 表 5-10

耐火等级	层　　数	每层最大建筑面积（m²）	人　　数
一、二级	二、三层	500	第二层和第三层人数之和不超过 100 人
三级	二、三层	200	第二层和第三层人数之和不超过 50 人
四级	二层	200	第二层人数不超过 30 人

（3）单层公共建筑（托儿所、幼儿园除外）如面积不超过 200m²，且人数不超过 50人时，可设一个直通室外的安全出口。

（4）设有不少于两个疏散楼梯的一、二级耐火等级的公共建筑，如顶层局部升高时，其高出部分的层数不超过两层，每层面积不超过 200m²，人数之和不超过 50 人时，可设一个楼梯，但应另设一个直通平屋面的安全出口。

2　疏散门的构造要求

疏散门应向疏散方向开启，但房间内人数不超过 60 人，且每樘门的平均通行人数不超过 30 人时，门的开启方向可以不限。疏散门不应采用转门。

为了便于疏散，人员密集的公共场所观众厅的入场门、太平门等，不应设置门槛，其宽度不应小于 1.4m，靠近门口处不应设置台阶踏步，以防摔倒、伤人。人员密集的公共场所的疏散楼梯、太平门，应在室内设置明显的标志和事故照明。室外疏散通道的净宽不应小于疏散走道总宽度的要求，最小净宽不应小于 3m。

建筑物直通室外的安全出口上方，应设置宽度不小于 1m 的防火挑檐，以防止建筑物上的跌落物伤人，确保火灾时疏散的安全。

第 4 节* 安全疏散人流预测

高层建筑疏散通道上的走廊、楼梯间及其前室的入口、楼梯段等的宽度，楼梯前室的面积等，除了按前述介绍的方法设计外，还可通过计算进行校核，以保证火灾时人们能在一定时间内疏散到安全区域，本节介绍日本建筑中心发表的安全疏散计算方法，作为参考。

安全疏散计算是假设某一层发生火灾，预测该层的人员全部疏散到下层，并校核疏散环节的安全性。一般以各层为单位进行校核即可，但也可以根据建筑的规模、形状、使用性质等，只校核其一个分区的安全疏散或几层同时疏散，或整栋建筑的安全疏散。

1 疏散时间与允许疏散时间

先计算出下述 3 种疏散时间，再与各自的允许疏散时间相比较，进行安全性评价。

1）房间疏散时间 T_1 发生火灾的房间内全部人员疏散到房间外所需要的时间，T_1 要根据各个房间的具体情况进行计算。

2）走廊疏散时间 T_2 是指走廊等第一安全分区内有疏散人员的时间，即全体人员从疏散开始时起，到进入下一安全分区的楼梯前室或楼梯间为止，在走廊内疏散的时间。T_2 要根据各个不同疏散路径计算。

3）楼层疏散时间 T_3 从火灾发生时刻起，到全部人员疏散到楼梯前室或梯间为止所需时间，T_3 要分别计算通向各个楼梯间的不同线路。

各个允许疏散时间是根据房间的建筑面积设定的。例如，房间允许疏散时间 $[T_1]$ 是由起火房间的面积的平方根求得的。走廊允许疏散时间 $[T_2]$、楼层允许疏散时间 $[T_3]$ 是由楼层的有效面积的平方根求得的。这些允许疏散时间是根据火灾的扩大时间为参考，并根据经验判断而确定的，并非实验或工程研究所得。对于一般建筑物，按此公式进行验算，可以确保最低限度的安全性。对于内部采用可燃装修的建筑，烟气会迅速充满建筑空间，允许疏散时间应取小一些，相反顶棚很高的建筑空间，允许疏散时间可适当加长一些。由于允许疏散时间并非很精确，所以，计算的疏散时间超过允许时间数秒或超过 10% 左右，也可以认为是安全的。

房间疏散时间 $T_1 \leqslant$ 房间允许疏散时间 $[T_1] = (2\sim3)\sqrt{A_1}$ (5-4)

走廊疏散时间 $T_2 \leqslant$ 走廊允许疏散时间 $[T_2] = 4\sqrt{A_{1+2}}$ (5-5)

楼层疏散时间 $T_3 \leqslant$ 楼层允许疏散时间 $[T_3] = 8\sqrt{A_{1+2}}$ (5-6)

式中　A_1——起火房间的面积（m²）；

　　　A_2——起火房间以外的房间与走廊或第一安全分区面积之和（m²）；

　　　$A_{1+2} = A_1 + A_2$(m²)。

（5-4）式中系数2或3的选用：当顶棚高度<6m时，取2；当项棚高度≥6m时，取3。

2　滞　留　人　数

在人们通过走廊向楼梯间入口集中的过程中，疏散人流受到入口宽度限制，会出现入口前"等待"现象。这种狭窄入口处等待的人数会相当多，而且，当走廊面积狭窄时会引起疏散混乱，有时甚至会使疏散人员堵到房间门口而无法疏散，延长了房间的疏散时间。为此，有必要算出走廊、前室的最大滞留人数，并用下列公式确认各部分面积是否能够容纳滞留人员。

$$A'_2 = N'_2 \times 0.3 \tag{5-7}$$

$$A'_3 = N'_3 \times 0.2 \tag{5-8}$$

式中　A'_2——走廊等第一安全分区的必需面积（m²）；

　　　N'_2——走廊等第一安全分区的滞留人数（人）；

　　　A'_3——前室或阳台等第二安全分区的必需面积（m²）；

　　　N'_3——前室或阳台等第二安全分区的滞留人数（人）。

虽然同是滞留人数，考虑到走廊等第一安全分区由于群集步行，每人按 0.3m³ 计算，前室、阳台等第2安全分区，因有防火排设措施，比一般房间和走廊有更安全的措施，所以，这部分每人按 0.2m² 计算。

3　疏散计算假设条件

安全疏散计算是在以下假设条件下进行的：

（1）疏散人员在房间内是均匀分布的；

（2）在起火房间，疏散是同时开始的；

（3）疏散人员按预先设定的路线进行；

（4）步行速度是一定的，没有超越和返回的反向行走现象；

（5）群集人流受楼梯间出入口等宽度限制（流动系数）；

（6）有两个以上出入口时，如无良好的疏散诱导，则经过最近的出入口疏散。

4　楼　层　疏　散　计　算

4.1　房间疏散时间的计算

首先，设定房间的起火点，并据此确定人员疏散路线、疏散出口。对于面积<200m²的房间，当可燃物较少时，其各个出口可供疏散使用。反之，当可燃物较多时，要考虑某一出口距起火点位置较近而不能使用的最不利情况。

房间疏散时间按下式计算，并与房间允许疏散时间比较，确认其安全性。

$$t_{11i} = \frac{N_i}{1.5B_i} \tag{5-9}$$

$$t_{12i} = \frac{L_{xi} + L_{yi}}{V} \qquad (5\text{-}10)$$

$$T_1 = \max(t_{11}, t_{12}) \qquad (5\text{-}11)$$

式中　　　t_{11i}——疏散通过疏散出口所需要时间（s）；

t_{12i}——最后一名疏散者到达出口的时间（s）；

N_i——火灾房间的人数（人）；

B_i——房间出入口的有效宽度（m）；

$L_{xi} + L_{yi}$——房间最远点到疏散出口的直角步行距离（m）；

V——步行速度（m/s）；

1.5——流动系数（人/m·s）。

当疏散人数一定时，房间的出口宽度越大，疏散时间就越短。当其宽度超过一定程度，则疏散时间就没有影响了。当出入口狭窄时，会出现在出入口等待的现象，此时，疏散时间取决于 t_{11}。反之，当出入口足够宽时，就不会发生等待现象，而是由房间内距出入口最远处的人员到达出入口的时间来决定的，此时所需时间为 t_{12}，而 T_1 是取 t_{11} 与 t_{12} 中的大者。t_{12} 通常情况下，在矩形平面的房间内是沿直角路线的步行距离（$L_x + L_y$），当房间内未设家具时，取直线步行距离进行计算。

步行速度 V，一般说来，人员密集度越高，其值越低，可按下述数值采用：

办公、学校等建筑：$V = 1.3\text{m/s}$

百货大厦、宾馆、一般会议室等服务对象不确定的建筑：$V = 1\text{m/s}$

医院、人员密度高的会议室等：$V = 0.5\text{m/s}$

房间的允许疏散时间 $[T_1]$ 是由房间面积 A_1（m^2）决定的，但房间高度不同，其蓄烟量也会发生变化，故按（5-4）式计算。当面积小的房间，求出 $[T_1] < 30\text{s}$ 时，取 $[T_1] = 30\text{s}$。

4.2　楼层疏散计算

各个房间的安全疏散时间计算之后，就可对楼层安全疏散状况进行预测计算，并校核其安全性，这里仅就走廊的疏散时间 T_2、楼层疏散时间 T_3 以及走廊和前室等处的最大滞留人数进行计算，并校核安全性。如图 5-7 所示，一个房间的不同区域，有一部分人员直接进入楼梯间，而一部人员既要进行房间疏散时间计算，同时还要进行走廊的疏散时间计算，由此构成楼层的安全疏散计算。

4.2.1　疏散路线的设定

（1）起火房间的设定

房间疏散计算首先要设定起火点，然后确定疏散路线、疏散口；其次要设定某一房间为起火房间，研究整个楼层疏散的状况，但一般不考虑走廊和楼梯失火的情况。

起火房间变化后，疏散路线就要变化，所以 T_1、T_2、T_3 等都发生变化。原则上应以某一楼层的各个房间分别设想为起火房间，并逐一进行疏散计算，以校核其安全性。但

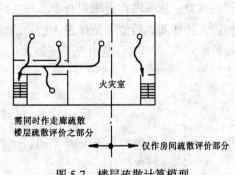

图 5-7　楼层疏散计算模型

为了简化起见，仅就判断为疏散最不利的房间以及失火危险性大的房间设定为起火房间就可以了。一般把某一层的主要房间及饮食店、厨房等用火房间优先考虑为起火房间。

(2) 走廊疏散路线的设定

在建筑设计中，一般要求形成双向疏散，即有两个以上出口。在进行楼层疏散计算时，要设定各个房间的人员疏散到走廊后向哪个楼梯或前室疏散。

4.2.2 开始疏散时间 T_0 的设定

所谓开始疏散时间 T_0，是指从失火时起到疏散行动开始为止的时间。但是，对高层建筑来说，火灾房间与非火灾房间的开始疏散时间是不同的，按下式求出：

火灾房间：
$$T_0 = 2\sqrt{A_1} \qquad\qquad (5\text{-}12)$$

非火灾房间：
$$T'_0 = 2T_0 \qquad\qquad (5\text{-}13)$$

式中 A_1——起火房间的面积（m²）。当 A_1 很小，T_0 不足 30s 时，取 $T_0 = 30$s。

根据公式 (5-12) 及 (5-13)，起火房间的开始疏散时间是与其面积有关系的，面积越大，开始疏散时间越长。而非起火房间是起火房间开始疏散时间的 2 倍。这是基于以下考虑而得出的：首先是，确认起火房间失火，其时间与起火房间的面积有关系的。此时，我们可以假设起火房间的人员看到起火后，即开始疏散了，而非火灾房间人员还要等到防灾中心的疏散广播指令才开始疏散。因而，开始疏散时间要晚一些。

根据火灾事故的调查，疏散行动未必同时开始，火灾房间与非火灾房间开始疏散时间也未必刚好差 2 倍。而且，即使是失火时刻，火灾报警系统的性能以及设置条件等，也有一定的差异，是不易确定的因素。但为了简化计算，做出上述规定。

4.2.3 走廊疏散时间 T_2 及楼层疏散时间 T_3 的计算与评价

楼层疏散时间是房间疏散时间与走廊疏散时间之和。因此，只要求出 T_2，也就求出 T_3。而计算走廊疏散时间、楼层疏散时间，就要计算每条到达各楼梯间的路线所需要的时间。

走廊的疏散时间 T_2，是从疏散人员最早开始到达走廊时起，到最后一名疏散者进入楼梯间或前室时为止的时间。

一般说来，走廊作为一个安全分区的空间，它与各房间有联系的门洞等，其防火性能比防火分区的墙体要差一些。为此，要限定人们在走廊里的疏散时间，进而评价其疏散的安全性。

首先，疏散开始的同时（失火后 T_0 或 $T'_0 s$ 后），各房间的人员从出入口先到走廊；其次，到了走廊的疏散人员分别向楼梯间步行而去。根据前述假定，人流在疏散时无超越和返回现象，按顺序在走廊里行走，先头的疏散人员，首先到达楼梯入口处。此时，人流开始进入楼梯间，后续者持续进入楼梯疏散。从疏散开始到开始进入楼梯间的时间［走廊的步行时间 T_{21} (s)］，是由先头疏散人员在走廊里步行距离与步行速度所决定的，因此，可表示为：

$$L_{21} = \frac{L}{V} \qquad\qquad (5\text{-}14)$$

式中 L——走廊里的步行距离（m）；

V——步行速度（m/s）。

当最后一名疏散者进入楼梯间时，楼层疏散便结束了。楼层疏散时间的决定因素有二个，其一是，楼梯间或前室的入口的宽度形成细颈，人流进入所需要时间 T_{22}；其二是，疏散者到达楼梯入口处的时间 t_{23}。走廊的疏散时间 t_{22}（s）可由下式求出：

$$t_{22} = \frac{N_2}{1.5B_2}$$

$$T_2 = t_{21} + \max(t_{22}, t_{23})$$

式中　$\max(t_{22}, t_{23})$——t_{22} 或 t_{23} 中的较大者；

N_2——利用某一楼梯间疏散的人数（人）；

B_2——楼梯间入口的宽度（m）；

t_{22}——通过楼梯入口所需的时间（s）；

t_{23}——第一个疏散者进入楼梯间时起到最后一个疏散者进入楼梯间为止的时间（s）；

1.5——流通系数（人/m·s）。

如图 5-8 所示，当出入口 d_1 和 d_3 的宽度分别为 B_1 和 B_3，且 $B_1 > B_3$ 时，则 B_3 就形成了瓶颈。这时，t_{23} 由下式求出：

$$t_{23} = \frac{L_c}{V} + \frac{N}{1.5B_3} \qquad (5\text{-}15)$$

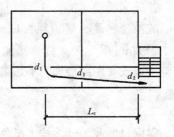

式中　N——疏散人数（人）；

B_3——d_3 的有效宽度（m）。

图 5-8　走廊中部有门洞时的计算

当房间有 2 个以上出口或者每层的房间数较多时，其基本的思考方法与单一房间单一出口的是一致的。必须首先估算出每一个出口的疏散人数，进而作疏散时间计算：

$$t_{21} = \frac{L_s}{V} \qquad (5\text{-}16)$$

$$T_2 = t_{21} + \max(t_{22}, t_{23}) \qquad (5\text{-}17)$$

$$t_{22} = \frac{\Sigma N_2}{1.5B_2} \qquad (5\text{-}18)$$

式中　ΣN_2——采用某一楼梯间疏散的各房间人数之和（人）；

L_s——走廊内的最短步行距离（m），即从房间门口到最近的楼梯间的距离；

B_2——楼梯间的出入口宽度（m）。

4.2.4　走廊允许疏散时间 $[T_2]$ 与楼层允许疏散时间 $[T_3]$

走廊允许疏散时间 $[T_2]$ 与楼层允许疏散时间 $[T_3]$ 可按公式 (5-5)、(5-6) 计算。应说明的是，起火房间的面积 A_1 用设定的起火房间的面积；A_2 的面积中不得包括第二安全分区（前室）以及楼梯间、电梯井、阳台等面积。

第 5 节 疏 散 楼 梯

当发生火灾时，普通电梯如未采取有效的防火防烟措施，因供电中断，一般会停止运行。此时，楼梯便成为最主要的垂直疏散设施。它是楼内人员的避难路线，是受伤者或老弱病残人员的救护路线，还可能是消防人员灭火进攻路线，足见其作用之重要。

楼梯间防火性能的优劣，疏散能力的大小，直接影响着人员的生命安全与消防队的扑救工作，由本书第1章可知，楼梯间相当于一个大烟囱，如果不加防烟措施，火灾时烟火就会拥入其间，不仅能造成蔓延，增加人员伤亡，还会严重防碍救火。

1 普 通 楼 梯 间

普通楼梯间是多层建筑常用的基本形式。该楼梯的典型特征是，不论它是一跑、两跑、三跑，还是剪刀式，其楼梯与走廊或大厅都敞开在建筑物内。楼梯间很少设门，有时为了管理的方便，也设木门，弹簧门、玻璃门等，但它仍属于普通楼梯间。

普通楼梯间在防火上是不安全的，它是烟、火向其他楼层蔓延的主要通道。因多层建筑层数不算很多，疏散较方便，加上这种楼梯直观，易找，使用方便，经济，所以是多层建筑中使用较多的。

普通楼梯间楼梯宽度、数量及位置结合建筑平面，根据规范合理确定。这里应注意：(1) 疏散楼梯最小宽度为1.1m。不超过六层的单元式住宅中一边设有栏杆的疏散宽度可不小于1m (图5-9)。(2) 楼梯首层应设置直接对外的出口，当层数不超过四层时，可将对外出口设在距离楼梯间不超过15m处。楼梯间最好靠外墙，并设通风采光窗。

2 封 闭 楼 梯 间

根据目前我国经济技术条件和建筑设计的实际情况，当建筑标准不高，而且层数不多时，也可采用不设前室的封闭楼梯间，即用具有一定耐火能力的墙体和门将楼梯与走廊分隔开，使之具有一定的防烟、防火能力。当发生火灾时，设在封闭的楼梯间外墙上的窗户打开，若外墙面处于高层建筑的负压区，起火层人流进入楼梯间带入的烟气，即可以从窗户排出室外。

若封闭楼梯间，设有窗户的外墙面处于高层建筑迎风面时，一旦发生火灾打开窗户，起火层人流进入封闭楼梯间时，从窗户吹进来的风会阻挡欲进入楼梯的烟气，以保障发生火灾情况下的人员安全疏散。

2.1 封闭楼梯的设计标准

根据《高层民用建筑设计防火规范》(GB50045—95)的要求，下列建筑，可采用封闭楼梯间：

(1) 高层建筑中，高度<32m的二类建筑；

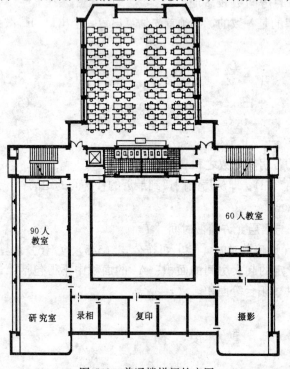

图5-9 普通楼梯间的应用

(2) 10 层及 11 层通廊式住宅，12～18 层的单元式住宅；

(3) 与高层建筑主体部分直接相连的附属裙房；

(4) 超过五层的公共建筑和超过 6 层的塔式住宅。

对于 11 层及 11 层以下的单元式住宅，允许适当放宽楼梯间的要求，可以不设封闭楼梯间，但楼梯间必须靠外墙设置，能直接利用自然采光和通风，同时，开向楼梯间的户门必须是乙级防火门。

2.2 封闭楼梯间的类型

为了使人员通过更为方便，楼梯间的门平时可处于开启状态，但须有相应的关闭措施。如安装自动关门器，以便起火后能自动或手动关门。此外，如有条件还可把楼梯间适当加长，设置两道防火门形成门斗（因其面积很小，与前室有所区别），这样处理之后可以提高它的防护能力，并给疏散以回旋的余地，封闭楼梯间的基本形式见图 5-10。

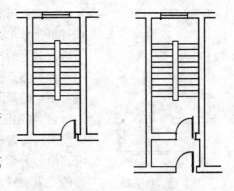

图 5-10　封闭楼梯间

需要指出，封闭楼梯间应靠外墙设置，并设可开启的玻璃窗排烟。此外，设计中为了丰富门厅的空间艺术处理，并使交通流线清晰流畅，常把首层的楼梯间敞开在大厅中。此时，须对整个门厅作扩大的封闭处理，以乙级防火门或防火卷帘等将门厅与其他走道和房间等分隔开，门厅内还宜尽可能采用不燃化内装修，如图 5-11 所示。

3　防 烟 楼 梯 间

在楼梯间入口之前，设置能阻止火灾时烟气进入的前室，或阳台、凹廊的楼梯间，称为防烟楼梯间。

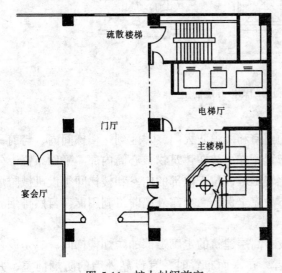

图 5-11　扩大封闭前室

3.1　防烟楼梯间的设计标准

在高层建筑中，防烟楼梯间安全度最高。发生火灾时，能够保障所在楼层人员疏散安全，并有效地阻止火灾向起火层以上的其他楼层蔓延。同时也为消防队扑救火灾准备了有利的条件。防烟楼梯间是高层建筑中常用的楼梯形式，根据规范要求，以下几种情况必须设置防烟楼梯间：

(1) 一类高层建筑和建筑高度超过 32m 的二类建筑；

(2) 高度超过 24m 的高级高层住宅（凡设集中空调系统的为高级住宅，否则为普通住宅，仅设窗式空调器的高层住宅属于后者）；

（3）层数≥12 层的通廊式住宅；

（4）层数≥19 层的单元式住宅；

（5）高层塔式住宅。

3.2 带开敞前室的防烟楼梯间

这种类型的特点是以阳台或凹廊作为前室，疏散人员须通过开敞的前室和两道防火门才能进入封闭的楼梯间内。其优点是自然风力能将随人流进的烟气迅速排走，同时，转折的路线也使烟很难袭入楼梯间，无须再设其他的排烟装置。因此，这是安全性最高的和最为经济的一种类型。但是，只有当楼梯间能靠外墙时才有可能采用，故有一定的局限性。

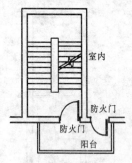

图 5-12　利用阳台做开敞前室

1）利用阳台做开敞前室。图 5-12 所示的是以阳台作为开敞前室的防烟楼梯间，人流通过阳台才能进入楼梯间，风可将窜到阳台的烟气立即吹走，且不受风向的影响，所以防烟、排烟的效果很好。

2）利用凹廊做开敞前室。图 5-13 是凹廊作为开敞前室的例子。除了自然排烟效果好之外，在平面布置上也有特点，例如，将疏散楼梯与电梯厅配合布置，使经常用的流线和火灾时疏散路线结合起来。同时，图 5-13（a）形式的电梯厅如用防火门或防火卷帘作封闭处理，如设防排烟措施，就可作为封闭前室使用。

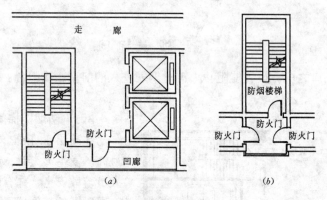

图 5-13　利用凹廊做开敞前室

3.3 带封闭前室的防烟楼梯间

这种类型的特点是人员须通过封闭的前室和两道防火门，才能到达楼梯间内，与前一种类型相比，其主要优点是，可靠外墙布置，亦可放在建筑物核心筒内部。平面布置十分灵活，且形式多样，主要缺点是防排烟比较困难；位于内部的前室和楼梯间须设机械防烟设施，设备复杂和经济性差，而且效果不易完全保证。当靠外墙时可利用窗口自然排烟。

3.3.1 利用自然排烟的防烟楼梯间

设于走廊的两种防烟楼梯间，一是设在高层建筑的走廊端部的防烟楼梯间；二是设在走廊中间的防烟楼梯间，如图 5-14。后者，在平面布置时，宜设靠外墙的防烟前室，并在外墙上设有开启面积不小于 $2m^2$ 的窗户。这是高层建筑中使用比较普遍的、利用自然条件的防烟楼梯间。这种楼梯间的工作条件是，保证由走道进入前室和由前室进入楼梯间的门必须是乙级防火门。平时及火灾时乙级防火门处于关闭状态，前室外墙上的窗户，平时可以是关闭状态，但发生火灾时窗户应全部开启。

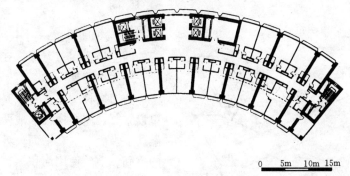

图 5-14　靠外墙的防烟楼梯间平面示意

发生火灾时，疏散人流由走道进入前室时，会有少量的烟气随之而入，由于前室的窗户开着，一般情况下，进入前室的少量烟积聚在顶棚附近，并逐渐地向窗口流动。在前室处于建筑物背风面时，即大气形成的负压区，前室内顶部飘动的烟气通过前室的窗户排出室外，达到防烟的效果。

前室处于迎风面时，窗户打开之后，前室处于正压状态。实验研究证明，只要有 $0.7\sim1.0m/s$ 的风从前室吹向走道，就能阻止烟气进入。实际上，高层建筑若将迎风面窗打开时，所受的风速要远远大于 $0.7\sim1.0m/s$。因此，处于迎风面的防烟前室，能保障前室防烟的效果和人员的安全。

3.3.2　采用机械防烟的楼梯间

高层建筑高度越来越大，为满足抗风，抗震的需求，筒体结构得到了广泛的应用。例如上海 420m 的金茂大厦，就是采用筒体结构体系。这类筒体结构的建筑采用中心核式布置。由于其楼梯位于建筑物的内核，因而只能采用机械加压防烟楼梯间，如图 5-15 所示。加压方式有仅给楼梯间加压（图 5-15a）和分别对楼梯间和前室加压（图 5-15b）以及仅对前室加压（图 5-15c）等不同的方式，应根据设计的实际情况选用。楼梯间加压应保持

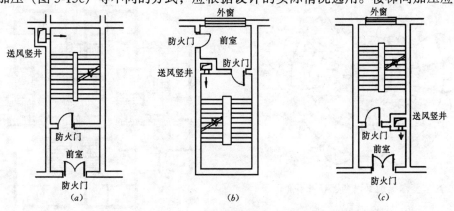

图 5-15　采用机械防烟的楼梯间

123

正压 50Pa，并利用气压的渗漏对前室间接加压，使之高于走道的压力；当采用楼梯间与前室分别加压并共用同一竖井时，应采用自动调节设施，使得楼梯间与前室分别保持 50Pa 和 25Pa 的压力。

4 剪刀楼梯间

剪刀楼梯，又称为叠合楼梯或套梯。它是在同一楼梯间设置一对相互重叠，又相互隔绝的两座楼梯，剪刀楼梯在每层楼之间的梯段一般为单跑梯段。

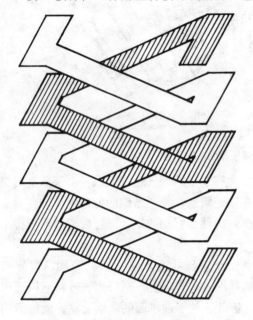

剪刀楼梯的重要特点是，在同一楼梯间里设置了两座楼梯，形成两条垂直方向的疏散通道。因此，在平面设计中可利用较狭窄的空间，节约使用面积。正因为如此，剪刀楼梯在国内外高层建筑中得到了广泛的应用，图 5-16 是剪刀楼梯示意。

4.1 剪刀楼梯间应用举例

美国芝加哥玛利娜双塔，1967 年建成，设有剪刀楼梯。两幢楼各为 60 层，高 177m，是世界闻名的多瓣圆形平面玻璃塔楼，双塔下部的 18 层是停车场，第 19 层是机房，20 层到 60 层是住宅。在塔楼中心的钢筋混凝土圆筒内，共设有五台电梯和一座带有排气天井的剪刀楼梯。这是世界上使用剪刀楼梯层数最多的高层建筑，如图 5-17。

图 5-16　剪刀楼梯示意

深圳敦信大厦，首层是商场，2、3 层是商场和写字间，4 层是花圃、儿童游乐场等，半地下层是汽车库。5 层到 31 层是采用剪刀楼梯的 4 幢井字形平面塔式住宅，如图 5-18 所示。

图 5-17　美国芝加哥玛利娜双塔平面示意
1—起居室；2—餐室；3—卧室；
4—厨房；5—浴室；6—储存间

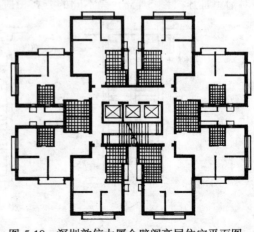

图 5-18　深圳敦信大厦金壁阁高层住宅平面图

124

上海联谊大厦，高 30 层，每层面积约 1000m²，大厦为各国有关银行、商业公司驻沪办事机构的办公用房，采用剪刀楼梯，设有两个前室，如图 5-19 所示。

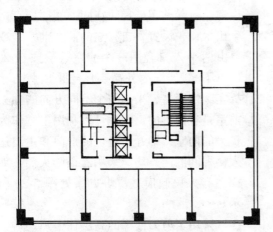

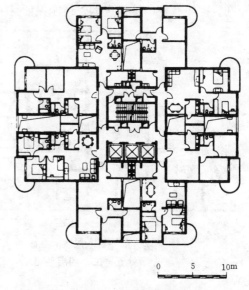

图 5-19　上海联谊大厦标准层平面图　　　　图 5-20　深圳国展花园标准层平面

深圳国都房地产开发有限公司高层住宅，地上 30 层，每层面积 723m²，核心筒内布置剪刀楼梯，如图 5-20 所示。

山西国际大厦，地上 27 层，高 97m，每层面积约 1000m²，为山西省外事机构统建办公楼，中心采用剪刀楼梯，设双前室，如图 5-21 所示。

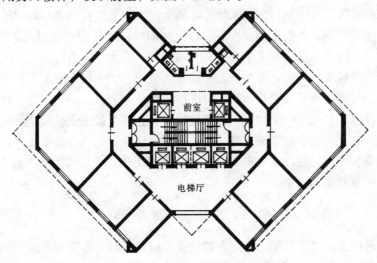

图 5-21　山西国际大厦标准层平面图

4.2　剪刀楼梯间设计要求

剪刀楼梯既可以节省使用面积，又能保障安全疏散。对于塔式住宅和塔式公共建筑采用剪刀楼梯，在设计中应符合下述要求：

（1）剪刀楼梯是垂直方向的两条疏散通道，两梯段之间如没有分隔，则两条通道是处在同一空间内的。一旦楼梯间的一个出入口进烟，就会使整个楼梯间充满烟雾。为了防止这种情况的发生，在两个楼梯段之间设分隔墙，使两条疏散通道成为相互隔绝的独立空间，即使有一个楼梯进烟，还能保证另一个楼梯无烟，以提高剪刀楼梯的疏散可靠性。

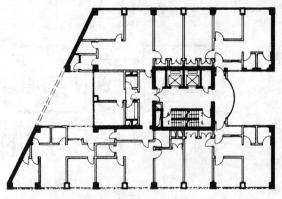

图 5-22　福建省人民政府驻深圳
办事处五～二十四层平面

（2）塔式高层住宅建筑可利用走道作为扩大的前室　不论高层住宅还是公共高层建筑，其剪刀楼梯间在同一楼层应有两个出入口，设置各自独立的两个前室，或是由两个入口合用一个前室（层数在 20 层以下）。从国内外高层住宅采用剪刀楼梯实际情况看，采用两个不同方向的独立前室是有困难的，因此可以利用走道作为扩大的前室，即开向走道的户门和走道进入楼梯间的门，均应采用乙级防火门，如福建省人民政府驻深圳办事处图 5-22 所示。

采用了剪刀楼梯的高层住宅户门、主楼梯间的门一般与共同使用的过道连通，使过道具有扩大前室的功能。这样，必须有相应的防火措施作保障：

①所有的住户与过道、楼梯间、电梯井相邻的墙体，都是具有一定厚度的钢筋混凝土墙，具有防火墙的作用。

②各住户之间的分户墙，有足够的耐火极限；

③各住户通往走道的户门，都采用乙级防火门，并采用自动闭门器。

采用上述措施后，人员生命安全有保障，并能够把火灾限制在最小的范围内。此外，高层住宅住户，由于自身生命安全和经济利益明确，防火意识是很强的，故发生火灾的机率比其他公共建筑要低一些。再加上必要的技术措施，防火安全基本上是有保障的。

（3）剪刀楼梯必须是防烟楼梯间　对高层旅馆、办公楼，当采用剪刀楼梯时，其前室宜分别独立设置，如仅设一个前室，则两楼梯间应分别设加压送风设施。就是说，当剪刀楼梯的两个入口合用一个防烟前室时，它的加压送风量和送风口设置数量，应该按二个楼梯间的要求叠加计算，在发生火灾的情况下，使前室有足够的风量阻挡烟气的进入，以保障防烟楼梯间及前室的安全。

5　室外疏散楼梯

在建筑外墙上设置简易的、全部开敞的室外楼梯，且常布置在建筑端部，不占室内有效的建筑面积（图 5-23）。它不易受到烟气的威胁，在结构上，可以采取悬挑方式。此外，侵入楼梯处的烟气能迅速被风吹走，不受风向的影响。因此，它的防烟效果和经济性都好。缺点是室外疏散楼梯易造成心理上的高空恐惧感。为此，临空三面的拦板应做成不小于 1.10m 的实体拦板墙，以增加安全感。室外楼梯和每层

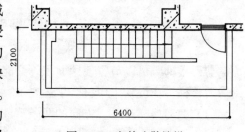

图 5-23　室外疏散楼梯

出口处平台，应采用不燃材料制作，且平台的耐火极限不应低于 1h。室外疏散楼梯的最小宽度不应小于 0.9m，坡度不应大于 45℃。

为了室外疏散楼梯的安全使用，设有室外楼梯的墙面上，与室外梯（包括楼梯平台在内）相距 2m 范围内不得设置门、窗洞口；疏散门应采用乙级防火门，宽度不小于 0.90m，且不应正对梯段。这样，一旦平台出口有烟火喷出，也不会对上部疏散人员造成威胁。

6 疏散楼梯间的设计要求

6.1 耐火构造

疏散楼梯间的墙体应为耐火 2h 以上，可用厚 15cm 的砖、混凝土和加气混凝土等材料建成；楼梯应耐火 1～1.5h 以上，可用钢筋混凝土制作，也可用钢材加防火保护层。另外，楼梯间的内装修采用 A 级材料。需要指出的是，开敞前室的阳台楼梯除要考虑一定的耐火能力外，还应该能承受较大的荷载，以免疏散人流挤集其上时产生塌落的危险。

6.2 前室

前室的功能是火灾烟气的隔离空间和人员滞留的暂避地，在发生火灾情况下，前室自身就是第二安全分区。因此要保证前室不得作其他房间使用。否则，会引发火灾，影响疏散安全。如石家庄某饭店，将客房层的服务台放在前室内，由于使用不当，服务台起火，并蔓延到电梯井。好在火灾发现早，扑救及时有效，没有形成太大的灾害。

我国规定楼梯间前室面积，公共建筑不小于 6m²，居住建筑不小于 4.5m²，与消防电梯合用前室时，公共建筑不小于 10m²，居住建筑不小于 6m²。

6.3 门窗洞口

分隔走道与前室、前室与楼梯的两道门应为耐火极限在 0.9h 以上的乙级防火门，封闭楼梯间的门亦同。各门开启的方向均须与疏散方向一致。楼梯间及防烟楼梯间前室的内墙上，除开设通向公共走道的疏散门外，不应开设其他房间的门、窗、洞口。

容易发生火灾的房间与前室直接相通，其洞口即便设置防火门窗，一旦发生火灾，易导致前室受到威胁，造成不良的后果。因此，必须尽力避免这种设计。

6.4 尺寸与面积

疏散楼梯的宽度及前室面积等应通过计算确定。其控制数据如下：梯跑和平台的宽度不宜小于 1.2m；踏步宽不宜小于 25cm；高不宜大于 20cm；防火门的宽度不宜小于 0.9m。疏散楼梯不应做扇形踏步，但踏步上下两级所形成的平面角不超过 10°，且每级离扶手 25cm 处的踏步宽度超过 22cm 时可以例外，疏散楼梯不允许做旋转式，但在个别层内兼起装饰作用时可予考虑。

6.5 燃气穿管

发生火灾时，楼梯间是高层建筑中唯一的垂直方向的安全通道，为了保证人员生命安全，要求煤气等可燃性气体管道不应穿越高层建筑的楼梯间，如必须局部穿过时，应增设钢质保护套管，并应符合现行国家有关标准的规定。

6.6 上下畅通

为了方便使用，要求从首层到顶层的楼梯间不改变位置，且首层应有直通室外的出口。但超高层建筑中的避难层，考虑防烟与避难的需要，可以在避难层错位。

同时，高层建筑的楼梯间，都要求通向屋顶。在高层建筑下部出现火灾、当烟火向上蔓延时，起火层以上各层人员不会穿越浓烟烈火向下避难，而大多会跑向屋顶。上海某楼房在火灾时，烟、火封住了楼梯、起火层以上各层的人员无法向地面疏散，只能从楼梯间冲向顶层，而顶层没有设通向屋顶的开口，致使逃向顶层的人，熏死在顶层的楼梯间。为了确保疏散安全，通向屋顶的疏散楼梯间不应少于两座，且不应穿越其他房间，通向屋顶的门应向屋顶方向开启。

6.7 附属设备

在疏散楼梯间门洞口醒目位置应装设诱导标志，前室和楼梯间内要设事故照明。封闭的前室内要有防烟措施，前室应设置消火栓及电话，以便灭火时能与防灾控制中心保持联系。应该指出，低层和多层建筑楼梯间常是建筑中唯一的垂直交通及疏散设施，并多为开敞式，消防队亦主要通过楼梯到上层扑救，故历来消火栓多设于楼梯间，以便上下层灭火时使用。高层建筑的楼梯间主要用于疏散，且必须封闭设置，因而消火栓不宜设于楼梯间。楼梯间及前室用正压方式阻挡烟气袭入时，开启着的门还会因漏气而使阻烟效果降低。

第 6 节* 避 难 层 （间）

1 设置避难层的意义

对于高度超过 100m 的超高层公共建筑来说，一旦发生火灾，要将建筑物内的人员全部疏散到地面是非常困难的，甚至是不可能的。加拿大有关研究部门根据测定与测算，提出了表 5-11 的数据，其研究条件是：大楼使用一座宽度为 1.1m 的楼梯，将不同楼层，不同的人数疏散到室外。

不同楼层、不同人数的高层建筑使用楼梯疏散需要的时间（min）　　表 5-11

建筑层数	每层 240 人	每层 120 人	每层 60 人	建筑层数	每层 240 人	每层 120 人	每层 60 人
50	131	66	33	20	51	25	13
40	105	52	26	10	38	19	9
30	78	39	20				

我国除 18 层及 18 层以下的塔式高层住宅和单元式高层住宅之外，其他高层民用建筑每个防火分区的疏散楼梯都不少于两座。因此，与表 5-11 相比，可使疏散时间减少 1/2。但是，当建筑高度在 100m （30 层）以上时，将人员疏散到室外，所需时间仍然超过安全允许时间。对于高度达 300~400m 的综合性超高层建筑，其内部从业及其他人员多达数万甚至超过 10 万，要将如此众多之人员在安全允许时间内疏散到室外，是绝对不可能的。

因此，对于建筑高度超过 100m 的公共建筑，设置暂时避难层（间）是非常必要的。

2 避难层（间）的设计要求

2.1 第一个避难层设置高度及避难层间距

从高层建筑的首层到第一个避难层之间，其楼层不宜超过 15 层。发生火灾时，聚集在第 15 层左右的避难层人员，若不能再经楼梯疏散，此时，就可利用云梯车将人员救助出来。目前一些城市的登高消防车，最大作业高度在 30～45m 之间，少数大城市的登高消防车在 50m 左右。

此外，根据各种建筑设备及管道等的布置需要，并考虑建成后使用与管理的方便，避难层之间的间隔楼层，大致在 15 层左右。这样，既可控制一个区间的疏散时间不致于过长，又能在较好的扑救作业范围内，同时可与设备层结合布置。

2.2 疏散楼梯在避难层的分隔与错位

对于大型超高层建筑来说，为避免防烟失控或防火门关闭不灵时，烟气波及整座楼梯，应采取楼梯间在避难层错位的布置方式。即到达避难层时，该楼梯竖井便告一"段落"，人流需转换到同层邻近位置的另一段楼梯再向下疏散。应注意的是，两楼梯间应尽量靠近，以免水平疏散时间过长；同时还应设置明确的疏散诱导标志，以便顺利地转移、疏散。

这种不连续的楼梯竖井能有效地阻止烟气竖向扩散，但会使设计、施工及疏散更加复杂，所以，应根据超高层建筑的规模、层数等综合研究，宜沿垂直每隔 2 个或 3 个避难层错位一次。疏散楼梯的分隔如图 5-24 所示。

2.3 避难层（间）面积

避难层（间）的面积，应按两避难层之间楼层的总避难人数计算确定。例如，某超高层建筑避难层间距为 15 层，每层的人数为 100 人。则总避难人数为 $100 \times (15-1) = 1400$ 人。

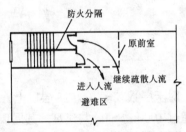

图 5-24 避难层疏散楼梯分隔示意

按照避难层（间）面积指标 5 人/m² 计算，则避难层的面积应为：$1400 \div 5 = 280m^2$。

应注意的是，避难层（间）的面积是净面积。

2.4 避难层与各种设备

2.4.1 避难层与设备层

避难层可与设备层结合布置。由于避难层与空调、上下水设备层的合理间隔层数比较接近，而设备层的层高一般较使用楼层低，二者结合布置，利用设备层这种非常用空间做避难层，是提高建筑空间利用率的一种较好途径。在设计时应该注意，各种设备、管道竖井等，应尽量集中布置，分隔成间，既可方便设备的维护管理，又可使避难层（间）面积充足、完整，方便避难使用。

2.4.2 避难层（间）应留消防电梯出口

超高层建筑火灾中，人们经过惊恐紧张的一段疏散后，年老、体弱、孕妇等往往会出现突发情况，需要消防人员的紧急救助。此外，火灾烟气，火焰的蔓延，往往也需要消防队员紧急扑救。所以，应留消防电梯出口，同时，也可兼作设备检修时的交通口。

2.4.3 避难层（间）应设消防专线电话和应急广播设备

避难层在火灾时停留为数众多的避难者，为了及时向防火中心和地面消防救灾指挥部反映情况，避难层应设与大楼防灾中心联接的专线电话，并宜设便于消防队无线电话使用的天线插孔。

此外，为了防灾中心和地面消防救灾指挥部组织指挥营救人员，发出解除火警信号等，避难层（间）应设有线广播喇叭。

2.4.4 避难层（间）应急照明

规模较大的超高层建筑的避难层，由于层高较低（一般 2.2～2.5m），即使在白天光线都较暗，而夜间避难则更不用说了。为了保障人员安全，消除和减轻人们的恐惧心理，避难层（间）应设事故照明，其供电时间不应小于 1h，照度不应低于 1lx。

2.4.5 避难层（间）的灭火设备

为了扑救超高层建筑中波及避难层（间）的火情，如，避难层之下层经外窗卷上来的火焰等，应配置消火栓及水枪接口等灭火设备。

2.4.6 封闭式避难层应设有独立的防烟设施

避难层有敞开式和封闭式两种。所谓敞开式避难层，指周边围护墙上开设的窗口（与其它标准层开窗相同）有的不设窗扇，有的设置固定金属百叶窗，这种敞开式避难层由于四周有窗洞或百叶窗，通风条件好，可以进行自然排烟。而封闭式避难层（间）在四周的墙上设有固定玻璃窗扇。为保证避难人员的安全，应设独立的防排烟设施，以确保避难层的安全。

第7节 辅 助 疏 散 设 施

1 屋顶直升飞机停机坪

对于层数较多（如 25 层以上）的高层建筑，特别是建筑高度超过 100m，且标准层面积超过 1000m² 的公共建筑，其屋顶宜设供直升飞机抢救受困人员的停机坪或供直升飞机救助的设施。从避难的角度而言，可以把它看作垂直疏散的辅助设施之一。利用直升飞机营救被困于屋顶的避难者，消防队员可从天而降，灭火救人。因此，从消防方角度来说，它是十分有效的疏散及灭火救援的辅助设施。

1.1 设置直升飞机停机坪的意义

利用直升飞机救助被困的避难者，并通过屋顶进入建筑内部灭火，已在世界众多的高层建筑火灾中得到证实。例如，巴西圣保罗市 31 层的安得拉斯大楼，屋顶设有直升飞机停机坪，1972 年发生火灾时，直升飞机从屋顶救出 410 人；哥伦比亚玻哥大市 36 层的航空大楼，1973 年发生火灾时，有数百人跑到屋顶避难，政府当局调用 5 架直升飞机，经过两个多小时救出 250 余人；1981 年智利桑塔玛利埃大楼发生火灾后，直升飞机悬停于屋顶，运送 300 多名消防员投入灭火，使火势很快得到控制。

与此相反，巴西圣保罗市焦玛大楼，1974 年发生火灾时，因屋顶未设直升飞机停机坪，而且火势迅猛，直升飞机无法靠近屋顶，致使在屋顶避难的 90 人死于高温浓烟之中。

1.2 直升飞机停机坪的设计要求

直升飞机是由于其翼面转动获得上升动力的飞机。直升飞机有以下三个特点：(1) 在较小的场地上能起飞和降落；(2) 具有施加动力于旋转机翼而悬停的能力；(3) 由地面上升时，具有以自身的动力滑行的能力。

屋顶直升飞机停机坪的设计要求如下：

1.2.1 起降区（直升飞机的起飞、着陆的场地）

起降区面积的大小，主要取决于可能接受直升飞机的机翼直径 D 与飞机的长度。为了直升飞机的安全降落，当采用圆形与方形平面的停机坪时，其直径或边长尺寸应等于直升飞机机翼直径 D 的 1.5 倍，当采用矩形平面时，则其短边尺寸不小于直升飞机的长度。并在距此范围 5m 之内，不应设高出平屋顶的塔楼、烟囱、旗杆、航标灯杆、金属天线等障碍物。民用直升飞机的技术数据如表 5-12 所示。

起降区场地的耐压强度，由直升飞机的动荷载、静荷载以及起落架的构造形式决定，同时考虑冲击荷载的影响，以防直升飞机降落控制不良，导致建筑物破坏。

接地区要设在起降区内，划出一定范围供直升飞机着陆。接地区宜在地面漆以实线，标出边界。

民用直升飞机技术数据 表 5-12

国名	直升飞机名称	驾驶员/乘客	尺　寸 (m)			总　重　量 (kg)
			旋翼直径	全长	总高	
英国	林克司	1/10	12.80	15.16	3.65	3628
法国	IISA-3180	5	10.20	9.70	2.76	1500
	IISA-3100	7	11.00	10.05	3.09	2100
	SA-321F	2/27	18.90	23.05	4.94	13000
德国	MBBBO-105	5	9.82	8.55	2.98	1070
意大利	A-109A	2/6	11.0	11.15	3.20	2300
	贝尔 212	1/14	14.63	17.40	4.40	5084
美国	205A-1	2/15	14.63	17.40	4.42	4300
	S-58T	2/12	18.90	22.12	5.18	8620
	S-61L	3/30	21.85	26.97	7.75	19050
中国	直五型	11-15	21.00	25.02	4.40	7600
前苏联	米-4	2/11	21.00	16.80	5.18	7200
	米-6	5/65	35.00	41.74	9.86	42500
	米-8	2/28	21.29	35.22	5.60	12000
	米-10	3	35.00	41.80	9.80	43700
	米-12	6	35.00	37.00	12.5	9700

1.2.2 设置待救区与出口

设置待救区，以容纳疏散到屋顶停机坪的避难人员。同时应用钢质栅栏等与直升飞机起降区分隔，防止避难人员拥至直升飞机处，延误营救时间，同时可以避免营救工作中不应有的伤亡事故。

由于火灾时，逃到屋顶避难的人员众多，待救区还应设置不少于 2 个通向停机坪的出口，且每个出口的净宽度不宜小于 0.90m。出口的门应按疏散门的要求设计。

1.2.3 夜间照明

为了保障直升飞机的夜间起降，完成抢险救灾任务，停机坪上要装设照明设施，以便夜间正常使用。例如，起降场地的边界灯、嵌入灯、着陆方向灯等。

1.2.4 设置灭火系统

用于扑救避难人员携带来的火种，以及直升飞机可能发生的火灾事故。

直升飞机停机坪的一般规定如图 5-25 所示。

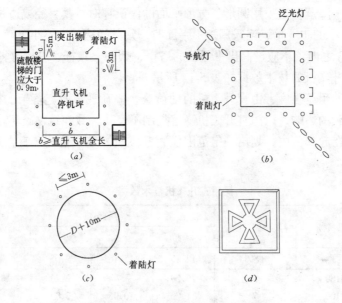

图 5-25　直升飞机停机坪的一般规定

2　阳　台　应　急　疏　散　梯

在高层建筑的各层设置专用的疏散阳台，其地面上开设洞口，用附有栏杆的钢梯（又称避难舷梯）连接各层阳台，如图 5-26 所示。

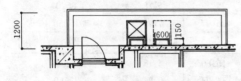

图 5-26　阳台应急疏散梯

采用这种疏散设施时，应以防火门将阳台和走道进行分隔。对阳台所在的墙面、防火门以及阳台、栏杆等的要求与室外疏散楼梯基本相同。这种阳台一般设置在袋形走廊的尽端，也可设于某些疏散条件困难之处，作为辅助性的垂直疏散设施。设置方式是在阳台上开设约 60cm×60cm 的洞口，火灾时人员可打开洞口的盖板，沿靠墙的铁爬梯或悬挂的软梯至下层，再转入其他安全区域疏散到底层。

需要注意的是，洞口盖板宜设自闭装置，人员通过后即能回弹关上，洞口在相邻层错位布置（即隔层相同），以避免一通到底而造成不安全感和意外事故。同时，距地 1.5m 以上的爬梯应设保护罩，防止人员未抓牢时仰面跌下。

除此之外，办公室或居室的一般阳台也能起到辅助疏散的作用。人员可以通过有联系的阳台，如连通式阳台，也可用较宽的水平遮阳板来联系，从起火的房间或单元先转换到另一房间或单元，然后再向安全区域疏散。

3　避　难　桥

这种桥分别安装在两座高层建筑相距较近的屋顶或外墙窗洞处，将两者联系起来，形成安全疏散的通道。避难桥由梁、桥面板及扶手等组成，如图 5-27 所示。

为了保证安全疏散，桥面的坡度要小于 1/5，当坡度大于 1/5 时，应采取阶梯式踏步。有坡度的板面要有防滑措施，桥面与踢脚之间不得有缝隙。踢脚板的高度不得小于

10cm，扶手的高度不应低于 1.1m，其支杆之间的距离不应大于 18cm。避难桥要用不燃烧的钢、铝合金等金属材料制作，其设计荷载一般按 3.5kN/m² 计算，并控制其挠度不得超过 1/300。

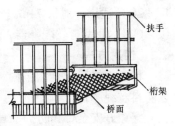

图 5-27　避难桥示意

避难桥一般适用于建筑密集区，两座高度基本相当而距离较近的高层建筑，也可一座为高层建筑，相邻一座为多层建筑，特别适用于人员较多而安全出口数量少的建筑，如某座多层公共建筑，中间层改作对外营业的酒吧、餐厅后，而对外的安全出口未增加，一次酒席间发生火灾，由于疏散出口不够，结果造成了伤亡事故。建筑用途改变后，若能用避难桥与相邻建筑连通，则可避免此类灾难。

4　避难扶梯

这种梯子一般安装在建筑物的外墙上，有固定式和半固定式，其构造图如 5-28 所示。

为了保证疏散者的安全，踏板面的宽度不小于 20cm，踏步高度不超过 30cm，扶梯的有效宽度不小于 60cm，扶手的高度不小于 70cm，当扶梯高度超过 4m，每隔 4m 要设一个平台，平台的宽度要在 1.2m 以上。扶梯应采用钢、铝合金等不燃材料制作，并要具有一定的承载能力，踏板的设计荷载不应低于 1.3kN/m²，平台的设计荷载应按 3.5kN/m² 计算。

5　避难袋

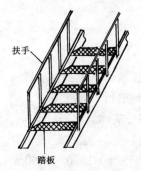

图 5-28　避难扶梯示意

避难袋可作为一些高层建筑的辅助疏散设施。避难袋的构造共有三层，最外层由玻璃纤维制成，可耐 800℃ 的高温；第二层为弹性制动层，能束缚住下滑的人体和控制下滑速度；最内层张力大而柔软，使人体以舒适的速度向下滑降。

避难袋可以用在建筑物的外部或内部。用于建筑物外部时，装设在低层部分窗口处的固定设施内，失火后将其取出向窗外打开，即可通过避难袋滑到室外地面脱离危险。当用于建筑物内部时，避难袋设于防火竖井内，人员打开防火门进入按层分段设置的袋中之后，即可滑到下一层或下几层。

6　缓降器

GZH-10 型高层建筑自救缓降器，是从高层建筑下滑自救的器具，操作简单，下滑平稳。消防队员还可带着一人滑至地面。对于伤员、老人、体弱者或儿童，可由地面人员控制而安全降至地面，也可携带物品下滑或停顿在某一位置上，因此，它又是消防队员在火灾中抢救人员和物资时随身携带的器具。

6.1　构造与技术性能

（1）GZH-10 型高层建筑自救缓降器，主要由摩擦棒、套筒、自救绳和绳盒等组成，国内生产的缓降器根据自救绳分为三种规模：

6～10 层适用，绳长 38m；

11～16 层适用，绳长 53m；

16~20 层适用，绳长 74m。

（2）GZH-10 型自救缓降器，其技术性能如表 5-13。

6.2 使用方法

（1）将自救绳和安全钩牢固地系在楼内的固定物上，把垫子放在绳子和楼房结构中间，以防自救绳摩损。

（2）穿戴好安全带和防护手套，然后携带好自救绳盒或将盒子抛至楼下。

GZH-10 型自救缓降器技术性能 　表 5-13

型号	最大下滑重量 （kg）	自救绳极限 拉力 （kN）	安全绳拉力 极限 （kN）	人控制下滑力 （kN）	使用高度 （m）	耐温（℃）	
						自救绳	安全带
GZH-10	1.50	5.00~6.23	6.50	<0.15	38 53 74	200	100

（3）将安全带和缓降器的安全钩挂牢。

（4）一手握住套筒，另一手拉住由缓降器下引出的自救绳，然后开始下滑。

（5）速度控制。放松为正常下滑速度，拉紧为减速直至停止。

（6）第一个人滑到地面后，第二人方可开始使用。

第 8 节 　消 防 电 梯

1 　消防电梯的设置范围

高层建筑发生火灾时，要求消防队员迅速到达高层部分去灭火和援救遇险人员。从楼梯而上要受到疏散人流的阻挡，且通过楼梯登高后体力消耗大，难以有效地进行灭火战斗。

我国《高层民用建筑设计防火规范》（GB50045—95）规定一类公共建筑、塔式住宅、12 层及 12 层以上的单元式住宅和走廊式住宅以及高度超过 32m 的其他二类公共建筑，其高层主体部分最大楼层面积不超过 1500m² 时，应设不少于一台消防电梯，1500~4500m² 应设两台，超过 4500m² 则应设三台；高度超过 32m 的设有电梯的厂房、库房应设消防电梯。消防电梯可与客梯或工作电梯兼用，但应符合消防电梯的功能要求。

2 　消防电梯防火设计要求

2.1 　消防电梯要分别设在不同的防火分区里

在同一高层建筑里，要避免两台以上的消防电梯设置在同一防火分区内。这样，其他防火分区发生火灾时，难以有效地利用消防电梯扑救火灾。

2.2 　消防电梯前室

消防队员到达起火楼层之后，应有一个较为安全的场所，设置必要的灭火或营救伤员的器材。并能方便地使用设在前室的消火栓，进行火灾扑救。消防电梯要设置前室，这个前室和防烟楼梯的前室相同，具有防火、防烟的功能。

为使楼层的平面布置紧凑，便于消防电梯满足日常使用，消防电梯和防烟楼梯间可合用一个前室。

消防电梯前室面积，居住建筑为不应小于 4.5m²，公共建筑不应小于 6m²。如前所述，当消防电梯与防烟楼梯间合用一个前室时，居住建筑不应小于 6m²，公共建筑不应小于 10m²。消防电梯与防烟楼梯间合用前室的布置如图 5-29 所示。

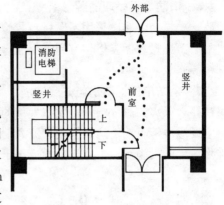

图 5-29　消防电梯与防烟楼梯间

消防电梯间前室宜靠外墙设置。这样，可以直接对外开设窗户进行自然排烟，一般情况下基本上能满足使用要求。前室在首层时，门开设在外墙上最为理想。但设有裙房时，要求从前室门口到外部出口之间有长度不超过 30m 的走道相连通。目的是使消防队员能尽快经过消防电梯到达起火楼层。

当前室因条件限制，不能采用自然排烟时，应采用机械防烟。同时，还须设消防专用电话，操纵按钮和紧急照明等。在前室应设置消防供水竖管与水带结合器、消火栓和事故电源插座，但为了防止使用水枪时不能关上防火门而导致烟气袭入，应在防火门下部设有活动盖板的小孔（可安装弹簧合页），以供水枪穿过，这样，即使消防队员在灭火过程中，前室依然是一个封闭的无烟空间，有利于消防员的安全。

2.3　消防电梯载重量、尺寸与行驶速度

为了满足消防扑救工作的需要，消防电梯应选用较大的载重量，一般不应小于 8kN，且轿箱尺寸不宜小于 1.5m×2m。这样，火灾时可以将一个战斗班的（8 人左右）消防队员和随身携带的装备运到火场，同时可以满足用担架抢救伤员的需要。

为了尽快地把高层建筑火灾扑灭在火灾初期，《高层民用建筑防火规范》（GB0045—95）规定，消防电梯的行驶速度，应按从首层到顶层的运行时间不超过 60s 计算确定。

例如，某高层建筑的高度为 100m，则消防电梯的速度应为 100÷60＝1.6m/s。

又如，某高层建筑的高度为 180m，则消防电梯的速度应为 180÷60＝3.0m/s。

2.4　消防电梯的机房与井道

消防电梯机房的墙体应耐火 2h 以上，楼板应耐火 1h 以上，与普通电梯机房应采用必要的防火分隔措施，一般用防火墙将二者隔开，如在防火墙上开门，必须采用耐火 1.2h 以上的甲级防火门。

消防电梯井要单独设置，井壁的耐火极限要在 2h 以上，并在其顶部宜设置排除烟热的装置，如设 0.1m² 左右的排烟口，或设排烟风机等。

2.5　消防电源及附设操作装置

消防电梯的动力与控制电线宜采取防水措施，以防消防救火用水导致电源线路泡水而漏电，影响救火使用。

消防电梯除了正常供电线路之外，还应有事故备用电源，使之不受火灾时停电的影响。

消防电梯要有专用操作装置，该装置可设在防灾中心，也可以设在消防电梯首层的操作按钮处。当消防队员操作此按钮时，消防电梯立即回到首层或指定楼层，事故电源启动，排烟风机开启等。

此外，电梯轿厢内要设专线电话，以便消防队员与防灾中心、火场指挥部保持通话联系。

2.6 消防电梯轿厢的装修

消防电梯的轿厢应采用不燃材料装修。因为消防电梯轿厢在火灾时要停留或穿行火灾层，采用不燃材料做装修，有利于提高自身的安全性，应优先考虑用不锈钢、铝合金等不燃材料装修。

2.7 消防电梯间防水与井底排水

在扑救火灾的过程中，可能有大量的消防用水浸入电梯井，为此，消防电梯前室入口处，应设缓坡等阻挡消防灭火用水流入消防电梯井；同时，要在消防电梯井底设计积水坑和排除污水的设施。污水井容量不应小于 $2m^3$，水泵的排水量不应小于 $10L/s$。

第9节* 安全疏散设计举例

1 日本东京有乐町中心大厦

有乐町大厦9～10层设有中小电影院4座，其中2座只有池座（仅在9层），另外2座还设有楼座（即9层、10层），如图5-30所示。

疏散楼梯与7层以下商场的位置相同，各座电影院以走廊前厅作为安全区，并与四角的疏散楼梯相连接。各个电影院出入口前的大厅，如同电影院街道一样，作为平常人员流通路线，同时作为火灾时重要的疏散路线。此外，电影院增设的P、Q两座楼梯，可通往8层避难层，既可做日常客用楼梯，又可在火灾时避难使用，但疏散计算时并未计入，而

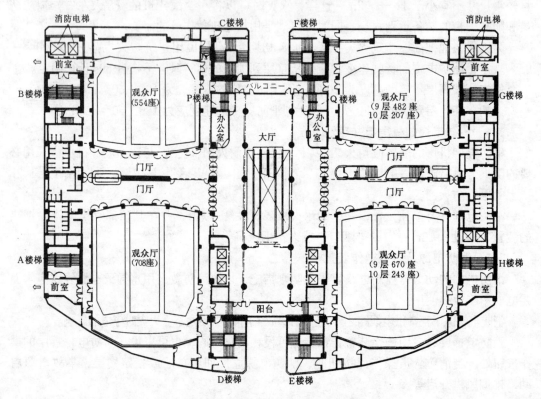

图 5-30 日本东京有乐町中心大厦电影院平面

是作为安全储备。

各个电影院的观众厅作为单独防火分区处理,其空调、通风设备兼作排烟设备。其他的门厅、走廊部分设一般机械排烟系统。

日常频繁使用的自动扶梯周围设计为安全走廊(第一安全区),与走廊连接处布置疏散楼梯,两个建筑块体之间连系地带约4m宽,其中一半作为室内安全走廊,剩余一半做为阳台,与室外大气连通,并连接两个疏散楼梯间。

图5-31是第8层避难层的平面图。从结构上,该层设计为防灾的缓冲区,9层以上各电影院及集会场所的人员在火灾时可到该层暂时避难。该层中心部分为大厅和大厦管理用房,周边是与大气连通的避难回廊。该层楼板采取耐火处理,其耐火构造要求是,若第7层发生的火灾持续3h,第8层地面温度不得超过40℃。

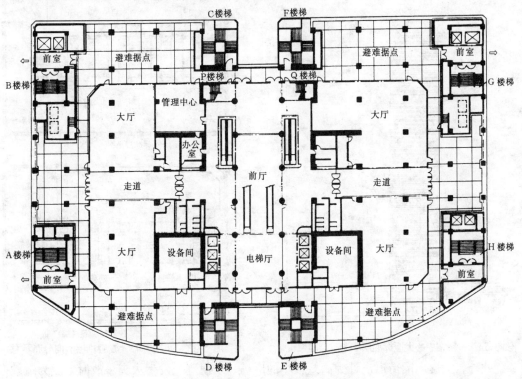

图 5-31　日本东京有乐町中心厦避难层

2　日本新宿中心大厦

日本新宿中心大厦占地面积 14920m², 总建筑面积 183063m², 地上 55 层,地下 5 层,塔楼 3 层,高度 222.95m。基础及地下 4 层以下为钢筋混凝土结构,地下 3 层~地下 1 层为钢与钢筋混凝土结构,地上为钢结构。该大厦上部为餐厅,中部为写字楼,地下为商场、停车场。

日本新宿中心大厦的防火疏散设计原则是,确保安全,排除灾害的主要因素,采取早期预防对策,加强防火管理。设计时认真研究了防烟楼间前室及楼梯间加压防烟方式、中间设备层兼作避难层等问题。

根据各楼层使用功能的不同，将走廊、疏散楼梯间前室作为安全区进行防火、防烟分隔，使人们能够向安全性逐渐提高的场所疏散，并以建筑平面上各点能有两个方向疏散为目标，增设小楼梯，到达中间的避难层，再换疏散楼梯避难。设备层设室外回廊，宽1.2m，既可临时避难，同时可利用连通的疏散楼梯疏散。在东侧疏散楼梯前室进行加压，防止火灾时烟气进入前室。西侧疏散楼梯在楼梯间进行加压，在前室自然排烟，保护楼梯间、前室不进烟气。为了防止超高层建筑楼梯间的烟囱效应，每隔13层在楼梯平台处用防火门进行分隔，而且，每天操作排烟风道在各层分支处的感烟联动防火阀门，以提高防火阀门的可靠性。

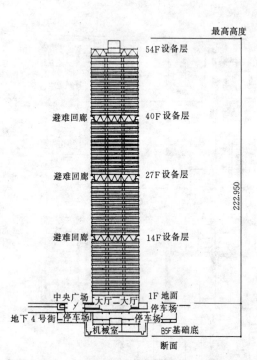

图5-32　新宿中心大厦标准层和避难层疏散设计　　图5-33　新宿中心大厦避难层竖向分布示意

　　此外，大厦周围街道设计为高差很小的广场，以便万一发生火灾事故时，成为疏散人员、消防队救灾的场所。地下商场设计直通室外广场的楼梯，高层建筑的地下层，与其他地下空间的疏散路线分别设计，以防止火灾时人流交差，发生混乱。

3　安全疏散设计图例

　　在实际的建筑设计中，当设计者根据地形、周围环境、建筑设计任务书、城市规划要求等在构思方案时，对建筑造型、体量及平面功能安排、空间布局、结构及柱网、细部处理等均做了一定的分析后，以草图形式初步勾画出能表达意图的方案。在勾画平面入口、门厅、主要房间的同时，设计者应根据有关规范，对安全疏散做出合理的安排，并不断调整完善，直到成熟。

　　面对各种类型的民用及工业建筑，面对不同层次的多层、高层建筑，虽然防火处理方法不同，但就总体而言，共同的目标是力争防火安全。

板式和点式建筑是建筑设计中常用的两种基本布置格局。一般说来，板式建筑长度长，易于满足功能、通风采光及造型的要求，楼梯间也好布置，可靠外墙，便于排烟（图5-34、图5-35）。缺点是走廊长，相对疏散时间也长。楼梯、电梯的位置决定了防火疏散的方向。

点式建筑长宽尺度变化幅度小，平面形状变化多，体型丰富。其设计特点是交通疏散部分可相对集中，并可灵活布置。如图5-36~图5-44所示。

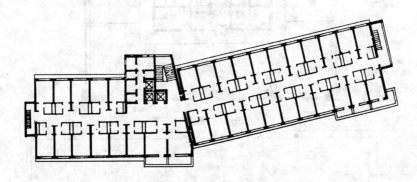

图 5-34　多层板式建筑

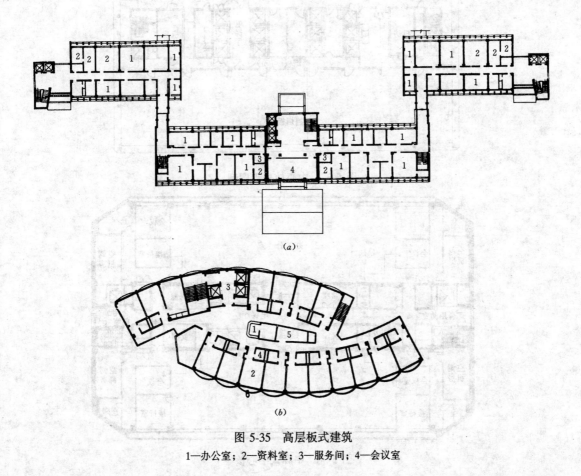

(a)

(b)

图 5-35　高层板式建筑

1—办公室；2—资料室；3—服务间；4—会议室

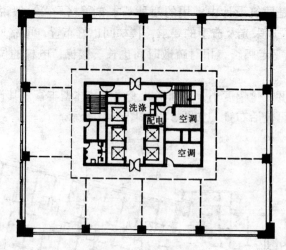

图 5-36 中筒型中心核

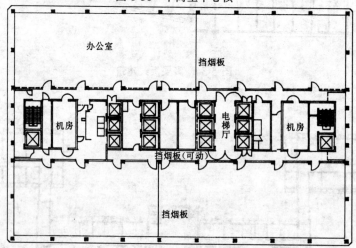

图 5-37 中心核外走廊型

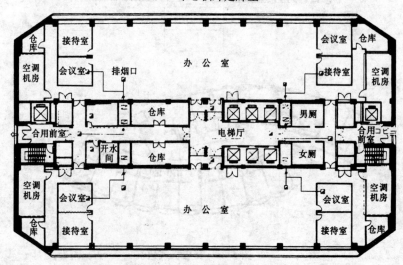

图 5-38 中廊式中心核

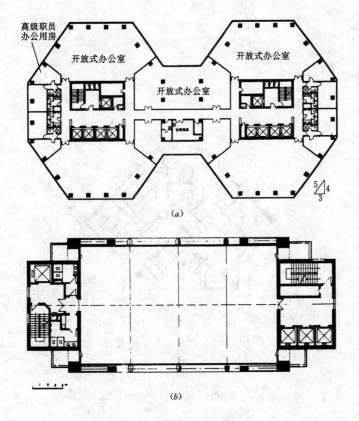

图 5-39 对称中心核

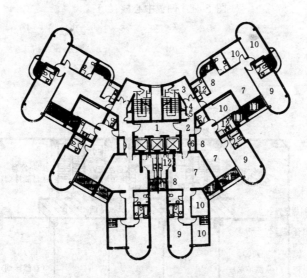

图 5-40 采用自然采光通风的偏置中心核
1—电梯厅兼前室；2—过厅；3—前室；4—风管井；5—水管井；
6—电缆井；7—客厅；8—餐厅；9—主卧室；
10—卧室；11—阳台；12—厨房

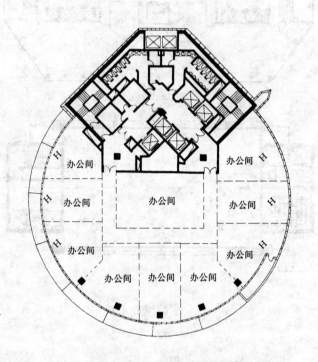

图 5-41　偏置中心核（1）

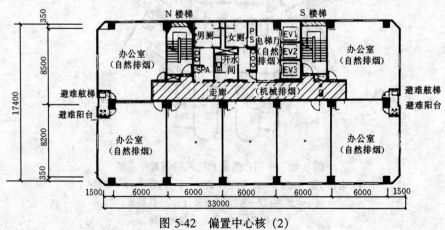

图 5-42　偏置中心核（2）

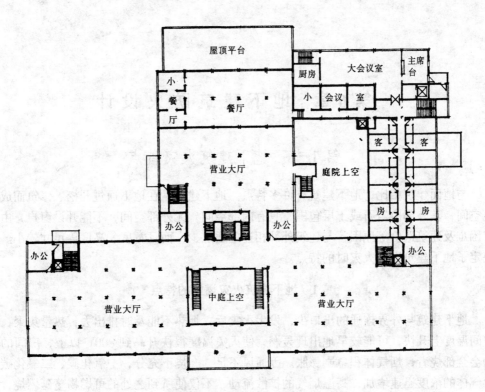

图 5-43　分散中心核（1）

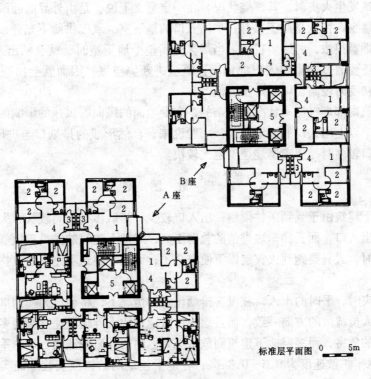

标准层平面图　0　　5m

图 5-44　分散中心核（2）

1—客厅；2—卧室；3—厨房；4—饭厅；5—电梯厅

第6章 地下建筑防火设计

第1节 地下建筑火灾特点

与地面建筑相比,地下建筑有许多特点。地下建筑是在地下通过开挖、修筑而成的建筑空间,其外部由岩石或土层包围,只有内部空间,无外部空间,不能开设窗户,由于施工困难及建筑造价等原因,与建筑外部相连的通道少,而且宽度、高度等尺寸较小。由此决定了地下建筑发生火灾时的特点。

1 地下建筑火灾燃烧的特点

地下建筑与外界连通的出口少,发生火灾后,烟热不能及时排出去,热量集聚,建筑空间温度上升快,可能较早地出现轰燃,使火灾温度很快升高到800℃以上,房间的可燃物会全部烧着,烟气体积急剧膨胀。因通风不足,燃烧不充分,一氧化碳、二氧化碳等有毒气体的浓度迅速增加,高温烟气的扩散流动,不仅使所到之处的可燃物蔓延燃烧,更严重的是导致疏散通道能见距离降低,影响人员疏散和消防队员救火。

地下建筑发生火灾时,其燃烧状况,在一定意义上说,是由外界的通风所决定的。由于出入口数量少,特别是对于只有一个出入口的地下室,氧气供给不充分,发生不完全燃烧,火灾室烟雾很浓,并逐步扩散,当烟雾充满整个地下室时,就会从出入口向外排烟。另一方面,还要通过这个出入口向地下建筑流进新鲜空气。因而就会出现中性面,其位置,在火灾初期时较高,以后逐步降低。

地下建筑内部烟气流动状况是复杂的,它受地面的风向、风速的影响而变化。尤其是对于具有两个以上出入口的地下建筑,一般说来,自然形成的排烟口与进风口是分开的,而且,当开口较多时,火灾燃烧速度也比较快。

2 疏 散 困 难

(1)地下建筑由于受到条件限制,出入口较少,疏散步行距离较长,火灾时,人员疏散只能通过出入口,而云梯车之类消防救助工具,对地下建筑的人员疏散就无能为力。地面建筑火灾时,人只要跑到火灾层以下便安全了,而地下建筑不跑出建筑物之外,总是不安全的。

(2)火灾时,平时的出入口在没有排烟设备的情况下,将会成为喷烟口,高温浓烟的扩散方向与人员疏散的方向一致,而且烟的扩散速度比人群疏散速度快得多,人们无法逃避高温浓烟的危害,而多层地下建筑则危害更大。国内外研究证明,烟的垂直上升速度为3~4m/s,水平扩散速度为0.5~0.8m/s;在地下建筑烟的扩散实验中证实,当火源较大时,对于倾斜面的吊顶来说,烟流速度可达3m/s。由此看来,无论体力多好的人,都无法跑过烟的。

（3）地下建筑火灾中因无自然采光，一旦停电，漆黑中又有热烟等毒性作用，无论对人员疏散还是灭火行动都带来了很大困难。即使在无火灾情况下，一旦停电，人们也很难摸出建筑之外。国际上的研究结论认为，只要人的视觉距离降到 3m 以下，逃离火场就根本不可能。

（4）地下建筑发生火灾时，会出现严重缺氧，产生大量的一氧化碳及其他有害气体，对人体危害甚大。地下建筑中发生火灾时，造成缺氧的情况比地面建筑火灾严重得多。

3 扑 救 困 难

消防人员无法直接观察地下建筑中起火部位及燃烧情况，这给现场组织指挥灭火活动造成困难。在地下建筑火灾扑救中造成火场侦察员牺牲的案例不少。灭火进攻路线少，除了有数的出入口外，别无他路，而出入口又极易成为"烟筒"，消防队员在高温浓烟情况下难以接近着火点。可用于地下建筑的灭火剂比较少，对于人员较多的地下公共建筑，如无一定条件，则毒性较大的灭火剂不宜使用。地下建筑火灾中通讯设备较差，步话机等设备难以使用，通讯联络困难，照明条件比地面差得多。由于上述原因，从外部对地下建筑内的火灾要进行有效的扑救是很难的，因此，要重视地下建筑的防火设计。

第 2 节 地下建筑的防火设计

从我国目前地下建筑的建设和使用情况来看，地下商业街已经在一些大城市规划建设，并且，今后随着城市用地紧张、节约能源来看，还会有一定程度的发展，而大量投入使用的是由人民防空地下设施改造的、平战结合的地下建筑。目前，我国对地下建筑设计防火问题，没有相应规范，也缺乏有关的研究设计资料，已经投入使用的地下建筑，缺乏强有力的防火管理措施，消防设备不足，大量使用火源、电源，火灾隐患很多，有的甚至发生大火，造成严重损失。

地下建筑防火设计，要坚持"预防为主，防消结合"的方针，从重视火灾的预防和扑救初期火灾的角度出发，制定正确的防火措施，建设比较完善的灭火设施，以确保地下建筑的安全使用。

1 地下建筑的使用功能和规模

（1）人员密集的公共建筑应设在地下一层。如影剧院、地下游乐场、溜冰场等，为了缩短疏散距离，使发生火灾后人员能够迅速疏散出来，应设在地下一层，不宜埋设很深，更不能设在地下深层。例如，南昌市福山地下建筑中，把游乐场、舞厅等设在地下三层，虽说 1988 年 9 月 15 日的火灾没有烧及，但万一发生事故，人员疏散距离长，通道狭窄，缺少照明，将会造成重大伤亡。商业和服务行业为主的、流动人员较多的地下街一般应设在地下一层，而且应该浅埋。日本的大城市（百万人口以上）都有地下街，有的中等城市也有地下街。并且和地下铁道、车站的地下层相连通，一般都设在地下一层；地下二层是地下铁道或高速公路在市区的地下通道、地下车库等；第三层一般是设备层，如通风设备、污水沟、电缆沟等。日本消防法规中，明确规定，地下街只能设在地下一层，而且还规定，埋设深度超过 5m 时，人员上行设自动扶梯，当深度超过 7m 时，必须设上、下行自动扶梯。从我国具体情况来看，这样做在经济上尚有困难，但从人员的疏散安全的观点出发，人员密集的建筑应尽量浅埋。另外，超过两层（有的超过三层）的地下建筑，应设防烟楼梯，防烟楼梯除本身能"封闭"外，应设送风加压防烟系统和排烟系统，以确保疏散楼梯的安全。

（2）甲、乙类生产和贮存物品不应设在地下建筑内，这是我国现行建筑设计防火规范中规定的。一般说来，甲、乙类易燃易爆物品，着火后燃烧异常迅速猛烈，甚至发生剧烈爆炸。地下建筑发生爆炸事故后，消防施救困难，更为严重的是，一些附建式地下建筑发生爆炸后，由于地下建筑泄压困难，冲击波会把建筑物摧毁，造成的后果是相当严重的。我国这类教训很多。如某地下建筑，由于相邻地面汽油库漏油，汽油渗到地下建筑中挥发，达到了爆炸极限浓度，后因拉电灯的开关时打出火花，造成爆炸，而且是连续的爆炸，每爆炸一次，建筑物爆开一个洞，进一些空气，再爆炸一次，又进一些空气，就这样一直延续了几个小时，直到汽油的挥发气体燃烧完为止。

2 地下建筑的防火分区设计

如前所述，已经投入使用的地下建筑，有的规模大，层数多，而且大多用于商业服务业，有的甚至用于文化娱乐等人员密集的公共设施。对于这样的大型地下建筑，由于人员密集，可燃物较多或火灾危险性较大，应该划分成若干个防火分区，对于防止火灾的扩大和蔓延是非常必要的，一旦发生火灾，能使火灾限制在一定的范围内。

从减少火灾损失的观点来说，地下建筑的防火分区面积以小为好，以商业性地下建筑为例，如果每个店铺都能形成一个独立的防火分区，当发生火灾时，关闭防火门或防火卷帘，防止烟火涌向中间的通道，可以使火灾损失控制在极小的范围内。然而，从建设费用来看，造价就要提高，实际建造和使用也有一定困难。因此，还要把若干店铺划分在一个防火分区内，如图 6-1 所示。若把地下建筑的中间人行通道设计成能够从相邻防火分区进风的形式，则某一分区发生火灾，烟和热气就不会从人行道流到相邻防火分区内，并且可以作为辅助疏散出口、消防队员入口等。为此，要尽可能把防火分隔部位的通道设窄一些，并在其上设置挡烟垂壁，只留出人们能够通行的高度。例如，可以从分隔走道的防火墙两侧各设一扇折叠式防火门，中间部分用防火卷帘加水幕分隔，防火卷帘平时放下到距地板面 1.8m 高处，使人员能够正常通行，要具有一定的耐火能力，店铺面向人行道时，宜设防火卷帘，并最好能有水幕保护。

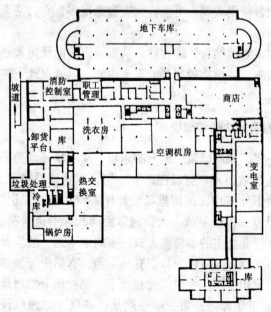

图 6-1 地下建筑的防火分区设计示意

地下建筑防火分区的划分，应比地

146

面建筑要求严些。视建筑的功能，防火分区面积一般不宜大于 $500m^2$，但设有可靠的防火灭火设施，如自动喷水灭火系统时，可以放宽，但不宜大于 $1000m^2$，而对于商业营业厅、展览厅等特殊用途的地下建筑，可达到 $2000m^2$。

3　地下建筑的防排烟

地下建筑没有别的开口，火灾时通风不足，造成不完全燃烧，产生大量的烟气，充满地下建筑，涌入地下人行通道。而且，地下通道狭窄，烟层迅速加厚，烟流速度加快，对人员疏散和消防队员救火均带来极大困难。所以，对于地下建筑来说，如何控制烟气流的扩散，是防火问题的重点。

3.1　地下建筑的防烟分区

地下建筑的防烟分区应与防火分区相同，其面积不应超过 $500m^2$。且不得跨越防火分区。在地下商业街等大型地下建筑的交叉道口处，两条街道的防烟分区不得混合，如图 6-2 所示。这样，不仅能提高相互交叉的地下街道的防烟安全性，而且，防烟分区的形状简单，还可以提高排烟效果。

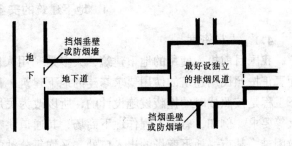

图 6-2　交叉道口处的防烟分区设计

地下建筑的防烟分区大多数用挡烟垂壁形成，其蓄烟量是很有限的。研究表明，当火灾发展到轰燃期时，由于温度升高，发烟量剧增，防烟分区贮蓄不了剧增的烟量，所以，一般与感烟探测器联动的排烟设备配合使用。

3.2　排烟口与风道

地下建筑的每个防烟分区均应设置排烟口，其数量不少于 1 个，其位置宜设在吊顶面上或其他排烟效果好的部位。排烟口的形状，当采用机械排烟时，最好能与挡烟垂壁相互配合，设计为与地下走道垂直的，长度与走道宽度相同的排烟口。而且，若使排烟口处的吊顶面比一般吊顶面凹进去一些，则排烟效果会更好。

为了防止烟气扩散，提高防烟、防火安全性，要求地下建筑内的走道与房间的排烟风道，要分别独立设置。

3.3　自然排烟

当排烟口的面积较大，占地下建筑面积的 1/50 以上，而且能够直接通向大气时，可采用自然排烟的方式。

设置自然排烟设施，必须注意的问题是，要防止地面的风从排烟口倒灌到地下建筑内。为此，排烟口应高出地表面。以增加拔烟效果，同时要做成不受外界风力影响的形状。

特别是对于安全出口，一定要确保火灾时无烟。然而，采用自然排烟方式是不

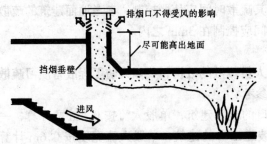

图 6-3　安全出口处的自然排烟构造

能控制烟的流动方向的，所以，实际上安全出口可能成为排烟口，就会对人员疏散和消防队员救火带来极大困难。为此，在安全出口设置自然排烟时，按图6-3的构造设计。

3.4　机械排烟

地下建筑机械排烟的方式，一般应采用负压排烟，造成各个疏散口正压进风的条件，确保楼梯间和主要疏散通道无烟。地下建筑内设置排烟设施的部位，主要是走道和楼梯间及较大的房间。

3.5　防烟楼梯间

对于埋置较深或多层地下建筑，还必须设防烟楼梯间，并在防烟楼梯间设独立的进、排风系统。关于防烟楼梯间的设计要求，详见第5章第5节。

4　地下建筑的安全疏散

4.1　人员密度

我国目前投入使用的地下建筑，大多是利用人民防空地下工程加以改造、装修而成，而真正按照民用建筑的使用要求修建的地下建筑，目前还处于起步阶段。由于人民防空地下工程是按照战时的掩蔽设施设计的，所以改为民用时就很难满足采光、通风、卫生、防火等要求。例如，有的工程作地下商场，其通道狭窄，人员密集，照明设施差，通行、疏散困难。某市一地下商场的出入口处，平均每分钟的人员流量多达100多人，平时商场每天有顾客5万人次，节假日每天则达10~12万人次。还有一些地下建筑用作影剧院、游乐场等，其人员密度也是相当大的。地下建筑中人员密度的大小是决定疏散设计的一个基本要素。人员密度大，疏散速度就慢。一些地下建筑出入口数量本来就不足，有关管理部门从防盗角度出发，还把一些出入口上了锁，万一发生火灾，将使内部人员无法逃出，甚至会出现惊恐、拥挤、踩死、踩伤等意外事故，同时外部的消防人员也难以及时进入内部救火，延误战机。

4.2　疏散时间

疏散时间是安全疏散设计的基本指标之一。发生火灾以后，就应使人员能在较短的时间内通过疏散口从危险地点疏散到安全地点——地面或避难处。因此，到安全出口的最大步行距离、通道的宽度、出口数量，都必须从安全疏散时间的要求出发来确定。日本学者认为，地下建筑疏散时间应在3min之内。若3min还不能从火灾区疏散至安全地带，人员就很危险。我国有关部门在几个地下电影院做过几次实测试验，从人员开始疏散到疏散结束大体在3~4min（其中有的门没有打开，或有的出入口疏散出的人数很少），其中大多数建筑物的出入口设计宽度都能满足，但有的建筑却差得很多。对于地下建筑来说，由于烟热的危害性大，在考虑人员安全疏散时，其疏散时间应从严控制，参考地面建筑的疏散时间及国外有关资料，我国地下建筑疏散时间应控制在3min之内。

4.3　疏散速度

目前，国内还没有火灾情况下地下建筑人员疏散的数据，我国人防工程战备演习疏散中的实测人员流通量，如表6-1所示，仅作参考。

根据表6-1的流通能力，对于阶梯式出口的地下建筑，单股人流按0.6m宽计算，一般可取20~25人/（股·min），水平出口和坡道出口的建筑，单股人流宽度按0.6m计算时，一般可取40~50人/（股·min）。

我们在参考上述数值时，应该考虑地下建筑在无自然采光的条件下，疏散速度会小些，尤其是火灾时，由于正常电源被切断，在事故照明的条件下，疏散速度会小得多。

人防工程战备疏散流通量   表 6-1

序号	试验地点	参加人数	工事出口总数	出口形式	人流股数	通过时间 (min)	流通能力 （人/min）
1	某地道	3700	18	阶梯式	单	10	20
2	某干道地道	23000	112	阶梯式	单	10	20
3	某公司地道	1800	8	阶梯式	单	10	22
4	某地道	10000	85	阶梯式	单	6	20～30
5	某公司地道	700	2	斜坡道	单	7	50

注：单股人数按 0.6m 宽计算。

4.4　疏散距离与出入口数量

地下建筑必须有足够数量的出入口。我国规定：

（1）一般的地下建筑，必须有两个以上的安全出口，对于较大的地下建筑，有两个或两个以上防火分区且相邻分区之间的防火墙上设有防火门时，每个防火分区可分别设一个直通室外的安全出口，以确保人员的安全疏散。

（2）电影院、礼堂、商场、展览厅、大餐厅、旱冰场、体育场、舞厅、电子游艺场，要设两个及以上直通地面的安全出口。坑道、地道也应设有两个及两个以上的安全出口，万一有一个出口被烟火封住，另有一个出口可供疏散，以保证人员安全脱险。

（3）使用面积不超过 $50m^2$ 的地下建筑，且经常停留的人数不超过 15 人时，可设一个直通地上的安全出口。

（4）为避免紧急疏散时人员拥挤或烟火封口，安全出口宜按不同方向分散均匀布置，且安全疏散距离要满足以下要求：

①房间内最远点到房间门口的距离不能超过 15m；

②房间门至最近安全出口的距离不应大于表 6-2 的要求。

安全疏散距离（m）　　表 6-2

房间名称	房门口到最近安全出口的最大距离	
	位于两个安全出口之间的房间	位于袋形走道两侧或尽端的房间
医院	24	12
旅馆	30	15
其他房间	40	20

（5）直接通向地面的门、楼梯的总宽度应按其通过人数每 100 人不小于 1m 计算；每层走道的宽度应按其通过人数每 100 人不小于 1m 计算。

电影院、礼堂、商场、大餐厅、展览馆、旱冰场、舞厅、电子游艺场的直通地面出口净宽不应小于 1.8m，楼梯净宽不应小于 1.5m。

（6）设在地下的电影院、礼堂、观众厅内走道的宽度、观众厅的座位布置、疏散出口的构造等，可参照第 5 章设计。

4.5　疏散标志

对于地下建筑来说，一个很麻烦的问题是，人们容易失去辨别方向的能力。这不仅在地下建筑中，即使在地面的大型建筑中，当把窗口的光线堵上时，人们就会有辨不清方向的感觉。无窗建筑、巨型商场等，也会出现这样的情况。

是否设有明确的疏散标志，对于地下建筑发生火灾的紧急情况来说，是十分重要的。疏散标志设置的高度，要以不影响正常通行为原则，以距离地面1.8m以上为宜，但不宜太高。设置位置太高，则容易被聚集在顶棚上的烟气所阻挡，较早失去作用。另外，最好用高强玻璃在地板上设发光型疏散标志。由于火灾时，烟气浓度随着高度降低而减小，所以设在地板上的标志，在相当长的时间内是可以看清楚的。

第 7 章 建筑内部装修防火设计

第 1 节 内部装修与火灾成因

1 内部装修引发的火灾案例

国内外火灾统计分析表明,许多火灾都是起于装修材料的燃烧,如烟头引燃地毯及床上织物;窗帘、帷幕着火后引起了火灾;吊顶、隔断采用木质材料,着火后很快被烧穿、掉落,影响人员疏散,造成人员伤亡。近年来,建筑火灾中死于烟气的人数迅速增加,如日本千日百货大楼火灾死亡 118 人,其中因烟气中毒致死的人数为 93 人,占死亡人数的 78.8%。

1994 年 12 月 8 日下午,新疆克拉玛依市友谊馆发生火灾。因舞台上方 7 号柱灯烤燃附近纱幕,引燃大幕起火,火势迅速蔓延,约 1 分钟后电线短路,灯光熄灭,剧场内各种易燃装修材料燃烧后产生大量有毒有害气体,致使在场人员被烧或被窒息,共死亡 325 人,其中,中小学生 288 人,干部、教师及工作人员 37 人,受伤者 130 人。

1994 年 11 月 27 日,辽宁阜新市"艺苑"歌舞厅发生特大火灾,造成 233 人死亡,这起火灾是有人用报纸燃火点烟,而后将未熄灭的报纸扔进沙发的破损洞内,引燃沙发导致舞厅起火。当时舞厅严重超员,并使用大量的易燃装修材料,加之舞厅起火后,经营者没有及时打开安全门进行疏导,致使人员伤亡加重。

2 内装修与火灾成因

2.1 可燃内装修增加了建筑火灾发生的机率

建筑的可燃内装修,如可燃的吊顶、墙裙、墙纸、踢脚板、地板、地毯、家具、床被、窗帘、隔断等,可燃物品随处可见,遇到火种,增加了火灾发生的机率。而且,随着内装修可燃材料的增加,火灾的持续时间和燃烧的猛烈程度也相应增大,对建筑物的破坏就更加严重,消防队抢险救火的难度更大。

2.2 可燃内装修加速了火灾到达轰燃

由于内装修的可燃物大量增加,室内一经火源点燃,就将会加热周围内装修的可燃材料,并使之分解出大量的可燃气体,同时提高室内温度,当室内温度达到 600℃ 左右时,即会出现建筑火灾的特有现象——轰燃。大量的试验研究和实际火灾统计研究表明,火灾达到轰燃与室内可燃装修成正比例增长。图 7-1 是不同厚度,不同材质的内部装修与轰燃时间的关系。

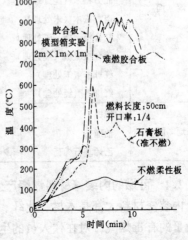

图 7-1 内部装修材料与轰燃时间

根据日本建筑科研所的研究，认为轰燃（F·O）出现的时间与装修材料关系较大，如表 7-1 所示。

内部装修与轰燃出现的时间 表 7-1

内部装修材料	轰燃出现的时间（min）	内部装修材料	轰燃出现的时间（min）
可燃材料内装修	3	不燃材料内装修	6～8
难燃材料内装修	4～5		

出现轰燃的时间短，就意味着人员的允许疏散时间短，初期火灾的时间短，有效扑救火灾的可能性就小，所以，应尽可能采用不燃或难燃的装修材料，以减少和控制火灾。

2.3 可燃的内装修会助长火灾的蔓延

高层建筑一旦发生火灾，可燃的内装修是火势蔓延的重要因素，火势可以沿顶棚和墙面及地面的可燃装修从房间蔓延到走廊，再从走廊蔓延到各类竖井，如敞开的楼梯间、电梯井、管道井等，并向上层蔓延。火势也可能从外墙向上层的窗口蔓延，引燃上一层的窗帘、窗纱等，使火灾扩大。

表 7-2 是一些内装修材料的火焰传播速度指数。

建筑材料火焰传播速度指数 表 7-2

名 称	建筑装修材料	火焰传播速度指数
吊 顶	玻璃纤维吸声覆盖层	15～30
	矿物纤维吸声镶板	10～25
	木屑纤维板（经处理）	20～25
	喷制的纤维素纤维板（经处理）	20
墙 面	铝（一面有珐琅质面层）	5～10
	石棉水泥板	0
	软木	175
	灰胶纸柏板（两面有纸表面）	10～25
	北方松木（经处理）	20
	南方松木（未处理）	130～190
	胶合板镶板（未处理）	75～275
	胶合板镶板（经处理）	10～25
	红栎木（未处理）	100
	红栎木（经处理）	35～50
地 面	地毯	10～600
	油地毡	190～300
	乙烯基石棉瓦	10～50

2.4 可燃的内装修材料燃烧产生大量有毒烟气

内装修材料大都是木材、化纤、棉、毛、塑料等可燃材料，如不加处理，燃烧后会产生大量的有毒烟气，对在住人员的生命造成危害。表 7-3 是一些内装修材料的有害产物的毒性浓度。图 7-2 是有可燃内装修与没有可燃内装修情况下火灾燃烧生成气体的对比。

各种材料的主要有害产物和浓度　　　　　　　　　　表 7-3

材　　　料	有　害　产　物	有害浓度（×10⁻⁶）
木材和墙纸	CO	4000
聚苯乙烯	CO、少量苯乙烯	
聚氯乙烯	CO 盐酸，有腐蚀性	1000~2000
有机玻璃	CO 甲基丙烯酸甲脂	
羊毛、尼龙、丙烯酸、纤维	CO，HCN	12~150
棉花、人造纤维	CO，CO_2	120~150

国内外大量的火灾统计资料表明，在火灾中丧生的有 50% 左右是被烟气熏死的，近年来，由于内装修中使用了大量的新型材料，如 PRC 墙纸、聚氨脂、聚苯乙烯泡沫塑料及大量的合成纤维，被烟气致死的比例有所增加。

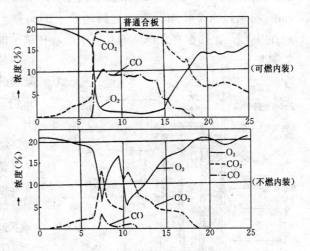

图 7-2　有可燃内装修与无可燃内装修
的火灾燃烧气体的对比

例如，美国 50 层的纽约宾馆，使用了大量的塑料，大楼外墙用泡沫塑料作隔热层，内壁为聚乙烯板装饰，其内的隔间层也用聚乙烯、聚苯乙烯泡沫塑料制作，室内的家具、靠背椅和沙发都填了大量的天然泡沫乳胶和软质的聚氨脂泡沫等。这座大楼 1970 年 8 月发生火灾，在 34 层吊顶内电线起火，火种首先在吊顶内、隔墙内蔓延，然后波及家具和外墙的隔热层，各种塑料燃烧以后产生大量的烟雾，使燃烧区内温度达到 1200℃ 左右。大火经 5 个多小时才被扑灭，2 人在电梯内因烟气中毒死亡，其他损失惨重。

第 2 节　建筑内装修设计防火标准

1　建筑材料的燃烧性能及其测试方法

我国建筑材料的燃烧性能按国家标准《建筑材料燃烧性能分级方法》（GB8624—1997）进行分级，其级别、名称采用的检验标准见表 7-4。对于未通过 GB8624—1997 试验的材料判定其为易燃材料。

建筑材料燃烧性能分级表　　　　　　　　　　表 7-4

序　号	级　别	名　称	检验标准	序　号	级　别	名　称	检验标准
1	A	不燃材料	GB/T5464—85	3	B_2	可燃材料	GB/T8626—88
2	B_1	难燃材料	GB/T8625—88	4	B_3	易燃材料	（不检验）

本标准所指的材料是各类工业和民用建筑工程中所使用的结构材料和各类装修、装饰材料,如各类板材、饰面材料及特定用途的铺地材料、纺织物、塑料等。各类试验标准的基本要求简述如下:

1.1 建筑材料不燃性试验法 (GB/T5464—85)

本试验是判定建筑材料是否具有不燃性的一种方法,它不适用于涂层、面层或包以薄层的材料,也不直接反映建筑材料在实际火灾中的火灾危险性。试验所采用的设备主要是电加热试验炉及必要的控温、计时、称量仪器,图 7-3 为试验炉结构图。一组试验采用 5 个试样,其尺寸为:直径 $45 \pm 2mm$,高度 $50 \pm 2mm$,体积 $80 \pm 5cm^3$。如果材料厚度小于 50mm,可通过水平叠加层数来达到所要求的高度。成型的试样应在顶面加工一直径为 2mm 的中心孔,孔深直至试样的几何中心。在试验前试样应在温度为 $60 \pm 5℃$ 的通风干燥箱内放置 20~24h,然后放入装有二氧化硅凝胶的干燥器内冷却到环境温度。试样在 5s 内放入温度稳定在 $750 \pm 5℃$ 的试验炉中,然后加热 30min,同时记录温度变化和燃烧持续时间,并在试验结束后将试样及其剥落收集起来置于干燥器中,冷却至室温称重。

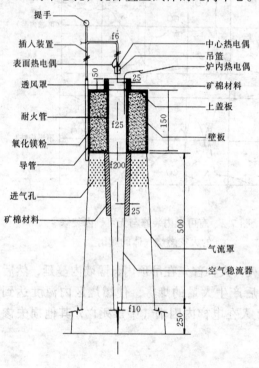

图 7-3 不燃性试验炉

(1) 对于均质材料,试验结果全部符合下列条件判定为"不燃性材料"。

①炉内平均温升不超过 50℃;
②试样表面平均温升不超过 50℃;
③试样中心平均温升不超过 50℃;
④试样平均持续燃烧时间不超过 20s;
⑤试样平均失重率不超过 50%。

(2) 对于复合(夹芯)材料,达到下述要求的材料判定为不燃性材料:

①对 GB/T8625—88 进行测试,每组试件的平均剩余长度≥35cm(其中任一试件的剩余长度>20cm),且每次的平均烟气温度峰值≤125℃,试件背面无任何燃烧现象。

②按 GB/T8625—88 进行测试,其烟气密度等级(SDR)≤15。

③按 GB/T14402 和 GB/T14403 进行测试,其材料热值≤4.2MJ/kg。且试件单位面积的热释放量小于 $6.8MJ/m^2$。

④材料燃烧生成烟气毒性的全不致死浓度 LC_0≥25mg/L。

1.2 建筑材料难燃性试验法 (GB/T8625—88)

本试验法的试验装置主要包括燃烧竖炉及控制仪表两部分,图 7-4 为燃烧竖炉示意图。每组试验需要 4 个试件,每个试件均按材料实际使用厚度制成。其表面积为 1000mm×190mm,材料实际厚度超过 80mm 时,试件制作厚度应取 80mm,其表面和内层材料应具有代表性。竖炉试验一般需要三组试件。在试验进行前,试件必须在温度 $23 \pm 2℃$、相对湿度 50%±6% 的条件下调节至质量恒定（其判定条件为间隔 48h 前后两次称量的质量变化率不大于 0.1%）。试验时将 4 个经状态调节已达质量恒定的试件垂直固定于试件支架上，组成方形烟道，试件相对距离为 250±2mm。试件放入燃烧室之前，应将竖炉内壁温度预热至 45±5℃，然后将试件放入燃烧室内规定位置，关闭炉门。从点燃燃烧器时开始计时，观察并记录试验现象，燃烧试验时间为 10min。符合下列条件可认为试验合格。

①试件燃烧的剩余长度平均值应大于 150mm，其中没有一个试件的燃烧剩余长度为零。

②没有一组试验的平均烟气温度超过 200℃。

本试验合格后，同时按 GB/T8626 进行测试，其烟密度等级（SDR）≤75 时，其材料燃烧性能判定为 B_1 级（难燃材料）。

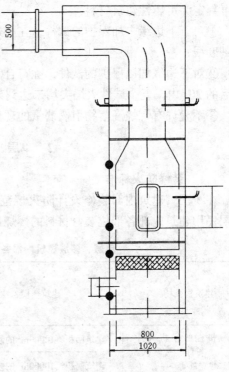

图 7-4 燃烧竖炉

1.3 建筑材料可燃性试验方法（GB/T8626—88）

本试验装置由燃烧试验箱、燃烧器及试验支架等组成，图 7-5 为燃烧试验箱简图。每组试验需要 5 个试件，其规格为：90mm×190mm（采用边缘点火）和 90mm×230mm（采用表面点火），试件的厚度应符合材料的实际使用情况，最大厚度不超过 80mm，其表层和内层材料应具有代表性。对采用边缘点火的试件，在试件高度 40mm 及 190mm 处（均从最低沿算起）各划一全宽刻度线。试验之前，试件应在温度 23±2℃、在相对湿度（50±6）% 的条件下至少存放 14d；或调节至间隔 48h 前后两次称量的质量变化率不大于 0.1%。试验时，将装好试件的试件夹垂直固定在燃烧试验箱中。对边缘点火，厚度不大于 3mm 的试件，火焰尖头位于试件底面中心位置；厚度大于 3mm 的试件，火焰尖头应在试件底边中心并距离燃烧器近边大约 1.5mm 的底面位置。燃烧器前沿与试件受火点的轴向距离

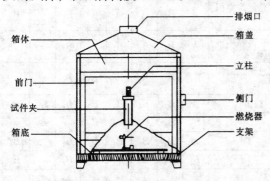

图 7-5 可燃性燃烧试验箱

应为 16mm。对表面点火，火焰尖头位于试件低刻度线下、宽度中线处。燃烧器前沿与试件表面之距离应为 5mm。然后将二层在干燥器中经过 48h 干燥处理的滤纸，放置在用细金属丝编织的底面积为 100mm×60mm 的网篮中，并置于试件下方。将火焰长度已调节为 20±2mm 的燃烧器倾斜 45°，并关闭燃烧试验箱，试件点火 15s 后，移开燃烧器。计量从点火开始至火焰到达刻度或试件表面燃烧火焰熄灭的时间。符合下列规定的建筑材料

均可判定为可燃性建筑材料：

①对于下边缘未加保护的试件，在底边缘点火开始后 20s 内，五个试件火焰尖均未达到刻度线；

②对下边缘加以保护的试件，除符合①项规定外，应附加一组表面点火试验，点火开始后的 20s 内，五个试件火焰尖均未达到刻度线。

③不允许有燃烧滴落物引燃滤纸的现象。

2 单层、多层民用建筑

2.1 装修防火标准

在我国《建筑内部装修设计防火规范》（GB50222—95）中，规定了非地下的单层、多层民用建筑内部各部位装修材料的燃烧性能等级，要求不应低于表 7-5 的级别。

单层、多层建筑内部各部位装修材料的燃烧性能等级　　　　　　　　　　表 7-5

建筑物及场所	建筑规模、性质	装修材料燃烧性能等级							
		顶棚	墙面	地面	隔断	固定家具	装饰织物		其他装饰材料
							窗帘	帷幕	
候机楼的候机大厅、商店、餐厅、贵宾候机室、售票厅等	建筑面积>10000m² 的候机楼	A	A	B_1	B_1	B_1	B_1		B_1
	建筑面积≤10000m² 的候机楼	A	B_1	B_1	B_1	B_2	B_2		B_2
汽车站、火车站、轮船客运站的候车（船）室、餐厅、商场等	建筑面积>10000m² 的车站、码头	A	A	B_1	B_1	B_1	B_1		B_1
	建筑面积≤10000m² 的车站、码头	B_1	B_1	B_1	B_2	B_2	B_2		B_2
影院、会堂、礼堂、剧院、音乐厅	>800 座位	A	A	B_1	B_1	B_1	B_1	B_1	B_1
	≤800 座位	A	B_1	B_1	B_1	B_2	B_1	B_1	B_2
体育馆	>3000 座位	A	A	B_1	B_1	B_1	B_1	B_1	B_2
	≤3000 座位	A	B_1	B_1	B_1	B_1	B_1	B_1	B_2
商场营业厅	每层建筑面积>3000m² 或总建筑面积>9000m² 的营业厅	A	B_1	A	A	B_1	B_1		B_2
	每层建筑面积 1000～3000m² 或总建筑面积为 3000～9000m² 的营业厅	A	B_1	B_1	B_1	B_1	B_1		B_2
	每层建筑面积<1000m² 或总建筑面积<3000m² 的营业厅	B_1	B_1	B_1	B_2	B_2	B_2		B_2
饭店、旅馆的客房及公共活动用房	设有中央空调系统的饭店、旅馆	A	B_1	B_1	B_1	B_1	B_1		B_2
	其他饭店、旅馆	B_1	B_1	B_2	B_2	B_2	B_2		
歌舞厅、餐馆等娱乐、餐饮建筑	营业面积>100m²	A	B_1	B_1	B_1	B_1	B_1		B_2
	营业面积≤100m²	B_1	B_1	B_1	B_2	B_2	B_2		B_2
幼儿园、托儿所、医院病房楼、疗养院、养老院		A	B_1	B_1	B_1	B_2	B_1		B_2
纪念馆、展览馆、博物馆、图书馆、档案馆、资料馆等	国家级、省级	A	B_1	B_1	B_1	B_2	B_1		B_2
	省级以下	B_1	B_1	B_2	B_2	B_2	B_2		B_2
办公楼、综合楼	设有中央空调系统的办公楼、综合楼	A	B_1	B_1	B_1	B_2	B_1		B_2
	其他办公楼、综合楼	B_1	B_1	B_2	B_2	B_2			
住宅	高级住宅	B_1	B_1	B_1	B_1	B_2	B_2		B_2
	普通住宅	B_1	B_2	B_2	B_2	B_2			

表 7-5 中给出的装修材料燃烧性能等级是允许使用材料的基准级别。表中空格位置，表示允许使用 B_3 级材料。

机场的候机楼划分为两个防火等级，其中 10000m^2 以上的候机楼为第一级，10000m^2 以下的候机楼为第二级。鉴于候机楼中包含的空间很多，而尤以候机大厅、商店、餐厅、贵宾候机室等部位重要且人员密集，所以装修要求特指这些部位。

与候机楼相比，火车站、汽车站和轮船码头等在装修方面有很大的差异。参照候机楼的建筑面积划分法，分成两类。要求的部位主要限定在候车（船）室、餐厅、商场等公共空间。

电影院、会堂、礼堂、剧院、音乐厅均属公共娱乐场所，且在规定的时间内人员高度密集。从使用功能上看，这几种建筑的装修要求是有区别的，其中剧院和音乐厅的要求特殊，因此将它们单列出来似乎更合理。但是，考虑到影院发展的趋势对音响、舒适的要求提高，以及礼堂类建筑的减少和异化，所以将它们与剧院、音乐厅合为一类也是一种简化处理的办法。另外随着人们观赏水平的提高和多样化，几千人同看一个节目的可能性降低了，因此，这类建筑的座位不宜设置太多。所以，表中将影院等建筑的防火级别用 800 个座位来划分。考虑到这类建筑物在火灾发生时逃生的困难，以及它们的窗帘和幕布具有较大的火灾危险性，所以要求均采用 B_1 级材料制成的窗帘和幕布。

国内各大中城市早些时候兴建的体育馆其容量规模多在 3000 人以上，所以在《建筑设计防火规范》（GBJ16—87）中将体育馆观众厅容量规模的最低限规定为 3000 人。而建筑内部装修设计防火规范中将体育馆类建筑用 3000 座为界分为两类，就是考虑一方面与《建筑设计防火规范》的有关要求相协调，另一方面适应目前客观存在的、且今后有可能出现的一些小型的体育馆建筑。

商场数量在各类公共建筑中高居榜首，其规模千差万别。但它们共同的特点是：可燃货物多，人员高度聚集。商场火灾的后果十分严重，而关键的部位又是营业厅，所以针对不同的营业厅面积提出了要求。

有关规范对设有中央空调系统的饭店、旅馆建筑提出了专门的防火措施，其目的是为了防止火灾在这类建筑中的蔓延。鉴于事实上已存在的这种不同的处理方式，在表中根据是否有中央空调系统这一条件将旅馆类建筑划为两个防火层次。虽然旅馆建筑中包括许多不同功能的空间，但表中的要求是特指客房和公共活动场所这两部分。

表中的歌舞厅、餐馆等娱乐、餐饮类建筑是专指那些独立建造的，专门用于该类用途的建筑物。鉴于这些建筑一般不具备自动灭火系统，加之大多位于闹市区，内部人员密度大，有明火和高强度的照明设备，所以应是内装修防火控制的重点。

幼儿园、托儿所、医院病房楼、疗养院、养老院等类建筑归为一大类，是鉴于两种考虑：一是这些建筑基本上均为社会福利型建筑，因而做豪华高档装修的可能性不大。二是居住在这些建筑中的人都在不同程度上具有思维和行为上的不完全能力。如儿童智力未完善，缺乏独立判断和自我保护的智力和能力。而医院等建筑中的病人和老人，或暂时或永久地丧失了智能和体能，一旦出现火灾，同样不具有正常人的应变能力。为此，对这种建筑物提高装修材料的燃烧性能等级是必要和合理的。需要指出的是，对它们着重提高了窗帘的防火要求，这是为了防止用火不慎而导致窗帘的迅速燃烧。

纪念馆、展览馆等建筑物，其内收藏级别越高或展览规模越大的建筑，其重要程度越高。为此对国家级和省级的建筑物装修材料燃烧性能等级要求较高，而其他的要求低一些。

办公楼和综合楼的要求参考了旅馆、饭店的划分方法。

将住宅划为高级住宅和普通住宅两种情况，高级住宅一般是指别墅、高档公寓类的特殊住宅；而普通住宅系指一般居民使用的常规设计的住宅。

2.2 建筑物局部放宽条件

上述表中的要求是对单层和多层民用建筑的最基本要求。但有时在建筑设计中会遇到一些特殊情况，需要给予某些局部的放宽。为此，对单层、多层民用建筑内面积小于 $100m^2$ 的房间，当采用防火墙和耐火极限不低于 1.2h 的防火门窗与其他部位分隔时，其装修材料的燃烧性能等级可在表 7-5 的基础上降低一级。

建筑物大部分房间的装修材料选用均可满足规范的要求，而在某一局部或某一房间要求特殊装修设计而导致不能满足规范的规定，并且该部位又无法设置自动报警和自动灭火系统时，可在一定的条件下，对这些局部空间适当地放松要求，即：房间的面积不能超过 $100m^2$，并且该房间与其他空间之间应用防火墙和甲级防火门窗进行分隔，以保证在该部位即使发生火灾也不致于波及到其他部位。

2.3 安装消防设施允许的放宽要求

当单层、多层民用建筑内装有自动灭火系统时，除顶棚外，其内部装修材料的燃烧性能等级可在表 7-5 规定的基础上降低一级；当同时装有火灾自动报警装置和自动灭火系统时，其顶棚装修材料的燃烧性能等级可在表 7-5 规定的基础上降低一级，其他装修材料的燃烧性能等级可不限制。

而对水平、垂直安全疏散通道、地下建筑、工业建筑不存在有条件地放宽要求的问题。

对于放宽要求应正确理解和积极采用，它给予了设计和建设部门一定的灵活余地，有利于一些复杂问题的解决。

3 高层民用建筑装修防火

3.1 装修防火标准

高层民用建筑内部各部位装修材料的燃烧性能等级，不应低于表 7-6 中的规定。

高层建筑内部各部位装修材料的燃烧性能等级 表 7-6

建 筑 物	建筑规模、性质	顶棚	墙面	地面	隔断	固定家具	窗帘	帷幕	床罩	家具包布	其他装饰材料
高级旅馆	>800 座位的观众厅、会议厅、顶层餐厅	A	B_1	B_1	B_1	B_1	B_1	B_1		B_1	B_1
	≤800 座位的观众厅、会议厅	A	B_1	B_1	B_1	B_2	B_1	B_1		B_2	B_1
	其他部位	A	B_1	B_1	B_2	B_2	B_1	B_2	B_1	B_2	B_1
商业楼、展览楼、综合楼、商住楼、医院病房楼	一类建筑	A	B_1	B_1	B_2	B_1	B_1			B_2	B_1
	二类建筑	B_1	B_1	B_2	B_2	B_2	B_2	B_2		B_2	B_2

建 筑 物	建筑规模、性质	装修材料燃烧性能等级									
		顶棚	墙面	地面	隔断	固定家具	装饰织物				其他装饰材料
							窗帘	帷幕	床罩	家具包布	
电信楼、财贸金融楼、邮政楼、广播电视楼、电力调度楼、防灾指挥调度楼	一类建筑	A	B_1	B_1	B_1	B_2	B_1		B_1	B_1	
	二类建筑	B_1	B_1	B_2	B_2	B_2	B_1	B_2		B_2	B_2
教学楼、办公楼、科研楼、档案楼、图书馆	一类建筑	A	B_1	B_1	B_1	B_2	B_2	B_1		B_1	B_1
	二类建筑	B_1	B_1	B_2	B_2	B_2	B_1	B_2		B_2	B_2
住宅、普通旅馆	一类普通旅馆、高级住宅	A	B_1	B_2	B_1	B_2	B_2		B_1	B_1	B_1
	二类普通旅馆、普通住宅	B_1	B_1	B_2	B_2	B_2	B_1		B_2	B_2	B_2

建筑物类别、场所及建筑规模是根据《高层民用建筑设计防火规范（GB500—95）中的有关内容并结合室内装修设计的特点加以划分的。

高级旅馆均为一类高层建筑，分为三种情况：第一种情况系指其内部的大于800座位的观众厅、会议厅，以及设在顶层或高空的餐厅（包括观光厅）。800个座位是《高规》划分会议厅的一个指标，对大于800个座位的观众厅、会议厅，因人员多，理应提出高一些装修的要求。而顶层或高空餐厅因其功能特殊和位置奇特，加之也有相当多的人员，所以也被列入了最高一个级别中。第二种情况系指小于等于800个座位的观众厅、会议厅的情况。第三种情况系指高级旅馆的其他部位。

将商业楼、展览楼、综合楼、商住楼、医院病房等列为一大类建筑，是考虑到这些建筑在使用功能上有相近之处。

综合楼是指由两种及两种以上用途的楼层组成的公共建筑。

商住楼是指由底部商业营业厅与住宅组成的高层建筑。

将电信楼、财贸金融楼、邮政楼、广播电视楼、电力调度楼、防灾指挥调度楼归为一个大类别，是因为这些建筑物均是国家或地方的政治与经济的要害部门，具有综合协调与指挥功能。

教学楼、办公楼、科研楼、档案楼、图书馆归为一大类，主要考虑到它们的建造形式和使用功能基本相似（图书馆有些不同），并且从内装修的角度看，它们的设计方法和装修的档次比较接近。

普通旅馆是以建筑高度50m为界划分为一类和二类高层建筑的。而高级住宅是指建筑装修标准高和设有空气调节系统的住宅，属一类高层建筑。普通住宅虽然也被划分为一、二类，即18层及18层以下为二类，19层及19层以上为一类。但在表7-6中将所有的普通住宅均归到一栏中，这主要是从普通居民住宅的实际情况出发，从内装修的角度将它们作了一定的调整。

3.2 放松要求

高层建筑的火灾危险性较之单层、多层建筑而言要高一些，因此人们的防范措施也更加全面和严格。在设置了其他防火系统的条件下，可以考虑将它们的装修防火等级适当地降低。

建筑内部装修设计防火规范规定：除100m以上的高层民用建筑及大于800座位的观

众厅、会议厅、顶层餐厅外，当设有火灾自动报警装置和自动灭火系统时，除顶棚外，其内部装修材料的燃烧性能等级可在表7-6规定的基础上降低一级。

从这条规定可以看出，对于100m以上的建筑和800座位以上的会议厅以及顶层餐厅，在任何情况下均应无条件地执行表7-6的规定。对所有高层建筑，其顶棚装修材料的防火要求在任何条件下都不能降低。

3.3 特殊规定

随着社会的发展和观念的更新，原属构筑物范畴之列的电视塔已逐步进入建筑物的行列中。1980年初开始，我国已有近10个城市建成或正在建设几百米高的电视塔。这些塔除了首先用于电视转播功能之外，现在均同时具有旅游观光的功能。

从建筑防火的角度看，电视塔具有火势蔓延快，扑救困难，疏散不利等特点。因此对这类特殊的高层建筑应尽可能地降低火灾发生的可能性，而最可靠的途径之一就是减少可燃材料的存在。

建筑内装修设计防火规范规定：电视塔等特殊高层建筑的内部装修，均应采用 A 级装修材料。

这主要是针对设立在高空中的可允许公众入内观赏和进餐的塔楼而定的。这是由于建筑形式所限，人员在塔楼出现火灾的情况下逃生困难，所以特对此类建筑物在内装修设计上作出了十分严格的要求。

4 地 下 民 用 建 筑

4.1 装修防火标准

地下民用建筑各部位装修设计必须符合表7-7中的规定。

地下民用建筑内部各部位装修材料的燃烧性能等级   表7-7

建筑物及场所	装修材料燃烧性能等级						
	顶棚	墙面	地面	隔断	固定家具	装饰织物	其他装饰材料
休息室和办公室等、旅馆的客房及公共活动用房等	A	B_1	B_1	B_1	B_1	B_1	B_2
娱乐场所、旱冰场等 舞厅、展览厅等 医院的病房、医疗用房等	A	A	B_1	B_1	B_1	B_1	B_2
电影院的观众厅 商场的营业厅	A	A	A	B_1	B_1	B_1	B_2
停车库 人行通道 图书资料库、档案库	A	A	A	A	A		

地下建筑装修防火要求主要取决于人员的密度。对于人员密集的商场营业厅、电影院观众厅等在选用装修材料时，防火标准要高；而对旅馆客房、医院病房，以及各类建筑的办公用房，因其容纳人员较少且经常有专人管理，所以选用装修材料燃烧性能等级可适当放宽。对于图书、资料类库房，因可燃物数量大，所以要求全部采用不燃材料装修。

表中娱乐场是指建在地下的体育及娱乐建筑，如球类、棋类以及文体娱乐项目的比赛与练习场所。

4.2 安全通道

地下建筑与地上建筑显著的不同点就是人员只能通过安全通道和出口撤向地面。地下建筑被完全封闭在地下，在火灾中，人流疏散的方向与烟火蔓延的方向是一致的。从这个意义上讲，人员安全疏散的可能性要比地面建筑小得多。为了保证人员最大的安全度，确保各条安全通道和出口自身的安全与畅通是必要的。为此要求地下民用建筑的疏散走道和安全出口的门厅，其顶棚、墙面和地面的装修材料应采用 A 级装修材料。

4.3 地下建筑的地上部分

对带有地下部分但主体在地上的单层、多层民用建筑的装修材料燃烧性能等级要求，如本节 2.1 所述。而对单独建造的地下民用建筑的地上附属部分，也应有相应的要求。单独建造的地下民用建筑的地上部分相对的使用面积小，且建在地面上，火灾危险性小，疏散扑救均比地下建筑部分要容易。为此规定，单独建造的地下民用建筑的地上部分，其门厅、休息室、办公室等内部装修材料的燃烧性能等级可在表 7-7 规定的基础上降低一级要求。

4.4 固定货架等

地下空间的利用促进了地下大型商场的兴建。地下商场内部结构各异，有一定量的可燃装修，外加所堆积的商品绝大部分是可燃的，因此加大了火灾危险性。但就目前情况看，无法限制地下商场销售可燃性商品。为了减少地下空间的火灾荷载，特别规定地下商场、地下展览厅的售货柜台、固定货架、展览台等，应采用 A 级建筑装修材料。

5 工 业 建 筑

工业生产的类型繁多，对厂房类建筑有以下几种划分方法。一是按用途划分，如划分为主厂房、辅助厂房、动力用厂房等；二是按生产状况分，如划分为冷加工厂房、热加工厂房、洁净厂房等；三是按建筑的层数来划分。

建筑内部装修设计时，是按照建筑的层数将工业厂房划分成以下几种类型：

(1) 单层厂房是由柱和横梁（屋架）构成的单层结构体系。

(2) 多层厂房特指两层及两层以上，但建筑高度小于等于 24m 的厂房。

(3) 高层厂房指两层及两层以上，但建筑高度大于 24m 的厂房。

(4) 地下厂房指建造在地下的，但用于工业生产的厂房。

5.1 装修防火标准

工业厂房内部各部位的装修材料的燃烧性能等级，不应低于表 7-8 中的规定。

工业厂房内部各部位装修材料的燃烧性能等级   表 7-8

工业厂房分类	建筑规模	装修材料燃烧性能等级			
		顶棚	墙面	地面	隔断
甲、乙类厂房 有明火的丁类厂房		A	A	A	A
丙类厂房	地下厂房	A	A	A	B_1
	高层厂房	A	B_1	B_1	B_2
	高度＞24mm 的单层厂房 高度≤24m 的单层、多层厂房	B_1	B_1	B_2	B_2
无明火的丁类厂房 戊类厂房	地下厂房	A	A	B_1	B_1
	高层厂房	B_1	B_1	B_2	B_2
	高度＞24mm 的单层厂房 高度≤24m 的单层、多层厂房	B_1	B_2	B_2	B_2

表中对甲、乙类厂房和有明火的丁类厂房均要求采用 A 级装修材料。这是考虑到甲、乙类厂房均具有爆炸危险，而有明火操作的丁类厂房虽然生产物质并不危险，但明火对装修材料则构成了威胁，所以对这一大类厂房要求很高。

在表的第二栏中，首先将厂房划分成地下、高层和其他三种情况，然后再对每种情况分别做出具体的要求。

5.2 架空地板

当厂房的地面为架空地板时，其地面装修材料的燃烧性能等级，除 A 级外，应在表7-8 中规定的基础上提高一级。

从火灾的发展过程考虑，一般来说，顶棚的防火性能要求最高，其次是墙面，地面要求最低。但如果地面为架空地板时，情况就有所不同。一是地板既有可能被室内的火点燃，又有可能被来自地板下的火点燃；二是架空后的地板，火势蔓延的速度较快。所以对这种结构的地板提出了较高一些的要求。

5.3 贵重设备房间

对计算机房、中央控制室等装有贵重机器、仪表、仪器的厂房，其顶棚和墙面应采用 A 级装修材料；地面和其他部位应采用不低于 B_1 级的装修材料。

这里所说的"贵重"是指：

设备本身的价格昂贵，一旦失火损失很大。这些设备属于影响工厂或地区生产全局的关键设备，如发电厂、化工厂的中心控制设备等。这些车间一旦受损失，自身价值丧失之外，还会导致大规模的连带损失。

5.4 厂房附属办公用房

厂房附属的办公室、休息室等的内部装修材料的燃烧性能等级，应符合表 7-8 中的相应要求。

厂房的附属办公室、休息室的内装修防火要求，主要考虑，一是不得因办公室、休息室的装修失火而波及整个厂房；二是确保办公室、休息室内人员的生命安全。所以要求厂房本身所附设的办公室、休息室等内部空间的装修材料的燃烧性能等级，应与厂房的要求相同。从民用建筑角度看，该要求在某些建筑类型中是偏严的，但这种严还是必要的，并且在实际建设中也不难做到。

第 3 节　建筑内装修防火设计通用要求

在建筑内部装修防火设计中，有必要对一些具有共性的问题及共性的部位提出明确的通用性技术要求。

1　关于装修材料的选用

1.1　纸面石膏板

纸面石膏板系以熟石膏为主要原料，掺入适量的添加剂与纤维做板芯，以特制的纸板做护面加工而成的。石膏本身是不燃材料，但制成纸面石膏板之后，按我国现行建材防火检测方法检测，不能列入 A 级材料。但如果认定它只能作为 B_1 级材料，则又有些不尽合理，况且目前还没有更好的材料可替代它。

考虑到纸面石膏板用量极大这一客观实际，以及建筑设计防火规范中，已认定贴在钢龙骨上的纸面石膏板为非燃材料这一事实，特规定如纸面石膏板安装在钢龙骨上，可将其作为 A 级材料使用。

1.2 胶合板

当胶合板表面涂覆一级饰面型防火涂料时，可做为 B_1 级装修材料使用。

在装修工程中，胶合板的用量很大，根据国家防火建筑材料质量监督检测中心提供的数据，涂刷一级饰面型防火涂料的胶合板能达到 B_1 级。为了便于使用，避免重复检测，专门就此明确规定。当胶合板用于墙面装修时，原则上只在朝向室内的那面涂刷防火涂料。而当胶合板用于吊顶装修时，应在两面均刷防火涂料。这是因为较之墙面而言，吊顶板既有可能受到室内火的侵袭，又有可能受到来自吊顶空间内各种电器火源的作用。

1.3 壁纸

单位重量小于 $300g/m^2$ 的纸质、布质壁纸，当直接粘贴在 A 级基材上时，可作为 B_1 级装修材料使用。

墙布、壁纸实际上属于同一类型的装饰材料，墙布也称墙纸或壁纸，它的种类繁多，按外观装饰效果分类，有印花墙纸、浮雕墙纸等等；按其功能分，有装饰墙纸、防火墙纸等。所谓纸质壁纸是在纸基、纸面上印成各种图案的一种墙纸。这种墙纸价格纸，但强度和韧性差，不耐水。布质壁纸是将纯棉布、化纤布、麻等天然纤维材料经过处理、印花、涂层制做而成的墙纸。这类墙纸强度大，静电小、蠕变性小，无光、无味、无毒、吸音、花型繁多，色泽美观大方。

这两类壁纸的材质主要是纸和布。它们热分解时产生的可燃气体少，发烟量小。尤其当它们被直接贴在 A 级基材上且质量 $\leqslant 300g/m^2$ 时，在试验过程中，几乎不出现火焰蔓延的现象，为此确定这类直接贴在 A 级基材上的壁纸可做为 B_1 级装修材料来使用。

1.4 涂料

施涂于 A 级基材上的无机装饰涂料，可做为 A 级装修材料使用；施涂于 A 级基材上，湿涂覆比小于 $1.5kg/m^2$ 的有机装饰涂料，可作为 B_1 级装修材料使用。涂料施涂于 B_1 和 B_2 级基材上时，应将涂料连同基材一起通过试验去确定其燃烧性能等级。

目前涂料在室内装修中量大面广，一般室内涂料涂覆比小，涂料中的颜料、填料多，火灾危险性不大。一般室内涂料湿涂覆比不会超过 $1.5kg/m^2$，故规定施涂于不燃性基材上的有机涂料均可做为 B_1 级材料。

1.5 多层及复合装修材料

当采用不同装修材料进行分层装修时，各层装修材料的燃烧性能等级均应符合规定。复合型装修材料应由专业检测机构进行整体测试并划分其燃烧性能等级。

分层装修是指，由于设计师的构思，采用生产来源不同的几层装修材料同时装修同一个部位时，各层的装修材料只有贴在等于或高于其耐火等级的材料之上时，这些装修材料燃烧性能等级的确认才是有效的。但有时会出现一些特殊的情况，如一些隔音、保温材料与其他不燃、难燃材料复合形成一个整体的复合材料时，其燃烧性能应通过整体的试验来确定。

1.6 多孔和泡沫塑料

当顶棚或墙面表面局部采用多孔或泡沫状塑料时，其厚度不应大于 15mm，面积不得超过该房间顶棚或墙面积的 10％。

多孔和泡沫塑料比较容易燃烧，而且燃烧时产生的烟气对人体危害较大。但在实际工程中，有些时候因功能需要和美观点缀，必须在顶棚和墙的表面，局部采用一些多孔或泡沫塑料。为此在允许采用这些材料的同时，也需在使用面积和厚度两个方面对此加以限制：

(1) 多孔或泡沫状塑料用于顶棚表面时，不得超过该房间顶棚面积的 10％；用于墙表面时，不得超过该房间墙面积的 10％，不应把顶棚和墙面合在一起计算。

(2) 这里所说的面积系指展开面积，墙面面积包括门窗面积。

(3) 这里所说的多孔和泡沫状塑料是指完全裸露的状态，它与所谓的"软包装修"是不同的。

(4) 当采用非多孔和泡沫塑料材料做局部装修时，原则上可比照该条实施。

2 关于共享空间

2.1 共享空间部位

建筑物设有上下层相连通的中庭、走廊、开敞楼梯、自动扶梯时，其连通部位的顶棚、墙面应采用 A 级装修材料，其他部位应采用不低于 B_1 级的装修材料。

上述中庭等部分又称作共享空间。近年来，在高层和大型公共建筑中较多地出现了共享空间的形式。它以大型建筑的内部空间为核心，综合多种功能的空间而创造出一个引人注目的美妙环境。但贯穿全楼或多层的封闭式天井，却使防火分区面积大大超过规定，而且在火灾中烟热很不易排出。

内装修设计防火规范针对建筑物内上下层相连通部位的装修问题提出了具体的规定，考虑到这些部位空间高度大，有的上下贯通几层甚至十几层。万一发生火灾时，会起到烟囱一样的作用，使火势无阻挡地向上蔓延，很快充满该建筑空间，给人员疏散造成很大的困难。这里所说的相连通部位，是指被划在此防火分区内的空间的各部位。与之相邻，但被划为其他防火分区的各部位，不受此要求的限制。

2.2 无窗房间

除地下建筑外，无窗房间的内部装修材料的燃烧性能等级，除 A 级外，应在原规定基础上提高一级。

在许多建筑物中因布局的制约，常常会出现一些无窗房间，即终日依赖人工照明的房间。较之其他房间而言，对无窗房间的室内装修防火的要求在整体上提高一个档次。

2.3 图书、资料类房间

图书室、资料室、档案室和存放文物的房间，其顶棚、墙面应采用 A 级装修材料，地面应使用不低于 B_1 级的装修材料。

图书室、资料室内的图书、资料、档案、文物等本身即为易燃物，一旦发生火灾，火势发展十分迅速。而有些图书、资料、档案、文物的保存价值很高，一旦被焚，不可复得。对这类房间应提高装修防火的要求，把这些部位发生火灾的可能降到最低。

2.4 各类机房

大中型电子计算机房、中央控制室、电话总机房等放置特殊贵重设备的房间，其顶棚和墙面应采用 A 级装修材料，地面及其他装修应使用不低于 B_1 级的装修材料。

在各类计算机房、中央控制室内，放置了大批贵重和关键性的设备，失火直接经济损失大。并且由于所具有的中控作用，也会导致十分明显的间接损失。另外有些设备不仅怕火，也怕高温和水渍，即使火势不大的火灾，也会造成很大的经济损失，因而提出较高的装修防火要求。

2.5 消防及其他机房

消防水泵房、排烟机房、固定灭火系统钢瓶间、配电室、变压器室、通风和空调机房等，其内部所有装修均应采用 A 级装修材料。

由于功能和安全的需要，在许多大型公共建筑物中程度不同地设有上述设备用房。这些设备在火灾中均应保持正常运转功能，即对火灾的控制和扑救具有关键的作用。从这个意义上讲，这些设备用房绝不能成为起火源，并且也不应由于可燃材料的装修将其他空间的火引入这些房间中。

3 关于电气设备

3.1 配电箱

建筑内部的配电箱，不应直接安装在低于 B_1 级的装修材料上。

由于室内装修采用的可燃烧材料越来越多，从客观上也增加了电气设备引发火灾的概率。虽然不便对配电箱本身的构造提出具体要求，但为了防止配电箱产生的火花或高温熔珠引燃周围的可燃物和避免箱体传热引燃墙面装修材料，特规定不应直接安装在低于 B_1 级的装修材料上。

3.2 灯具和灯饰

照明灯具的高温部位，当靠近非 A 级装修材料时，应采取隔热、散热等防火保护措施。灯饰所用材料的燃烧性能等级不应低于 B_1 级。

这里没有具体地规定高温部位与非 A 级装修材料之间的距离。这是因为现在社会上出现的灯具千变万化，而各种照明灯具在使用过程释放出来的辐射热量大小，连续工作时间的长短，与其相邻的装修材料对火反应特性，以及不同防火保护措施的效果等，都各不相同，甚至差异极大。对如此复杂的现状，用一个确切的指标，显然是不可能的。这只能由设计人员本着"保障安全、经济合理、美观实用"的原则，并视各种具体的情况采取相应的作法和防范措施。

由于室内装修逐渐向高档化发展，各种类型的灯饰也应运而生。灯饰本身具有二重功能，一是罩光，二是美化环境。而从发展看，罩光的作用逐渐弱化，而美观作用进一步强化。目前制作灯饰的材料包括金属、玻璃等不燃性材料，但更多的是硬质塑料、塑料薄膜、棉织品、丝织品、竹木、纸类、麻类等可燃材料。灯饰往往靠近热源，并且处于最易燃烧的垂直状态，所以对 B_2 级和 B_3 级的材料要限制使用。如果由于装饰效果的要求必须使用 B_2、B_3 级的材料，则应用阻燃处理的办法使其达到 B_1 级的要求。

4 关于使用明火的空间

4.1 建筑内的厨房

厨房属明火工作空间，一般特点是火源多且作用时间长。鉴于此，对其内部装修材料的燃烧性能应严格要求。另外根据厨房的功能特点，一般来说，其装修应具有坚固、耐久且易于清洗等特点。目前常采用的材料有瓷砖、石材、涂料、马赛克等不燃烧材料。因此，要求建筑物内的厨房顶棚、墙面、地面这几个部位采用 A 级装修材料。

4.2 经常使用明火的餐厅和科研试验室

经常使用明火的餐厅、科研试验室内所使用的装修材料的燃烧性能等级，除 A 级外，应比同类建筑物的要求高一级。

随着人们生活水平的提高和旅游业的发展，各地兴建了许多宾馆、饭店和风味餐厅。有的餐馆经营各式火锅，有的风味餐馆使用带有燃气灶的流动餐车。这些火锅和燃气灶现场使用液化汽罐，并且由客人自己操作火源。由于操作失误而导致的火灾和爆炸事件屡有发生。鉴于宾馆、饭店等公共场所人员密集，流动性大，管理不便，为了降低因使用明火而引发火灾的危险性，在室内装修材料上比同类建筑物的要求高一级。

5 关于疏散线路

5.1 楼梯间

无自然采光的楼梯间、封闭楼梯间、防烟楼梯间的顶棚、墙面和地面均应采用 A 级装修材料。

这里主要考虑建筑物内竖向疏散通道在火灾中的安全问题。火灾发生时，建筑各楼层中的人员都只能经过竖向疏散通道向外撤离。尤其在高层建筑中，一旦竖向通道被火封锁，受灾人员的逃生和消防人员的救援都极为困难。

这就要求，一是楼梯不应成为最初的火源地，二是火进入楼梯后不会形成连续燃烧的状态。一般地说，在高层建筑中，对楼梯间并无较高的美观装修要求。因此对无自然采光和封闭、防烟楼梯间提出高的装修防火要求是适宜的。前室的装修材料与楼梯间相同。

5.2 水平通道

地上建筑的水平疏散走道和安全出口的门厅，其顶棚装饰材料应采用 A 级装修材料，其他部位应采用不低于 B_1 级的装修材料。

楼层水平通道是水平疏散路线中最重要的一段。它的两端分别连通各个房间和楼梯间。水平通道在疏散设计中被称作为第一安全区。当着火房间中的人员逃出房间进入走道后，该水平走道应能较好地保障其顺利地走向前室和楼梯。

安全出口是指直通建筑物之外的门厅或楼层楼梯间的门。一般地说，水平方向的疏散到此则告完成，人员开始进入第二安全区——前室或楼梯。人们在前室既可暂时避难，也可由此沿楼梯向下层和楼外疏散。无论如何，此时人的生命已有了基本的安全保障。而需要指出的事实是，人要想较顺利地进入第二安全区，必须重视走廊和安全出口门厅的内装修防火的问题。

对水平走廊的防火要求比垂直通道楼梯要低一些，但比其他房间的要求又要高一些，这是既满足理论要求，又符合现实的做法。

6 关于消防设施

6.1 消火栓门

建筑内部消火栓的门不应被装饰物遮掩，消火栓门四周的装修材料颜色应与消火栓门的颜色有明显区别。

建筑内设消火栓是防火安全系统的一部分，在扑救火灾中起着非常重要的作用。为了便于使用，建筑内部的消火栓门设在比较显眼的位置上，并且颜色也比较醒目（红色）。但在实际工程中发现，有的单位为了单纯追求装修效果，把消火栓转移到隐蔽的地方，甚至将它们罩在木柜子里边。还有的单位将消火栓门装修得几乎与墙面一样，不到近前仔细观察竟无法辩认出来。这些做法给消火栓的及时取用造成了人为的障碍。

6.2 消防设施和疏散指标标志

建筑内部装修不应遮挡消防设施和疏散指示标志及出口，并且不应妨碍消防设施和疏散走道的正常使用。

建筑内的消防设施包括：消火栓、自动火灾报警、自动灭火、防排烟、防火分隔构件以及安全疏散诱导等。这些设施因建筑物的功能变化而有增减，但总体可形成一个防护系统。这些设施的设置一般都是根据国家现行的有关规范要求去做的。而设备的数量和设置的部位都是经过专门计算确定的。另外对它们还应加强平时的维修管理，以便一旦需要使用时，操作起来迅速、安全、可靠。但是，有些单位为了追求装修效果，擅自改变消防设施的位置，任意增加隔墙，改变原有空间布局。这些做法轻则影响消防设施的原有功效，减小其有效的保护面积，重则完全丧失了它们应有的作用。

另外，进行室内装修设计时，要保证疏散指示标志和安全出口易于辩认，以免人员在紧急情况下发生疑惑和误解。目前在建筑物室内柱子和墙面镶嵌大面积镜面玻璃的做法较多。采用镜面玻璃墙面可以使视觉延伸，扩大空间感，增添独特的华丽氛围，调节室内的光线。由于镜面玻璃能反映周围的景观，所以使空间效果更为丰富和生动。如果将镜面玻璃用于入口处墙面，还能起到连通内、外的效果，层次格外丰富。镜面玻璃用于公共建筑墙面可以与灯具和照明结合起来，或光彩夺目，或温馨宁静，能形成各种不同的环境气氛与光影趣味。但是，镜面玻璃有一个严重的缺点，即对人的存在位置和走向有一种误导作用，该作用在正常情况下只是一段小插曲，甚至反增加一些生活的情趣。但在火灾及其他一些恐慌状态下，这种误导的后果将是致命的灾难。为此在疏散走道和安全出口附近应避免采用镜面玻璃、壁画等进行装饰。

6.3 挡烟垂壁

防烟分区的挡烟垂壁，其装修材料应采用 A 级装修材料。

挡烟垂壁的作用是减慢烟气扩散的速度，提高防烟分区排烟口的吸烟效果。一般挡烟垂壁可采用结构梁来实现，也可用专门的产品来实现。如在结构梁型垂壁上贴可燃装修材料，或用可燃体制做挡烟垂壁，都会导致可燃材料被烟气烤燃并生成更多的烟气和高温，从而降低挡烟垂壁的效用。为了保证挡烟垂壁在火灾中的作用，应采用 A 级装修材料。

7 其 他

7.1 变形缝部位

建筑内部的变形缝（包括沉降缝、伸缩缝、抗震缝等）两侧的基层应采用 A 级材料，表面装修应采用不低于 B_1 级的装修材料。

变形缝上下贯通整个建筑物，嵌缝材料具有一定的燃烧性。此处涉及的部位不大，常不引起人的注意，但一些火灾常是通过此部位蔓延扩大的，它可以导致垂直防火分区完全失效。

图 7-6 中对楼层变形缝的基层做法给出了两个方式。从执行本条要求的角度看，第（*a*）种方式是不对的，第（*b*）种做法是允许的。

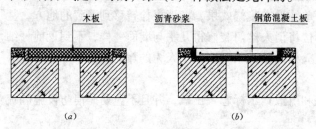

图 7-6　楼层变形缝装修的做法

7.2　饰物

公共建筑内部不宜设置采用 B_3 级装饰材料制成的壁挂、雕塑、模型、标本，当需要设置时，不应靠近火源或热源。

在公共建筑中，经常将壁挂、雕塑、模型、标本等作为内装修设计的内容之一。这些饰物有相当多的一部分是易燃的，当这些东西设置过多时，势必造成一些隐患。为此应加以必要的限制。如确需做一些类似的装饰时，应使它们远离火源和热源。

第 4 节 *　阻燃材料及其应用

以高聚物为基础制造的塑料、橡胶和纤维三大合成材料及其制品日益广泛地应用于工农业生产和人民的日常生活。三大合成材料大多数为可燃或易燃的，引发的火灾不胜枚举。另外，三大合成材料燃烧时，大多放出浓烟和有毒气体（如聚氨酯泡沫塑料燃烧时放出氢氰酸，聚氯乙烯燃烧时放出氯化氢，含氟塑料放出氟化氢等），对人员生命造成威胁，并污染环境。使用阻燃高聚物对于建筑防火设计至关重要。

1　阻 燃 机 理 概 述

阻燃性指的是使材料具有减慢、终止或防止热辐射性的特性。近几十年来，有机合成材料得到异常迅速的发展，现已广泛应用于建筑材料、仪器仪表、日用家具、室内装饰及人们的衣着住行等各个领域。但有机合成材料大多易燃，且燃烧时产生大量烟雾和有毒气体，为了更安全地使用有机合成材料，阻燃科学技术随之迅速发展起来了。

降低聚合物的可燃性主要有两种方法：一种是合成耐热性材料，但合成聚合物的成本过高，仅用于某些特殊场合；另一种是利用物理的或化学的方式，将阻燃性添加剂加入到聚合物的表面或体内。阻燃剂是提高可燃材料难燃性的一类助剂。可燃聚合物的燃烧通常可分为热分解、热自燃、热点燃等阶段，针对不同的阶段采取凝聚相（固相或液相）阻燃、气相阻燃或中断热交换阻燃等途径使可燃材料达到难燃或不燃。经过阻燃处理后的材料，在燃烧过程中，阻燃剂在不同相区内起到抑制燃烧的作用。

1.1　凝聚相阻燃机理

凝聚相阻燃是指阻止有机聚合物的热分解和释放可燃性气体的作用，主要通过以下方法来实现：

（1）添加能在固相中阻止聚合物分解或产生自由基链的添加剂。

（2）加入无机填料。无机填料具有较大的热容，能起到蓄热作用；同时由于它为非绝热体，可改善导热作用，于是使聚合物的升温受到限制，从而达不到热分解的温度。

（3）添加吸热后可分解出阻燃组分的阻燃剂，如水合三氧化铝等，这类阻燃剂受热分

168

解，析出水分，能有效维持聚合物处于较低温度。

（4）在聚合物材料表面罩以非可燃性的保护涂层，这样可以使聚合物隔热、隔氧，并阻止聚合物分解出的可燃气体逸入燃烧气相。

1.2 气相阻燃机理

气相阻燃是指对聚合物分解出的可燃气体的燃烧反应采取的阻止使用，可通过以下方法实现：

（1）采用在热作用下能释放出活性气体化合物的阻燃剂。这种化合物能对影响火焰形成的自由基发生作用。工业常用的 Sb_2O_3-卤族化合物即是以这种方式发生作用的。

（2）采用在聚合物燃烧中能形成微细粒子的添加剂。这种烟粒子能对燃烧中的自由基的结合和终止起催化作用。

（3）选择分解时能释放出大量惰性气体的添加剂。大量惰性气体的存在能稀释聚合物分解生成的可燃气体，并降低其温度，因此获得的混合物与周围的空气不再能有效燃烧。

（4）加入受热后可释放出重质蒸汽的添加剂。这种蒸汽可覆盖住聚合物分解出的可燃气体，阻止了可燃气与空气的正常交换，从而窒熄了火焰。

1.3 中断热交换机理

维持燃烧的一个重要条件是燃烧释放的部分热量反馈到聚合物表面上，从而使聚合物不断受热分解。如果加入某种添加剂能把燃烧热带走而不返回到聚合物上，这样便能中断燃烧。例如，液体或低分子量的氯化石蜡，或其与 Sb_2O_3 协效的阻燃体系，能促进聚合物解聚或分解，有利于聚合物受热融解。当燃烧的聚合物熔滴由本体滴落时，能将大部分燃烧热带走，从而中断了热量反馈到聚合物，最终使燃烧停止。

与传热有关的延缓聚合物燃烧的手段还有将隔热材料涂敷于聚合物表面。这种涂层将聚合物基质与燃烧区隔开。

2 阻燃材料的应用

2.1 阻燃性塑料

塑料是以高聚物（或称树脂）为主要成分，再加入填料、增塑剂、抗氧化剂及其他一些助剂，经某种方法加工制成的材料。使塑料阻燃化的主要手段是添加各种阻燃剂。现在应用于塑料的阻燃剂分为有机型和无机型两大类。属于前者的主要有：氯化石蜡、氯化聚乙烯、六溴苯、十溴联苯醚、三（2，3-二溴丙基）异氰酸酯、四溴双酚 A、四溴苯酐、六溴十二烷多聚磷酸铵等。属于后者的主要有：三氧化二锑、水合氧化铝、硼酸锌、氢氧化镁、多聚磷酸铵等。为了使高聚物与上述无机阻燃剂具有更好的相容性，有的无机阻燃剂已做表面处理，例如表面经钛酸酯、铝酸酯或有机硅烷处理的水合氧化铝。也有少数阻燃塑料制品是直接在分子中已导入了含溴、氯、磷的原料制备的，如用四溴双酚 A 代替一般的双酚 A 制备的阻燃环氧树脂，用含磷聚醚多元醇制备的阻燃聚氨酯泡沫塑料等。

2.1.1 阻燃性塑料的分类

（1）按在加热和冷却的重复条件下阻燃塑料的特征，分为阻燃热固性塑料和阻燃热塑性塑料。

①阻燃热固性塑料：这种塑料的特点是在一定的温度下加热到一定的时间后就会硬化。硬化后的塑料质地坚硬，不溶于溶剂，也不能用加热使其软化。如果温度过高，此塑

料就会发生分解。典型的产品有阻燃性酚醛、环氧、氨基（又分为脲醛塑料和蜜胺塑料）、聚酯、不饱和聚酯、有机硅、聚酰亚胺塑料等。

②阻燃热塑性塑料：这一类塑料的特点是遇热软化，冷却后变硬，这一过程可以反复转变。典型的产品有阻燃的聚氯乙烯、聚乙烯（包括高压、中压、低压、高分子量的聚乙烯）、聚丙烯、聚苯乙烯、苯乙烯的共聚物（如苯乙烯与丁二烯和丙烯腈的三元共聚物，它又称 ABS 塑料）、聚甲基丙烯酸酯类（如聚甲基丙烯酸甲酯-有机玻璃）、尼龙（又称聚酰胺）、聚碳酸酯、氯化聚醚以及一些新颖的阻燃耐热塑料，如阻燃的聚苯撑氧、聚砜、聚次苯基硫醚等。

（2）按塑料的应用，可将阻燃塑料分为三类。

①阻燃通用塑料：人们把原料来源丰富、应用面广、价格便宜、主要用于人们日常生活和工农业一般用途（如包装材料、农膜等）的塑料叫作通用塑料。其中产量最大的为聚氯乙烯，其次为高压、低压聚乙烯。前者广泛用作阻燃电线、电缆的包皮和护套，矿井下用的阻燃输送带、乳涂阻燃浆料、电线阻燃套管、电缆用防火轻型槽盒等；后者主要用于制造阻燃铝塑天花板，阻燃、防爆板等；阻燃聚丙烯及阻燃改性聚苯乙烯、阻燃高抗冲聚苯乙烯及苯乙烯与丁二烯、丙烯腈的三元共聚物-阻燃 ABS 塑料也应用较广，而阻燃高抗冲聚苯乙烯及阻燃 ABS 塑料广泛用于制作电视机等物品的外壳和后盖。

属于阻燃通用热固性塑料的还有阻燃酚醛塑料、阻燃氨基塑料（包括阻燃脲醛塑料和阻燃蜜胺塑料）等。

②阻燃工程塑料：指具有较高机械性能和耐热性能，能代替金属或木材等作为结构材料使用的阻燃塑料。主要的阻燃工程塑料有阻燃的聚酰胺类塑料（俗称尼龙）、聚碳酸酯、聚甲醛、改性聚苯撑氧、聚对苯二甲酯乙二醇酯、不饱和聚酯、氯化聚醚、聚砜、聚硫醚（如聚次苯基硫醚）以及阻燃环氧树脂塑料等。其中，聚次苯基硫醚本身就有较高的阻燃性，在一般应用场合，可不必再加入阻燃剂。

有些新型工程塑料（如聚醚酮、聚醚砜等）目前还没有看到它们的阻燃化产品。

③阻燃特种塑料：与金属、陶瓷相比，一般的工程塑料和通用塑料还有耐温不太高、强度低、综合性能不足等缺点，不能满足在特殊条件下的使用。特种塑料就是在这种背景下发展起来的。有些特种塑料本身就具有优良的阻燃性，如含氟塑料等。特种塑料主要有含氟塑料（主要品种有聚四氟乙烯、聚三氟氯乙烯、聚全氟乙丙烯、乙烯-四氟乙烯共聚物、聚偏氟乙烯等）、阻燃有机硅塑料以及以芳杂环聚合物为基础的塑料。在这一类特种塑料中应首推聚酰亚胺塑料（它又分为不熔性的和可熔性的）。不熔性的聚酰亚胺有优良的综合性能，可在 $-296\sim+260℃$ 下长期使用；它可抗高能辐时，电绝缘性好，且耐化学试剂、耐水，氧指数达 36。此类聚合物还有聚唑类聚合物，如聚苯并咪唑、聚苯并噻唑、聚哑唑等。聚苯并咪唑是不燃的，其他几种均可耐高温，亦应具有一定的阻燃性。

2.1.2　阻燃性塑料制品的实例

（1）阻燃高抗冲聚苯乙烯粒料　本品是在高抗冲聚苯乙烯树脂中添加阻燃剂和其他助剂经过分散混合挤出的造粒。将所得的粒料注入注塑成型机即可制得成品。

（2）阻燃聚乙烯塑料　阻燃聚乙烯塑料是在聚乙烯树脂中添加阻燃剂、阻燃协效剂、交联剂、填充剂和其他助剂，经分散保护处理，混合混炼，破碎造粒而制得的。

聚乙烯树脂可选用高压聚乙烯（密度 $0.91\sim0.93g/cm^3$）、中压聚乙烯（密度 $0.95\sim$

$0.97g/cm^3$）和低压聚乙烯（密度$0.94\sim0.96g/cm^3$）。常用阻燃剂为十溴二苯醚、氯化石蜡、三氧化二锑、氢氧化铝、四溴双酚 A 衍生物。交联剂常选用含氯量为 36% 的氯化聚乙烯。填充剂常选用超细级的滑石粉。偶联剂可选用钛酸酯或硅烷偶联剂。

阻燃聚乙烯用途非常广泛，主要用作管材、板材、打包带、包装材料及电气、轻纺、化工、建筑等工业用材料。

2.2 阻燃性橡胶

橡胶广泛应用于电线电缆包皮、传送带、电机与电器工业的橡胶制品、矿山导气用管等。天然橡胶和大多数合成橡胶都是可燃的，建筑防火工程中需进行阻燃化处理。

2.2.1 橡胶分类及阻燃

按橡胶大分子的组成和易燃程度，可将橡胶分为三类：

（1）大分子主链只含碳、氢的橡胶（称烃类橡胶）。这类橡胶包括天然橡胶（NR）、丁苯橡胶（SBR）、丁基橡胶（IIR）、丁二烯橡胶（BR）、丁腈橡胶（NBR）、环氧橡胶（EPM）和乙丙橡胶。它们是橡胶中最主要的一类。

（2）大分子主链除含碳、氢外，还含有其他元素原子的橡胶，如硅橡胶、聚硫橡胶等。

（3）含卤素的橡胶，如氯丁橡胶（CR）、氟橡胶等，这类橡胶一般是较难燃烧的。

根据橡胶的种类，通常按如下机理进行阻燃处理：（a）在橡胶中加入可捕捉高能自由基 HO· 的物质。（b）加入可阻滞橡胶热分解，并促进形成不易燃的三维空间炭质层的物质。（c）加入受热分解时可吸收热量或稀释橡胶热分解的可燃性气体的物质。（d）加入使橡胶燃烧后形成熔融胶滴，并迅速脱离橡胶主体，从而使其隔离火源的物质。（e）加入受热后能产生粘稠液体，并覆盖在橡胶表面，使其与空气隔离的物质。（f）在大分子链上导入卤素、磷等阻燃元素。

目前对于 NR、SBR 等橡胶的阻燃，是加入三氧化二锑或氯化石蜡、四溴双酚 A、十溴联苯醚、三（2，3-二溴丙基）异三聚氰酸酯等有机卤化物，使之组成复合阻燃体系，其阻燃机理为（a）。

对于 NBR 则可再加入含磷阻燃剂（如磷酸三甲苯酯），以实现阻燃化，其阻燃机理为（b）、（e）。

对于 NR、SBR、NBR 等橡胶，除加入上述阻燃剂外，还常加入氢氧化铝，它除按机理（c）阻燃外，还有消烟作用。

硼酸锌是橡胶阻燃的良好增效剂，它一般可与三（2，3-二溴丙基）异三聚氰酸酯、氯化橡胶、氯化石蜡、十溴联苯醚等卤素阻燃剂以及三氧化二锑或五氧化二锑并用，其阻燃机理为（d）。

2.2.2 阻燃橡胶的加工工艺

所有的橡胶在加工中均需硫化。各类阻燃剂大多在橡胶硫化前与硫磺（若氯丁橡胶则用 ZnO 和 MgO 为硫化剂）、硫化促进剂以及其他助剂一起加入到橡胶中，经过混炼混合后再进行硫化，最后制各种阻燃橡胶制品。

氯化天然橡胶的阻燃，一般通过使天然橡胶胶乳与卤化试剂在一定条件下反应来完成。

2.3 阻燃性纤维材料

纤维材料的使用相当广泛。由于其呈纤维状，表面积大，不仅容易点燃，而且火焰容易迅速蔓延，加强纤维的阻燃处理非常重要。

2.3.1 阻燃机理

（1）降低材料的可燃性，这是纤维阻燃改性的主要方式；

（2）改变燃烧的反应方向，增大不燃产物（如 H_2O、HCl、HBr、CO_2 等）的生成量，降低可燃产物或捕获游离基；

（3）产生不燃气体，稀释基材表面上的氧气；

（4）阻燃剂吸热分解，或阻燃剂降解物可与火焰中各产物或基材产物发生吸热反应，降低燃烧区温度；

（5）在基材表面上生成不挥发炭质或玻璃状薄层以阻断氧气，并降低热传导。

阻燃剂要能在纤维中得到实际应用，必须满足一系列要求。例如：（a）难燃性达到使用所需的最低要求；（b）燃烧时要减少产烟量；（c）对纤维的强度、弹性或手感等性能不降低或少降低；（d）在生产和使用中没有生理毒性，且不增加燃烧产物毒性；（e）在正常使用中仍长期保持阻燃性；（f）工艺条件和价格的增加为产品所能接受。通常一种阻燃剂难以完全满足上述要求，因而使用几种阻燃剂复合以起到协同效果。

2.3.2 纤维阻燃剂的改性方法

（1）在纤维合成中应用阻燃共聚单体。此法的优点是阻燃剂成为纤维聚合物的一部分，不易渗出或被浸沥，使用寿命长。缺点是将改变聚合物结构及物理性能和机械性能等。在工业上丙烯酸系纤维，聚酯纤维常用共聚单体作阻燃剂。

（2）在聚合物中应用阻燃添加剂。在纺丝前将添加剂加入纺丝溶液中，为此要求添加剂在纺丝过程中稳定，均匀分散，并能在聚合纤维中保持必须的量。在人造丝、醋酸纤维中常用此法。

（3）用阻燃单体对纤维进行接枝共聚。这是一种较理想的方法，现在已有大量的研究报导，但达到工业化的不多。

（4）对纤维和织物用阻燃剂整理。这是天然纤维（木材、棉和毛）唯一可能的阻燃处理方法。阻燃剂整理可以是非永久的（不耐溶剂和水洗涤）或耐久的（可用溶剂或水洗涤）。后者要求阻燃剂在整理中与基质反应，或就地聚合而成为不溶的物质，现已成功地应用于棉纤维。

（5）用阻燃剂涂层保护基材。这是一种广泛应用的方法，如阻燃油漆。阻燃涂料对老化和耐候性要求高，往往不易达到。

2.3.3 各种纤维材料的阻燃改性和阻燃剂

（1）木材　木材阻燃主要方法是浸渍和表面涂层。

通过无机化合物添加法对木材阻燃的方法有：（a）$NH_4H_2PO_4$、$(NH_4)_2HPO_4$ 或 $(NH_4)_2SO_4$，也可以加入尿素或其他组分；（b）$Na_2B_4O_7 + H_2BO_3$；（c）$ZnCl_2 + Na_2Cr_2O_7$；（d）ZnO，$H_3PO_4 + CuSO_4$。

通过有机化合物对木材进行化学改性阻燃的方法有：（a）有机磷酸酯乳液结合油基防腐剂浸渍；（b）磷和卤素有机化合物溶剂液浸渍；（c）不饱和有机磷单体浸渍，放射线照射聚合；（d）木质素溴化生成溴化木质素作为阻燃剂。

（2）棉和其他纤维素制品。棉纤维改性工作的成就远比其他纤维大。50 年代末期便开始使用三氮啶基氧化磷（APO）和四羟甲基氯化磷（THPC）作为棉纤维耐洗整理体系的主要组分。60 年代瑞士汽巴嘉基公司开发了 N-羟甲基二甲基磷酸基丙酰胺（Pyrox-atex CP），它与纤维素 OH 基反应结合，可用于儿童睡衣、内衣和其他棉织物。70 年代工业上应用还有齐聚乙烯基磷酸酯（Fyro 176），它在纤维中与羟甲基丙烯酰胺进行游离基加聚反应，产物的阻燃性、手感和强度都很好，耐漂白、耐多次洗涤，可用于棉和各种混纺织物。

对于人造丝阻燃改性，可以在纺丝液中加阻燃剂，或用阻燃剂浸渍纤维材料。掺入纺丝液可用烷氧基环偶磷氮、三氯芳基磷酸酯。用以浸渍的阻燃剂有：磷酸与二氰胺、二溴新戊基二醇与磷酐反应生成的酯和氨的复合物等。人造丝在纺丝前与阻燃单体接枝聚合的设想迄今仍未取得结果。用废弃人造丝生产无纺产品，多半不须洗涤再用，可以用无机阻燃剂处理阻燃。

（3）醋酸纤维和三醋酸纤维。醋酸纤维、三醋酸纤维以及纤维素乙酰化制成的纤维素酯都是热塑性的，其熔点约 360℃，分解温度约 300℃。燃烧时易产生滴落，滴下的火焰能继续蔓延。其阻燃改性的一种方法是在抽丝溶液中加入阻燃剂，如 2，3-二溴丙基磷酸酯。如果与非热塑性纤维混纺，则它在火焰中对熔融聚合物起到灯蕊作用，从而增加阻燃困难。通常添加的量少（约 10%）就不起作用，而加量多了又将影响纤维的性能。

（4）毛类织物。毛类纤维较不易燃烧，同时消费量远小于棉纤维，所以阻燃改性工作做得较少。它阻燃改性有三个途径：(a) 非耐久性处理，主要是硼酸盐和磷酸盐用于不须洗涤的产品，如帷幕等；(b) 纤维素改性而发展的体系，其中以卤素化合物为主，如卤素桥酸类、卤代苯二酸类和溴代水杨酸类等，以及以 THPC 为基础的体系，还有一价金属无机盐与多价金属盐，如 $NH_4H_2PO_4$ - Zn $(H_2PO_4)_2$ 的混合溶液作耐久处理；(c) 基于钛和锆的复合物同时加入苹果酸或溴代苯二甲酸，或用四氯化钛和草酸甲钛与苹果酸联合应用在低 PH 煮沸作耐久处理，主要为地毯、毛织物或其他室内装饰而开发的。

（5）聚酯纤维。聚酯纤维是热塑性纤维，燃烧能收缩，并熔融滴落，具有自熄倾向。聚酯纤维阻燃改性方法有：在合成时用含溴或含磷化合物作共聚单体，如二溴对苯二甲酸、四氯对苯二甲醇和双（对羟苯基）甲基膦酸。在纺丝时加阻燃剂和用含溴阻燃剂整理织物，如脂肪族溴化物、溴代联苯醚、四溴双酚 A 二乙基酯、磷酸酯齐聚物、氧化三苯基膦等。

（6）聚烯烃纤维。聚烯烃纤维是易燃的，其降解产物迅速着火，滴落物也能燃烧。化学阻燃改性比较困难，因为其共价键不容易达到化学改性。聚丙烯纤维主要的用途是作为地毯背衬（不织布），可以在粘结剂中加含氯单体共聚，也常加氧化铝、氧化锑和氯化石蜡。有人对聚丙烯中加聚磷酸铵的机理进行了研究，认为是凝聚机理降低了可燃性。

（7）混纺纤维。混纺纤维的阻燃改性，由于可变因素多（如纤维种类、比例、可溶性等）而增加了复杂性，尚不能提出一个普遍的方法。

对混纺纤维进行阻燃整理，阻燃剂有四羟甲基膦类化合物、十溴二苯醚加氧化锑、磷酸盐二聚体、Fyro 176、甲基磷二酰胺类含磷氮卤素化合物等。

纤维材料阻燃改性由于特殊性能要求、经济等原因增加了复杂性。一般说天然纤维材料以后整理加工为主，合成材料以添加溶剂纺丝和整理加工并用。在各种纤维阻燃改性中较成熟的是棉纤维，在聚酯、聚丙烯酸系纤维方面也有一定的发展。

第5节 建筑防火涂料

1 防火涂料的性能

防火涂料具有两个特殊性能，一是涂层本身具有不燃性或难燃性，即能防止被火焰点燃；二是能阻止燃烧或对燃烧的发展有延滞作用，即在一定的时间内阻止燃烧或抑制燃烧的扩展。

防火涂料主要有饰面型防火涂料、电缆防火涂料、钢结构防火涂料、透明防火涂料等。按照防火原理，防火涂料可分为膨胀型防火涂料和非膨胀型防火涂料两大类。膨胀型防火涂料的应用广泛，下面主要讨论这类涂料的防火原理。

膨胀型防火涂料成膜后，在常温下是普通的漆膜。在火焰或高温作用下，涂层发生膨胀炭化，形成一种比原来厚度大几十倍甚至几百倍的不燃海绵状炭质层，它可以切断外界火源对基材的加热，从而起到阻燃作用。膨胀型防火涂料通常含有成膜剂、发泡剂、成炭剂、脱水成碳催化剂、防火添加剂、无机颜料、辅助剂等。

（1）基料 基料对膨胀型防火涂料的性能有重大的影响。它与其他组分匹配，既保证涂层在正常工作条件下具有一般的使用性能，又能在火焰或高温作用下使涂层具有难燃性和优异的膨胀效果。通常使用的基料主要有：

①水性树脂：水性树脂是以水作溶剂或分散剂的一类树脂。它具有节约有机溶剂，施工方便，毒性小，无火灾危险等优点。常用的水性树脂有聚醋酸乙烯乳液、氯乙烯-偏二氯乙烯共聚物乳液、聚丙烯酸酯乳液、氯丁橡胶乳液。

②含氮树脂：含氮树脂的耐水性、耐化学性、装饰性及物理机械性能都较好，也具有一定的阻燃效果。常用的有三聚氰胺甲醛树脂、聚氨基甲酸酯树脂、聚酰胺树脂、丙烯腈共聚物等。

（2）脱水成碳催化剂 脱水成碳催化剂的主要作用是促进和改变涂层的热分解进程，如促进涂层内含羟基有机物脱水，形成不易燃的三维空间结构的炭质层，减少热分解产生的焦油、醛、酮的量，防止放热量大的炭氧化反应等。磷酸、聚磷酸、硫酸、硼酸等的盐、酯、酰胺类物质在 $100\sim250℃$ 时可分解产生相应的酸，都可作为成炭反应的催化剂。

（3）成炭剂 成炭剂是形成三维空间结构不易燃的泡沫炭化层物质基础，对泡沫炭化层起着骨架的作用，它们是一些含高炭的多羟基化合物，如淀粉、糊精、甘露醇、糖、季戊四醇、二季戊四醇、三季戊四醇、含羟基的树脂等。这些多羟基的化合物和脱水催化剂反应生成多孔结构的炭化层。

（4）发泡剂 前面说过，膨胀型防火涂料的涂层遇热时，能放出不燃性气体，如氨、二氧化碳、水蒸汽、卤化氢等，使涂层膨胀起来，并在涂层内形成海绵状结构。这些是靠发泡剂来实现的。

常用的发泡剂有三聚氰胺、双氰胺、六亚甲基四胺、氯化石蜡、碳酸盐、偶氮化合物、N-亚硝化合物、二亚硝基戊四胺及磷酸铵盐、聚氨基甲酸酯、三聚氰胺甲醛树脂等。

（5）有机难燃剂 有机难燃剂在防火涂料中的作用是增加涂层的阻燃能力，并在其他组分的协同作用下实现涂层的难燃化。

（6）颜料　对膨胀型防火涂料来说，含无机填料的比例较少，甚至不含，因其含量增加会影响涂层的发泡效果，从而降低涂层的防火性能。此外，防火涂层一般施工厚度大，较低的颜料组分已能满足遮盖力的要求，故不必加入较多的无机颜料，常用的着色颜料有钛白粉、氧化锌、铁黄、铁红等。

（7）辅助剂　为了提高涂层及炭化层的强度，避免泡沫气化时造成涂层破裂。在膨胀型防火涂料中有时加入少量的玻璃纤维、石棉纤维、酚醛纤维作为涂层的补强剂。同时某些助剂可以提高涂层的物理性能，如增稠剂、乳化剂、增韧剂、颜料分散剂等。

近十几年来防火涂料发展方兴未艾，其品种不断增加，防火性能、耐水性能有了很大的改进和提高，应用范围不断扩大。很多国家已制订法律，规定用于学校、医院、电影院等公用建筑内的涂料必须是阻燃的，否则不准建设。在我国防火涂料的使用也越来越受到人们的重视。

2　防火涂料的性能测试

在建筑中特别是一些大型建筑中由于使用了可燃或易燃材料，为了防患于未然，就要求对这些材料进行必要的保护，主要措施之一就是使用防火涂料，涂覆于材料表面，起到装饰作用，同时还有防腐、防锈、耐酸碱、盐雾等作用，以达到延长材料使用寿命的效能。火灾发生时，阻止火焰的传播，控制火势的发展，赢得宝贵的抢救时间。

防火涂料作为保护层和饰面材料，必须具有使用对象所要求的理化性能。这些理化性能按照我国普通油漆的国家标准进行测试，应符合表 7-9 规定。

饰面型防火涂料的理化性能指标 表 7-9

项　目	标　准	技 术 指 标
在容器中状态	GB/T6753·3—86	无结块，搅拌后均匀
细度（μm）	GB/T6753.3—86	≤100
附着力（级）	GB/T1720—89	≤3
干燥时间（h）	GB/T1728—89	表干：≤4 实干：≤24
柔韧性（mm）	GB/T1731—93	≤3
耐冲击性（kg·cm）	GB/T1732—93	≥20
耐水性（h）	GB/T1733—93	24h 涂层无起皱无剥落
耐湿热性（h）	GB/T1740—93	48h 涂层无起皱无剥落

注：1997 年 9 月 1 日起规定涂料细度≤90μm，表干时间为 5h。

2.1　大板燃烧法（GB/T15442.2）　该法是在特定的基材和燃烧条件下，测试涂覆于试板表面的防火涂料的耐燃特性，并以此评定防火涂料耐燃性能的优劣。它是以一级五层胶合板为试验基材，试板尺寸为 900mm×900mm，在试板上涂上湿涂覆比为 500g/m² 的防火涂料。干燥后置于试架上，用燃烧器以一定的升温曲线燃烧涂覆面，测定试板背火面温度达到 220℃ 或试板出现穿透性裂缝所需的时间（min）。

2.2　隧道燃烧法（GB/T15442.3）　该法是在实验室条件下，以小隧道炉测试涂覆于基材表面防火涂料的火焰传播特性，并以此评定防火涂料对基材的保护作用以及火焰传播性能。试验基材为一级五层胶合板，试样长600mm，宽90mm，厚度5±0.2mm，涂覆了湿涂覆比为500g/m² 的防火涂料。干燥后置于试架上以燃烧器燃烧，同时观察火焰沿试件底、侧面扩展情况，每15s记录火焰前沿到达的距离长度值，直至4min。并以此推算其火焰传播速度。

2.3 小室法（GB/T15442.4） 该法是在实验室条件下，测试涂覆于基材表面的防火涂料（湿涂覆比为250g/m²）的防火性能，以其燃烧失重、炭化体积来评定防火涂料的优劣。饰面型防火涂料的防火性能分级见表7-10。

饰面型防火涂料的防火性能分级　　　　　　　　　　表7-10

序　　号	项　　　　目	级别与指标	
		一　级	二　级
1	耐燃时间（min）	≥20	≥10
2	火焰传播比值	≤25	≤75
3	阻火性质量损失（g）	≤5	≤15
	碳化体积（cm³）	≤25	≤75

体育馆、展览馆、候车厅等大型建筑使用大量的结构钢材，由于钢材的耐火性很差，耐火极限仅有约0.25h，遭遇火灾极易变形垮塌。现在主要措施是用钢结构防火涂料对基材进行保护。钢结构防火涂料的耐火试验是采用标准工字钢梁，经除锈后直接涂刷涂料，并将试件养护到规定的试验条件，在钢梁上翼缘覆盖混凝土板形成涂覆钢梁试件，试验时按设计荷载加载。依据《钢结构防火涂料通用技术条件》（GB/T14907—94）对钢结构防火涂料进行耐火、理化性能检验，其指标见表7-11。

钢结构防火涂料的耐火与理化性能指标　　　　　　表7-11

序　　号	检 验 项 目	技 术 指 标
1	耐火性能	厚涂型（H）：涂层厚8~15mm，耐火极限0.5~3.0h
		厚涂型（B）：涂层厚3~7mm，耐火极限0.5~1.5h
		超薄型（C）：涂层厚不超过3mm，耐火极限0.5~1.5h
2	在容器中的状态	搅拌后均匀，无结块
3	表干时间（h）	B类≤12　H类≤24
4	初期干燥　抗裂性	一般无裂纹
5	粘结强度（MPa）	B类≥0.15　H类≥0.04
6	耐水性（d）	≥24
7	耐冻融循环性（次）	≥15
8	外观与颜色	与样品相比应无明显差异
9	抗振性	挠曲L/200，涂层不起层或脱落
10	抗弯性	挠曲L/100，涂层不起层或脱落

3 防火涂料的应用

3.1 B60-2木质材料的防火涂料

B60-2木质材料的防火涂料是以水作溶剂，具有不燃不爆，无毒无污染，施工方便，干燥快，防火阻燃效果突出，颜色多样，涂层可砂磨打光，具有良好的装饰效果，且耐火，耐油，耐水，其综合性能良好。

3.1.1 防火性能

经国家建筑防火材料质量监督检测中心检测，结果如表7-12。

B60-2防火涂料的防火性能 表7-12

项　　目	检测标准	ZBG51004—85规定	湿涂覆比值（g/m²）	检测结果
耐燃时间（min）	ZBG51001—85	2级≥20	600	>20
		1级≥30	1000	>30
火焰传播值（%）	ZBG51002—85	≤25	500	7.0
失　　重（g）	ZBG51003—85	≤5	250	3.6
碳化体积（cm³）	ZBG51003—85	≤25	250	7.0

3.1.2 适用范围

B60-2木质材料的防火涂料可广泛应用于礼堂、宾馆、医院、科研、办公楼、计算机房、厂房、供电等建筑物中的木隔墙、木盖板、木屋架、纤维板、胶合板顶棚及木龙骨表面，起防火阻燃作用，并可代替油漆起装饰作用，且涂于电力电缆表面可起防延燃作用。

3.1.3 施工要求

（1）在可燃基材上使用，不得小于600g/m²，确保此用量，耐火极限可达20～30min以上。采用喷涂、刷涂、滚滚方法均可，一般涂3～5道，每隔2～4h涂一道，如果要求装饰效果好，可用于砂纸进行打磨。

（2）施工准备：消除基材表面尘土油污，用抹子填补洞眼、缝隙，有装饰要求时，应将基材用砂纸打光。

（3）B60-2涂料不得与其他油漆混装混用，以免影响其防火效果，施工完毕，及时用自来水将容器、喷枪、漆刷冲洗干净。

（4）施工环境：要求在气温10～40℃、相对湿度低于90%的环境下施工。

3.2 A60-KG型快干氨基膨胀防火涂料

A60-KG型快干氨基膨胀防火涂料的特点：是遇火后膨胀生成均匀致密的泡沫状炭质隔热层，有极其良好的防火隔热效果，且防水抗潮性好，涂刷干燥时间快，施工方便，对环境温、湿度无要求，可根据用户要求配色，有较好的装饰效果。该涂料常温快速固化，基本无毒无污染，适用于高层建筑及其他工程等有防火要求的场所。可在木材、电缆、钢材表面涂刷，提高阻燃性能。

3.2.1 防火性能

本防火涂料涂于五合板上，厚0.5～1mm的涂层，在1000℃左右的酒精灯火焰灼烧下，形成一层坚固致密的防火隔热层，经 0.5h 以上的灼烧，膨胀隔热层基本完好，被保护的胶合板背火面的温度低于 160℃。

3.2.2　使用方法

本防火涂料刷、喷涂均可，每隔 1～2h 涂一次。该涂料固体成分较大（50%），稍有沉积，使用时充分搅拌。

（1）木材、纤维等：每立方米需 1kg 涂料。通常涂层厚 0.5mm，可耐火 1h 左右。

（2）电缆：涂层干燥后厚度达 1mm 左右。

（3）金属物体：将表面打磨干净，涂刷厚度可根据实际防火要求而定。通常涂层厚 2.8mm，可耐火 1h 以上。

3.3　TN-LG 钢结构防火隔热涂料

3.3.1　适用范围

TN-LG 钢结构防火涂料，是以改性无机高温粘合剂与膨胀蛭石、膨胀珍珠岩等吸热、隔热及增强材料和化学助剂等配制成的一种防火保护喷涂材料。适用于高层建筑与其他钢结构的防火保护，也可用于防火墙。用 TN-LG 涂料喷涂的钢结构构件表面，形成一层防火隔热层，使钢结构构件在火灾中受到隔热保护。

3.3.2　防火性能

TN-LG 涂料防火隔热性能好，曾在北京国际贸易中心宾馆楼首层宴会厅火灾中，经受了 3h 的火灾考验，喷涂在 18m 跨度的钢梁上的 TN-LG 涂料（设计耐火极限为 2h），很好地保护了钢梁，火灾中现浇混凝土楼板烧蚀 5cm 以上，而钢梁防锈漆颜色都未变，强度未受损伤。

经有关专业监测部门按 GB9978—88（与 ISO834 标准相符）中所规定的程度和升温条件对 TN-LG 涂料进行试验，试件长为 6300mm，截面 400mm×200mm×71mm 的工字钢梁加载（2.6t/m）试验结果如表 7-13。

TN-LG 涂料防火性能　表 7-13

耐火时间（h）	1.5	2.0	3.0
涂层厚度（mm）	15	25	35

3.3.3　施工要点

（1）钢构件喷涂前应作彻底的防锈处理，最好刷上防锈漆，并清除表面尘污。

（2）施工环境温度应保证在 0℃ 以上，并无穿堂风流动。

（3）施工方法：采用喷涂机每隔 2～8h 涂一遍，每次喷涂厚度为 5～10mm，直到要求厚度为止，局部修补可用手工抹涂。

涂料固化较快，搅拌时间应控制在 10min 内，搅拌后 20min 内喷完，夏天气温高时宜更快一些。

（4）固化与保养：刚喷好的涂层应避免雨水冲淋，常温下涂层在 48～96h 之内固化。

3.4　TN-106 预应力混凝土防火涂料

TN-106 预应力混凝土防火涂料，是以无机、有机复合物作粘结剂，配以珍珠岩、硅酸铝纤维等多种成分、多功能原料，用水作溶剂，经机械混合搅拌而成。

目前国内广泛应用的预应力混凝土楼板耐火极限只有 0.5h，TN-106 涂料采用先进的防火隔热技术，具有表观密度小，导热系数小，防火隔热性能突出，耐老化等特点。在预应力混凝土楼板配钢筋的一面喷涂 5mm 厚，楼板的耐火极限可达 2.0h 左右。

3.4.1 防火性能

公安部四川消防科研所国家建筑防火材料质量监督检测中心按 GB9978—88 标准（与 ISO834 标准相符）中规定的程序和升温条件，对 TN–106 涂料进行耐火极限试验，结果如表 7-14。

3.4.2 施工要点

（1）施工温度：应在 4℃ 以上，最好在 10℃ 以上，使之更好地固化。

（2）喷涂施工：将搅拌好的涂料倒入挤压式灰浆泵，用泵输送到喷枪并喷到基材面

TN–106 防火涂料的防火性能　　表 7-14

试件型号规格	YKB33A$_1$	YKB33C$_1$
耐火时间（h）	2.4	1.8
喷涂 TN–106 厚度	5mm	5mm

上，当喷枪口空气压力 >392kPa 时，5mm 厚涂层分两次喷好，第一次基本盖底即可，大约 4h 后再次喷涂，使涂层达到 5mm 厚，注意涂层均匀，外表美观。

（3）涂料用量：5mm 厚涂层，大约用料 6kg/m^2（不包括损耗）。

（4）表面装饰：TN-106 涂料涂在室内预应力混凝土楼板底，其涂层干燥后，表面形成均匀粒状，兼有消声功效，喷涂后可用抹子或带花纹滚子滚平，也可在涂层上喷涂其他装饰材料。

第8章 建筑防排烟设计

第1节 建筑防排烟设计概述

1 防排烟设施设计范围

根据我国《高层民用建筑防火设计规范》（BG50045—95）的规定，按建筑物的使用功能、建筑规模、疏散和扑救难度以及对人员疏散的重要程度等，防排烟设施的设计范围也相应地有所不同。对于一类高层建筑和建筑高度超过32m的二类高层建筑的下列部位，应采取可开启外窗的自然排烟和设置机械排烟措施。

（1）长度超过20m的内走道，即不能直接对外采光和自然通风的内走道，或虽有直接采光和自然通风，但长度超过60m的内走道。

（2）面积超过100m²，且经常有人停留或可燃物较多的房间（如大型办公室、储存较多的可燃物的库房等）。对于面积较大的房间考虑排烟设施，而对于使用人数较少，面积较小的房间不考虑排烟设施，既可保障基本安全，又可节约投资。

（3）超高层建筑封闭避难层。避难层是人们暂时避难之处，必须有独立的防排烟设施。

（4）高层建筑室内中庭。中庭在烟气控制、防止火灾蔓延、安全疏散和火灾救援等方面仍有一定问题，应设置排烟设施。

（5）总面积超过200m²，或一个房间超过50m²，而且经常有人停留或可燃物较多的地下室。

此外，防烟楼梯及其前室，消防电梯前室或两者合用前室，也必须设置防排烟设施。

2 防 烟 分 区

划分防烟分区的目的是为了在火灾初期阶段将烟气控制在一定范围内，以便有组织地将烟排出室外，使人们在避难之前所在空间的烟层高度和烟气浓度在安全允许值之内。

根据《高层民用建筑设计防火规范》（GB50045—95）的规定，每个防烟分区的面积一般不超过500m²，而且，防烟分区不应跨防火分区。

高层建筑多用垂直排烟道（竖井）排烟，一般是在每个防烟分区设一个排烟竖井。从实际排烟效果来看，防烟分区面积划分得小一些，防排烟效果也会好一些，安全性也会提高；然而，在某些高层建筑中常常会有大面积、大空间房间，往往不易实现。防烟分区过小，使排烟竖井数量增多，占用较大的空间，提高造价；而防烟分区面积过大，使高温烟气波及范围加大，会使受灾面积增加，不利于安全疏散和扑救。

划分防烟分区，应注意以下问题：

（1）疏散楼梯间及其前室和消防电梯间及其前室作为疏散和救援的主要通道，应单独划分防烟分区，并设独立的防排烟设施，这对保证安全疏散，防止烟气扩散和火灾垂直蔓延以及迅速扑救都是非常重要的。

（2）对于一些重要的、大型综合性高层建筑，尤其是超高层建筑，为保证建筑物内的所有人员在发生火灾时能安全疏散脱险，需要设置专门的避难层和避难间。这种避难层或避难间不论面积多大，都应单独划分防烟分区，并设独立的防排烟设施。

（3）净高大于6m的房间，一般说来是使用面积较大的房间，如会议厅、观众厅等。这些大空间的房间发生火灾时，一般不会在短时间内达到危及人员生命危险的烟层高度和烟气浓度，故可以不划防烟分区。

（4）不设排烟设施的房间（包括地下室）不划防烟分区。

（5）走道和房间（包括地下室）按规定都设置排烟设施时，可根据具体情况分设或合设排烟设施，并据此划分防烟分区。

（6）一座建筑物的某几层需设排烟设施，且采用垂直排烟道（竖井）排烟时，其余各层（按规定不需要设排烟设施的楼层），如增加投资不多，可考虑扩大设置范围，也宜划分防烟分区。

（7）如果防烟分区跨越了防火分区，则形成防火分区的防火门、防火卷帘、防火阀门因具有一定的隔烟性能，且这些设施还必须与火灾自动报警系统及防灾控制中心联锁，使得跨越防火分区的某一部分空间的排烟发生困难。因而，为了有效排烟，简化设备，防烟分区不应跨越防火分区。

3 隔 烟 设 施

设置隔烟和阻烟设施，以形成防烟分区，主要有防烟垂壁和挡烟梁等。

（1）防烟卷帘：防烟卷帘要求气密性好，在压差为20Pa时，每平方米的漏烟量小于0.2m³/min，防烟卷帘的宽度一般不超过5m，与感烟探测器联动或在防灾中心控制。当作为隔烟设施用时，可与自动喷水装置相结合，以提高耐热性能，设在走道阻烟时，其落下高度应距地板面1.8m以上。

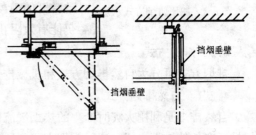

（2）活动式档烟板：当顶棚高度较小，或为了吊顶的装饰效果，常设置活动式挡烟板，如图8-1所示。活动式挡烟板一般设在

图8-1 活动式挡烟板

吊顶上或吊顶内，火灾时与感烟探测器联动，可在防灾中心遥控，也可就地设手动操作，降下后，板的下端至地板面的高度应在1.8m以上。

（3）固定式挡烟板：从顶棚下突出不小于0.5m的梁，可兼作挡烟梁用，对阻挡烟气蔓延有一定的效果，并可形成防烟分区。

4 防排烟方式选择

4.1 防烟方式

防烟方式归纳起来，有不燃化防烟、密闭防烟和机械加压防烟等几种。

4.1.1 不燃化防烟方式

在建筑设计中，尽可能地采用不燃化的室内装修材料、家具、各种管道及其保温绝热材料，特别是对综合性大型建筑、特殊功能建筑、无窗建筑、地下建筑以及使用明火的场所（如厨房等），应严格执行有关规范。不得使用易燃的、可产生大量有毒烟气的材料做室内装修。不燃烧材料不燃烧、不炭化、不发烟，是从根本上解决防烟问题的方法。在不燃化设计的建筑内，即使发生火警，因其材料不燃，产生烟气量少，烟气浓度低。

此外，还要考虑建筑物内储放的衣物、书籍等可燃物品收藏方式的不燃化。即用不燃烧材料制作壁橱等收藏可燃物品。这样即使在发生火灾时，橱柜内的可燃物品一般情况下也不参加燃烧，故可将火灾产生的烟气量减少到最低程度。

高度大于100m的超高层建筑、地下建筑等，应优先采用不燃化防烟方式。

4.1.2 密闭防烟方式

当发生火灾时将着火房间密闭起来，这种方式多用于较小的房间，如住宅、旅馆、集体宿舍等。由于房间容积小，且用耐火结构的墙、楼板分隔，密闭性能好，当可燃物少时，有可能因氧气不足而熄灭，门窗具有一定防火能力，密闭性能好时，能达到防止烟气扩散的目的。

4.1.3 加压防烟方式

在建筑物发生火灾时，对着火区以外的有关区域进行送风加压，使其保持一定的正压，以防止烟气侵入的防烟方式叫加压防烟。在加压区域与非加压区域之间用一些构件分

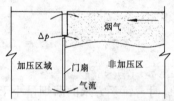

图 8-2 加压防烟方式示意

隔，如墙壁、楼板及门窗等，分隔物两侧之间的压力差使门窗缝隙中形成一定流速的气流，因而有效地防止烟气通过这些缝隙渗漏出来，如图 8-2 所示。发生火灾时，由于疏散和扑救的需要，加压区域与非加压区域之间的分隔门总是要打开的，有时因疏散者心情紧张等，忘记关门而导致常开的现象也会发生，当加压气流的压力达到一定值时，仍能有效阻止烟气扩散。

4.2 排烟方式

排烟方式可分为自然排烟方式和机械排烟方式。

4.2.1 自然排烟方式

自然排烟是利用火灾时产生的热烟气流的浮力和外部风力通过建筑物的对外开口把烟气排至室外的排烟方式。这种排烟方式实质上是热烟气与室外冷空气的对流运动。其动力是火灾加热室内空气产生的热压和室外的风压。在自然排烟设计中，必须有冷空气的进口和热烟气的排烟口。排烟口可以是建筑物的外窗，也可以是专门设置在侧墙上部或屋顶上的排烟口，如图 8-3 所示。

自然排烟方式的优点是，不需要动力和复杂设备，但排烟效果受风的影响。

图 8-3 全面通风排烟方式示意（一）

4.2.2 机械排烟方式

机械排烟方式是用机械设备强制送风（或排烟）的手段来排除烟气的方式。三种常用的机械排烟方式介绍如下。

（1）全面通风排烟方式。对着火房间进行机械排烟，同时对走廊、楼梯（电梯）前室和楼梯间进行机械送风，控制送风量略小于排烟量，使着火房间保持负压，以防止烟气从着火房间漏出的排烟方式称为全面通风排烟方式，如图8-4所示。全面通风排烟方式能有效地防止烟从着火房间漏到走廊，从而确保走廊和楼梯间等重

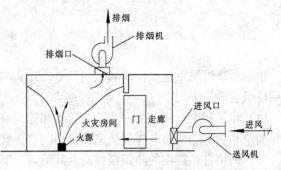

图8-4　全面通风排烟方式示意（二）

要疏散通道的安全。优点是防烟效果好，不受自然风向的影响；缺点是需要机械设备，投资较高，维护保养复杂。此外，还要有良好的调节装置，以控制送风和排烟的平衡，并保持火灾房间的微负压和疏散通道的微正压，要求排烟系统（排烟机械、管道、阀门等）的材料和结构能够耐高温。

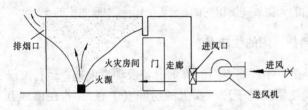

图8-5　机械送风正压烟方式示意

（2）机械送风正压防烟方式。用送风机给防烟前室和楼梯间等送新鲜空气，使这些部位的压力比着火房间相对高些，着火房间的烟气经专设的排烟口或外窗以自然排烟的方式排出，这种排烟方式称为机械送风正压防烟方式，如图8-5所示。因走廊、防烟前室和楼梯间等处的压力较着火房间高，所以新鲜空气会漏入着火房间，将助长火灾的发展，而且两者间的压力相差越大，漏入的空气量越多，因此应严格控制加压区域的压力，是保障排烟效果的关键。

（3）机械负压排烟方式。用排烟风机把着火房间内的烟气通过排烟口排至室外的方式称为机械负压排烟方式,如图8-6所示。这种排烟方式在火灾初期,能使着火房间内的压力下降,造成负压、烟气不会向其他区域扩散。在火灾猛烈阶段,由于烟气量大,温度高,当温度超过排烟系统耐高温的能力时,防火阀门自动关闭,排烟系统停止排烟,这种排烟设施的设备投资和维护管理费用也比较高。

上述几种排烟方式各有优缺点,目前国内外尚有不同看法。鉴于我国经济实力与消防设备现状及管理水平,宜优先采用自然排烟方式;而对那些性质重要、功能复杂的综合大厦、超

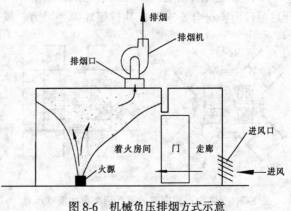

图8-6　机械负压排烟方式示意

高层建筑及无条件自然排烟的高层建筑采用机械加压防烟的方式，并辅以机械排烟。

应该指出的是，防烟与排烟是烟气控制的两个方面，是一个有机的整体，在建筑防火设计中，综合应用防排方式比采用单一方式效果更佳。

第 2 节　自 然 排 烟 设 计

根据《高层民用建筑设计防火规范》（GB50045—95）的规定，采用自然排烟方式的高层建筑应满足下列条件：

（1）建筑高度≤50m 的一类公共建筑和建筑高度≤100m 的居住建筑，靠外墙的防烟楼梯间及其前室、消防电梯间前室和合用前室，宜采用自然排烟方式。

（2）采用自然排烟的防烟楼梯间及其前室、消防电梯间前室和两者的合用前室可开启外窗面积应符合下列规定：

①防烟楼梯间每五层内可开启外窗总面积之和不小于 $2m^2$。

②防烟楼梯间的前室、消防电梯前室可开启外窗面积不应小于 $2m^2$，合用前室不应小于 $3m^2$。

（3）需要排烟的房间、内走道设可启外窗面积不小于该房间、内走道地面积的 2%。

（4）净空高度小于 12m 的中庭可开启的天窗或高侧窗的面积不应小于该中庭面积的 5%。

1　自然排烟的优缺点

自然排烟的优点是：构造简单、经济、不需要专门的排烟设备及动力设施；运行维修费用低；排烟口可以兼作平时通风换气使用。对于顶棚高大的房间（中庭），若在顶棚上开设排烟口，自然排烟效果好。

自然排烟也还存在着一些问题，主要是：排烟效果不稳定；对建筑设计有一定的制约；也有火灾通过排烟口向上蔓延的危险性。

2　自然排烟设计

根据自然排烟设计条件，在进行自然排烟设计时，需要将排烟窗口布置在有利于排烟的位置，并对有效可开启的外窗面积进行校核计算。自然排烟的设计还应考虑以下几点：

（1）对于高层住宅及二类高层建筑，当前室内两个不同方向设有可开启的外窗，且可开启窗口面积符合要求时，其排烟效果受风力、风向、热压等因素的影响较小，能达到排烟的目的。因此，在实际设计中，应尽可能利用不同朝向开启外窗来排除前室的烟气，如图 8-7。

（2）排烟口位置越高，排烟效果越好，所以，可开启外窗应尽可能靠近顶棚位置，并应有方便开启的装置。

（3）为了减少风向对自然排烟的影响，当采用阳台、凹廊为防烟前室时，应尽量设置与建筑色彩、体型相

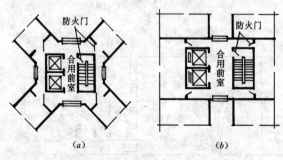

（a）　　　　　　（b）

图 8-7　有两个不同方向的可开启外窗的前室示意

适应的挡风措施，如图 8-8 所示。

（4）内走廊排烟窗口应尽量设在两个不同的朝向上。

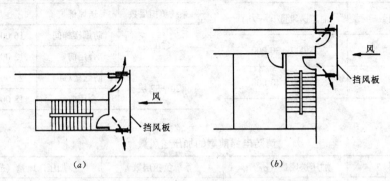

图 8-8　设挡风板的阳台、凹廊

第 3 节　加 压 送 风 防 烟 系 统 设 计

1　设计步骤及条件

（1）根据《高层民用建筑设计防火规范》（GB50045—95）要求，确定需要设置加压送风的部位。

（2）确定加压送风系统的加压值（楼梯间为 50Pa，前室为 25Pa）。

（3）计算加压空间（疏散通道）的漏风面积。

（4）计算加压空间在关门条件下的加压送风量。

（5）根据加压送风的部位，确定在开门条件下门的断面风速要求：

①仅楼梯间加压送风时，开启门的断面风速不小于 0.7m/s。

②当楼梯间和前室分别加压送风时，应同时满足：当楼梯间至前室的门及前室至走道的门均开启时，通过其中任何一道门的断面风速不小于 0.7m/s；当楼梯间至前室的门关闭，前室至走道的门开启时，通过前室至走道门的断面风速不小于 0.5m/s，或维持楼梯间内的压力大于 45Pa。

（6）验证开门时的门断面风速。

（7）若不能满足开门时断面风速要求，应调整送风量以满足开门时断面风速的要求。

（8）确定建筑物周边漏风面积，计算排风量。

（9）根据加压送风量计算加压送风系统的管路断面尺寸。

（10）确定加压送风机。

2　计 算 方 法

2.1　查表法
需设置加压送风系统空间的加压送风量见表 8-1～表 8-4。

2.2　计算法
2.2.1　计算加压空间的漏风面积

防烟楼梯间（前室不送风）的加压送风量 表 8-1	
系统负担层数	加压送风量（m³/h）
<20 层	25 000~30 000
20~32 层	35 000~40 000

防烟楼梯间及其合用前室分别加压的送风量 表 8-2		
系统负担层数	送风部位	加压送风量（m³/h）
<20 层	防烟楼梯间	16 000~20 000
	合用前室	12 000~16 000
20~32 层	防烟楼梯间	20 000~25 000
	合用前室	18 000~22 000

消防电梯前室的加压送风量 表 8-3			
系统负担层数	加压送风量（m³/h）	系统负担层数	加压送风量（m³/h）
<20 层	15 000~20 000	20~32 层	22 000~27 000

防烟楼梯间采用自然排烟、前室或合用前室不具备自然排烟条件时的送风量 表 8-4			
系统负担层数	加压送风量（m³/h）	系统负担层数	加压送风量（m³/h）
<20 层	22 000~27 000	20~32 层	28 000~32 000

注：（1）表中风量按开启 2.00m×1.60m 双扇门确定，当采用单扇门时，其风量乘以系数 0.75；当有 2 个或 2 个以上的出入口时，其风量应乘以系数 1.50~1.75 计算。开启门时，通过门的风速不宜小于 0.75m/s。（2）风量上下限选取应按层数、风道材料、防火门漏风量等因素综合比较确定。（3）层数超过 32 层的高层建筑，其送风系统及送风量应分段设计。（4）封闭避难层（间）的机械加压送风量应按避难层净面积每平方米不小于 30m³/h 计算。

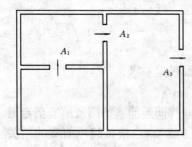

图 8-9 串联方式渗漏

（1）加压空间的空气以串联方式渗漏（图 8-9），总漏风面积 $A_总$ 为：

$$\frac{1}{(A_总)^2} = \frac{1}{(A_1)^2} + \frac{1}{(A_2)^2}$$

或

$$A_总 = \frac{A_1 \times A_2}{(A_1^2 + A_2^2)^{\frac{1}{2}}} \qquad (8-1)$$

（2）加压空间的空气以并联方式渗漏（图 8-10），总漏风面积为：

$$A_总 = A_1 + A_2 + A_3 \qquad (8-1')$$

根据对实际建筑物门的安装尺寸测量，常用的四种类型门的实际漏风面积见表 8-5。

四种常用门的实际漏风面积 表 8-5			
门的类型	高(m)×宽(m)	缝隙长度(m)	漏风面积(m²)
开向加压空间方向的单扇门	2.0×0.8	5.6	0.02
从加压空间向外开启的单扇门	2.0×0.8	5.6	0.04
双扇门	2.0×1.6	9.2	0.04
电梯门	2.0×2.0	10	0.06

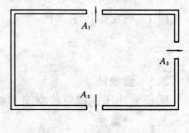

图 8-10 并联方式渗漏

186

当加压空间的门全部关闭时，计算维持加压送风系统规定的正压值所需的送风量。

$$Q = 0.827 \times A \times P^{\frac{1}{2}} \times 1.25 \tag{8-2}$$

式中　Q——加压空间所需要的送风量（m^3/s）；

　　　A——加压空间的漏风面积（m^2）；

　　　P——加压空间所需维持的正压值（Pa）；

　1.25——漏风附加系数。

2.2.2　电梯前室内电梯门的漏风量

$$Q_F = 0.827 \times \frac{N \times A_d \times A_F}{[(NA_d)^2 + A_F^2]^{\frac{1}{2}}} \times P^{\frac{1}{2}} \tag{8-3}$$

式中　Q_F——电梯前室内通过电梯竖井的漏风量（m^3/s）；

　　　N——电梯门的数量；

　　　A_d——电梯门的漏风面积（m^2）；

　　　A_F——电梯竖井顶部连通室外的面积（m^2）；

　　　P——电梯前室的加压值（Pa）。

2.2.3　验证在开门条件下的断面风速

（1）仅楼梯间加压送风时（图8-11）

①当建筑物层数 $n \leqslant 10$ 时，可认为向楼梯间内的加压送风量在门开启时全部由门的洞口排出，故通过开启门的断面风速为：

$$v_1 = \frac{Q}{F} \times 0.6 \tag{8-4}$$

式中　v_1——门开启时，通过门的断面风速（m/s）；

　　　Q——对加压空间提供的送风量（m^3/s）；

　　　F——门的有效断面面积（m^2），门的断面面积均按单扇门考虑，双扇门认为开启一半；

　0.6——流通系数。

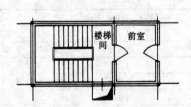

图8-11　仅楼梯间加压送风

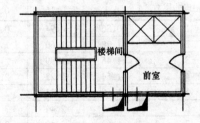

图8-12　楼梯间和合用前室分别加压送风

②当建筑物层数 $n \geqslant 10$ 时，除考虑开启的门外，还应考虑其他的渗漏面积，故通过开启门的断面风速为：

$$v_1 = \frac{Q}{F + (n-1)A} \times 0.6 \tag{8-5}$$

式中　A——除开启门的断面面积外其他漏风面积之和（m^2）；

　　　n——建筑物层数。

(2) 楼梯间和合用前室分别加压送风时（图8-12）

①通过楼梯间至合用前室门的断面风速为

$$v_2 = \frac{Q_{SL}}{F_{SL}} \times 0.6 \qquad (8\text{-}6)$$

式中　v_2——通过合用前室门的断面风速（m/s）；

　　　F_{SL}——楼梯间至前室门的断面面积（m²），均按单扇门考虑，双扇门认为开启一半；

　　　Q_{SL}——通过合用前室门的风量（m³/s）：

$$Q_{SL} = Q_S + Q'_S \qquad (8\text{-}7)$$

　　　Q_S——加压送风系统对楼梯间提供的送风量（m³/s）；

　　　Q'_S——其他层加压前室通过合用前室门进入到楼梯间的风量（m³/s）：

$$Q'_S = Q_L \times \frac{A_D}{A_D + A_L + \dfrac{m}{n}A_d R}(n-1) \qquad (8\text{-}8)$$

式中　Q_L——每个前室的加压送风量（m³/s）；

　　　A_D——楼梯间至前室门的漏风面积（m²）；

　　　A_L——前室至走道的漏风面积（m²）；

　　　A_d——电梯门的漏风面积（m²）；

　　　n——加压前室的层数；

　　　m——电梯竖井的数量；

　　　R——电梯竖井加压空气排放系数，见表8-6。

电梯竖井加压空气排放系数　　　　　　　　　　　　　　　　　　表8-6

加压前室与电梯竖井相连的层数	电梯竖井的排气面积（m²）			加压前室与电梯竖井相连的层数	电梯竖井的排气面积（m²）		
	0.1	0.16	0.22		0.1	0.16	0.22
1	0.86	0.94	0.96	8	1.63	2.53	3.33
2	1.28	1.60	1.76	9	1.64	2.56	3.40
3	1.46	1.99	2.32	10	1.645	2.58	3.44
4	1.54	2.22	2.70	12	1.65	2.60	3.51
5	1.58	2.35	2.96	14	1.655	2.62	3.55
6	1.61	2.44	3.13	16	1.66	2.63	3.57
7	1.62	2.49	3.25	>16	1.66	2.66	3.66

②通过合用前室走道门的断面风速为：

$$v_3 = \frac{Q_{LA}}{F_{LA}} \times 0.6 \qquad (8\text{-}9)$$

式中　v_3——通过合用前室走道门的断面风速（m/s）；

　　　Q_{LA}——通过合用前室走道门的风量（m³/s）；

$$Q_{LA} = Q_A + Q_L + Q'_L \qquad (8\text{-}10)$$

　　　Q'_L——其他加压前室通过电梯门进入到前室的风量（m³/s）：

$$Q'_L = \frac{1}{3} \times \frac{m \times R \times A_d \times Q_L}{A_D + A_L + \frac{m}{n}A_d \times R}$$ (8-11)

F_{LA}——开启前室至楼梯间门的断面面积（m²），均按单扇门考虑，双扇门认为开启一半。

第4节 机械排烟设计

1 机械排烟设置部位

根据《高层民用建筑设计防火规范》（GB50045—95）的规定，机械排烟设置部位应按表8-7设计。

机 械 排 烟 设 置 部 位　　　　　　　　　　　　　　　　表 8-7

建筑类别	机 械 排 烟 设 置 部 位	
一类建筑和>32m的二类建筑	长度>20m的无直接自然通风的	走道
	长度>60m的有直接自然通风的	
	面积>100m²的且经常有人停留或可燃物较多的	地上无窗房间或固定窗房间
	不具备自然排烟的	中庭
	净空高度>12m的	
	各房间面积之和>200m²的且经常有人停留或可燃物较多的	地下室
	单个房间面积>50m²的且经常有人停留或可燃物较多的	

需要注意的是，带裙房的高层建筑防烟楼梯间及其前室、消防电梯间前室或合用前室，当裙房以上部分利用可开启外窗进行自然排烟，而裙房部分不具备自然排烟条件时，其前室或合用前室应设置局部机械排烟设施。

2 机械排烟设计

2.1 机械排烟风量的计算

根据《高层民用建筑设计防火规范》（GB50045—95）的规定，排烟量按下述方法计算。

（1）当排烟风机负担一个防烟分区或净空高度大于6.0m的不划分防烟分区的大空间房间时，应按该防烟分区面积每 m² 不小于60m³/h 计算（单台风机最小排烟量不应小于7200m³/h）；当担负两个或两个以上防烟分区排烟时，应按最大防烟分区面积每 m² 不小于120m³/h 计算。

（2）中庭排烟量按其体积大小确定，当中庭体积小于17000m³ 时，其排烟量按体积的 6 次/h 换气计算；中庭体积大于17000m³ 时，其排烟量按体积的 4 次/h 换气计算，但最小排烟量不应小于102000m³/h。

（3）带裙房的高层建筑防烟楼梯间及其前室、消防电梯间前室或合用前室，当裙房以上部分利用可开启外窗进行自然排烟，裙房部分不具备自然排烟条件时，其前室或合用前室的局部机械排烟量按前室每 m^2 不小于 $60m^3/h$ 计算。当几个前室共有一台风机时，风机的排烟量应按前室面积每 m^2 不小于 $120m^3/h$ 计算。

（4）选择排烟风机应附加漏风系数，一般采用 $10\% \sim 30\%$，排烟系统的管道，应按系统最不利条件考虑，也就是按最远两个排烟口同时开启的条件计算。

2.2　排烟系统的布置

2.2.1　使用性质与排烟系统

可燃物多、火灾时发烟量多的商场、室内停车场、大型厨房等，应划作独立防烟分区，以防向其他空间扩散烟气；不固定服务对象且人数众多的影剧院、宾馆、展览馆等，应防止其他空间的烟气侵入，划分独立防烟分区。

此外，疏散通道的走廊、前室、楼梯间等，因其安全程度不同，划分为不同的防烟分区。

在上述不同的防烟分区，最好分别设置排烟系统（含管网、风机）。但是，如果分别设置排烟系统造成管线、风机增加，管理困难时，其竖管道（总管道）可以不增设，而各个分区的水平管道仍应分别设置。

高层建筑中的停车场、防烟楼梯间前室、消防电梯前室等，应设单独的排烟系统（图8-13）；厨房和走廊等，原则上，水平管道应分设，但可用同一竖（总）管道（图8-14）。

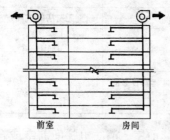

图 8-13　分别设置排烟系统示意

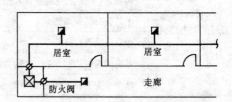

图 8-14　走廊与居室分别设排烟系统

2.2.2　防烟分区面积与排烟系统

办公大厦、商业大厦等高层建筑，可以按照每个防烟分区 $\leqslant 500m^3$ 的要求分区；而高层建筑中的剧场、电影院的观众厅、会议厅等，建筑高度超过 6m，不宜划分防烟分区。此时，若用同一排烟系统担负不同面积防烟分区的排烟时（图8-15），因为管道和风机都是按照面积大的防烟分区选择的，势必造成对面积小的防烟分区的风量、静压过大，引发户门开闭费力，漏气量增加，排烟风机的振动等问题。所以，在同一管道系统内，尽可能使防烟分区面积较为接近。

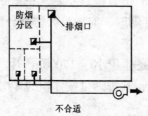

不合适

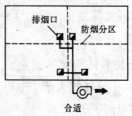

合适

图 8-15　防烟分区的大小

2.2.3 排烟风机与管道

排烟风管过长或管网复杂时，会出现管网系统的静压力过大，不能稳定排烟的情况。排烟管道应利用烟的自然流动，使排烟能够平稳顺畅地运行。为此，管道与排烟风机的位置应适当布置，使水平管道越短越好（图 8-16、图 8-17），排烟风机不得设在排烟口位置的下方。

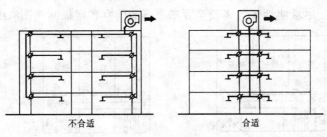

图 8-16　排烟竖井与排烟风机的位置示意

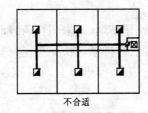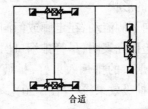

图 8-17　排烟竖井的布置示意

2.3　排烟口

2.3.1　排烟口型式

排烟口分关闭型和开放型两类。关闭型排烟口平时处于关闭状态，发生火灾时由开启装置瞬时开启，进行排烟，适用于两个以上防烟分区共用一台排烟机的情况。开放型排烟口平时处于开放状态，适用于一个防烟分区专用一台排烟风机的情况，用手动操作装置直接起动排烟风机。

2.3.2　设置位置

（1）排烟口的设置高度：

①当顶棚高度＜3m 时，排烟口可设置在顶棚；或从顶棚起的 800mm 以内；当用挡烟垂壁作防烟分区时，设置在挡烟垂壁下沿的以上部位。

②当顶棚高度≥3m 时，排烟口可设置在楼面起 2.1m 以上，或楼层高度的 1/2 以上。

（2）排烟口在平面上的设置　排烟口尽量设在防烟分区的中心位置，排烟口至该防烟分区最远点的水平距离不应超过 30m（图 8-18）。并且，在排烟口 1.0m 范围内不得有可燃材料。

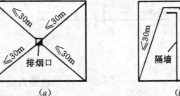

图 8-18　排烟口在平面上的设置

排烟口的尺寸，可根据烟气通过排烟口有效断面时的速度不小于 10m/s 进行计算，排烟口的最小面积一般不应小于 0.04m²。

同一分区内设置数个排烟口时，要求做到所有的排烟口能同时开启，排烟量应等于各排烟口排烟量之和。

（3）疏散方向与排烟口的布置　排烟口的位置，应使排烟烟流方向与人流疏散方向相反。例如在走廊里，尽量使烟气远离安全要求更高的前室和楼梯间（图8-19）。

图 8-19　疏散方向与排烟口的布置

2.3.3　排烟口的形状

为了防止烟流向下侧流动，在走廊或门洞上部设置排烟口，采用长条缝形的排烟口效果最好。走廊排烟实验研究表明，尽管排烟口面积相同，但排烟口长度与走廊宽度相同的长条缝排烟口，比方形排烟口的排烟效果好，排烟量大。方形排烟口只对其宽度范围的烟流有效，对其周围烟气的抽吸效果较差（图8-20）。

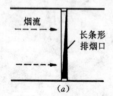

图 8-20　走廊排烟口的形状与效果

2.3.4　排烟口的启动装置

排烟口应设手动开启装置，或设与感烟探测联动的自动开启装置，设有防灾中心的建筑物，还应设由防灾中心控制的遥控装置。手动开启装置宜设在墙面上，距地面

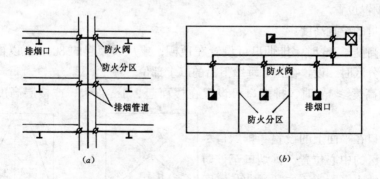

图 8-21　排烟管道贯通防火分区时防火阀门的装置
（a）剖面示意；（b）平面示意

0.8~1.5m处。

2.4 排烟风道的防火阀门

在排烟管道系统中设置防火阀门的目的是：当火灾房间或火灾层的排烟温度很高时（如≥280℃），使该部分的排烟停止，而确保其他部分的排烟功能；排烟设备在排除烟气时，防止排烟风道向其他空间蔓延火灾。

防火阀门的安装位置如下：

（1）尽量避免水平排烟管道贯通防火分区，而只在与竖管相接之处贯通防火分区，并设置防火阀门，如图8-21所示。

（2）排烟竖管原则上不得设置防火阀门。特别是竖管与风机连接的贯通部位以及排烟风机出口一侧不得设防火阀门（图8-22），而只设在水平管与竖向管连接之前的竖井防火分区的隔墙上。

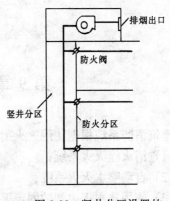

图 8-22 竖井分区设置的
防火阀门

第9章 建筑消防设备

建筑消防系统根据使用灭火剂的种类和灭火方式可分为下列3种灭火系统：

（1）消火栓灭火系统；

（2）自动喷水灭火系统；

（3）使用非水灭火剂的固定灭火系统，如二氧化碳灭火系统、干粉灭火系统、混合气体灭火系统、卤代烷灭火系统等。

水是不燃液体，在与燃烧物接触后会通过物理、化学反应从燃烧物中摄取热量，对燃烧物起到冷却作用；同时水在被加热和汽化的过程中所产生的大量水蒸气，能够阻止空气进入燃烧区，并能稀释燃烧区内氧的含量从而减弱燃烧强度；另外经水枪喷射出来的压力水流具有很大的动能和冲击力，可以冲散燃烧物使燃烧强度显著减弱。

在水、泡沫、酸碱、卤代烷、二氧化碳和干粉等灭火剂中，水具有使用方便，灭火效果好，来源广泛，价格便宜，器材简单等优点，是目前建筑消防的主要灭火剂。

第1节 室内消火栓灭火系统

1 消火栓灭火系统的特点与任务

室内消火栓灭火系统是把室外给水系统提供的水量，经过加压（外网压力不满足需要时）输送到用于扑灭建筑物内的火灾而设置的固定灭火设备，是建筑物中最基本的灭火设施。

多层建筑内的室内消火栓灭火系统的任务主要控制前10min火灾，10min后由消防车扑救；高层建筑消防立足自救，室内消火栓灭火系统要在整个灭火过程中起主要作用。

2 消火栓灭火系统应用范围与设置场所

根据我国《建筑设计防火规范》（GBJ16—87），下列建筑物应设室内消火栓灭火给水设备：

（1）厂房、库房、高度不超过24m的科研楼（存有与水接触能引起燃烧、爆炸的物品除外）。

（2）超过7层的单元住宅和超过6层的塔式、通廊式、底层设有商业网点的单元式住宅。

（3）超过5层或体积超过10000m³的其他民用建筑。

（4）超过800个座位的剧院、电影院、俱乐部和超过1200个座位的礼堂、体育馆。

（5）体积超过5000m³的车站、码头、机场建筑物以及展览馆、商店、病房楼、门诊楼、图书馆等。

（6）国家级文物保护单位的重点砖木或木结构的古建筑。

（7）使用面积超过 300m² 的防空地下室的商场、医院、旅馆、展览厅、旱冰场、体育场、舞厅、电子游艺场等。

（8）使用面积超过 450m² 的防空地下室的餐厅、丙类和丁类、戊类生产车间、丙类和丁类物品库房。

（9）防空地下室的电影院、礼堂。

（10）消防电梯间的前室。

（11）高层建筑和多层汽车库的平屋顶上，应设试验用的消火栓。

（12）设有空气调节系统的旅馆、办公楼和超过 1500 个座位的剧院及会堂，其闷顶内安装有面部灯位的马道，宜增设消防卷盘设备。

3 消火栓灭火系统的组成与布置

室内消火栓灭火系统一般由消火栓箱、消防卷盘、消防管道、消防水池、高位水箱、水泵接合器及增压水泵等组成。图 9-1 为设有水泵、水箱的室内消火栓灭火系统图。

3.1 消火栓箱

室内消火栓箱又称消防箱，由箱体及装于箱内的消火栓、水龙带、水枪、消防按钮和消防卷盘等组成，常用的 SG 系列室内消火栓箱外形见图 9-2，主要尺寸见表 9-1，消火栓箱内布置见图 9-3。

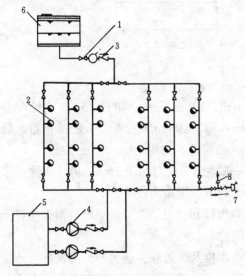

图 9-1　室内消火栓灭火系统
1—阀门；2—室内消火栓；3—止回阀；
4—水泵；5—贮水池；6—高位水箱；
7—水泵接合器；8—安全阀

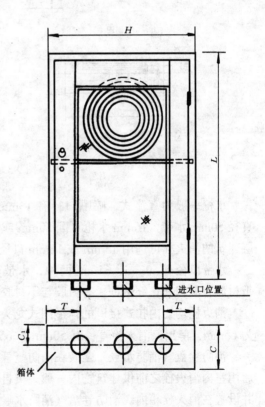

图 9-2　SG 系列室内消火栓箱外形

195

规　　　格	*L*	*H*	*C*	*T*	*C1*
1000×700×240	1000	700	240	150	100
800×650×240	800	650	240	120	100
800×650×210	800	650	210	120	80

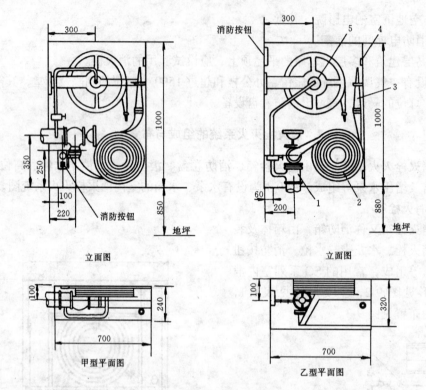

图 9-3　消火栓箱

1—消火栓；2—龙带；3—水枪；4—消防按钮；5—消防卷盘

水枪一般为直流式，喷嘴口径有 13mm、16mm、19mm 三种。口径 13mm 水枪配备直径 50mm 水带，16mm 水枪可配 50mm 或 65mm 水带，19mm 水枪配备 65mm 水带。低层建筑的消火栓可选用 13mm 或 16mm 口径水枪，高层建筑选用 19mm 口径水枪。

水带口径有 50mm、65mm 两种，水带长度一般为 15m、20m、25m、30m 四种；水带材质有麻织和化纤两种，有衬胶与不衬胶之分，衬胶水带阻力较小。

消火栓均为内扣式接口的球形阀式龙头，有单出口和双出口之分。双出口消火栓直径为 65mm，单出口消火栓直径有 50mm 和 65mm 两种。

消防卷盘（消防水喉）是装在消防竖管上带小水枪及消防胶管卷盘的灭火设备。是在启用室内消火栓之前供建筑物内一般人员自救初期火灾的消防设施，一般与室内消火栓合并设置在消火栓箱内。消防卷盘（消防水喉）的栓口直径宜为 25mm，配备的胶带内径不小于 19mm，水枪喷嘴口径不小于 6mm。在高层建筑的高级旅馆、重要的办公楼、一类建筑的商业楼、展览楼、综合楼及高度超过 100m 的其他民用建筑内应设置消防卷盘。

室内消火栓箱应设置在走道、防火构造楼梯附近、消防电梯前室等明显易于取用的地点。设在楼梯附近时，不应妨碍避难行动的位置，见图9-4。供集会或娱乐用场所的舞台两侧、观众席后两侧及包厢后侧、出入口附近宜设室内消火栓。平屋顶上应设检查用消火栓，坡屋顶或寒冷地区可设在顶层出口处或水箱间内。

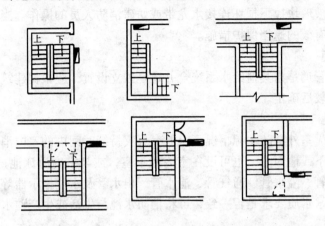

图 9-4　楼梯附近消火栓箱的位置

设有室内消火栓灭火系统的建筑物，除无可燃物的设备层以外，其他各层均应设消火栓。建筑高度超过100m的超高层建筑的避难层、避难区和直升飞机停机坪附近均应设室内消火栓。消火栓箱体可根据建筑要求明装或嵌墙暗装。消火栓栓口离地面高度宜为1.10m，接口出水方向宜向下或与设置消火栓的墙面相垂直。高层建筑的裙房及多层建筑的消火栓间距不应大50m。高层建筑的消火栓间距不应大于30m，多层建筑、跃层公寓或住宅建筑可以在相邻层共用一消火栓。

3.2　水泵接合器

水泵接合器的主要用途是当室内消防泵发生故障或遇大火室内消防用水不足时，供消防车从消防水池或室外消火栓取水，通过水泵接合器将水送到室内消防管网，供紧急灭火时使用。水泵接合器有地上、地下和墙壁式3种类型，见图9-5。

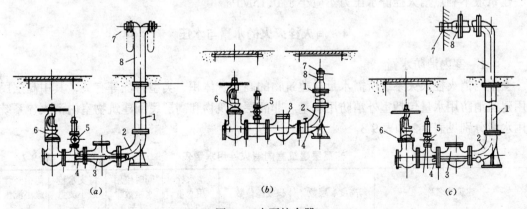

图 9-5　水泵接合器

(a) 地上式；(b) 地下式；(c) 墙壁式

1—法兰接管；2—弯管；3—升降式单向阀；4—放水阀；5—安全阀；6—楔式闸阀；

7—进水用消防接口；8—本体

超过 4 层的厂房和库房、高层工业建筑、设有消防管网的住宅及超过 5 层的其他民用建筑，其室内应设水泵接合器。水泵接合器设置在便于消防车使用的地点。距室外消火栓或消防水池的取水口、取水井的距离宜为 15～40m。当采用墙壁式水泵接合器时，其安装高度为中心距室外地坪 700mm，接合器上部墙面不宜是玻璃幕墙或玻璃窗等易破碎材料，以防火灾时，破损玻璃块掉下损坏连接水龙带或妨碍消防人员的操作。当必须设在该位置时，应在其上采取有效的遮挡保护措施。

3.3 消防管道

建筑物内消防管道是与其他给水系统合并还是独立设置，应根据建筑物的性质和使用要求经技术经济比较后确定。

3.4 消防水池

消防水池用于无室外消防水源情况下，贮存火灾持续时间内的室内消防用水量。消防水池可设于室外地下或地面上，也可设在室内地下室，或与室内游泳池、水景水池兼用。消防水池设有进水管、溢水管、通气管、泄水管、出水管及水位指示器等附属装置。根据各种用水系统的供水水质要求是否一致，可将消防水池与生活或生产贮水池合用，也可单独设置。

3.5 消防水箱

消防水箱对扑救初期火灾起着重要作用，为确保其自动供水的可靠性，应采用重力自流供水方式。消防水箱宜与生活（或生产）高位水箱合用，以保持箱内贮水经常流动、防止水质变坏。

消防水箱应贮存有 10min 的消防用水量。对于一般建筑，当室内消防用水量不超过 25L/s 时，消防水箱容积不大于 12m³；当室内消防用水量超过 25L/s 时，消防水箱不大于 18m³。对于高层建筑，一类公共建筑不应小于 18m³；二类公共建筑和一类居住建筑不应小于 12m³；二类居住建筑不应小于 6m³。

高位消防水箱的设置高度应保证最不利点消火栓静水压力。当建筑高度不超过 100m 时，高层建筑最不利点消火栓静水压力不应小于 0.07MPa；当建筑高度超过 100m 时，高层建筑最不利点消火栓静水压力不应小于 0.15MPa。

4 消火栓灭火的水量与水压

4.1 室内消防水量

室内消火栓灭火系统所需水量与建筑物的高度、体积、类型特征等有关，其中高层民用建筑消防用水量包括室外消防用水量。非高层建筑物和高层民用建筑物室内消火栓系统用水量分别见表 9-2 和表 9-3。

非高层建筑室内消火栓用水量表 表 9-2

建筑物名称	高度、层数、体积或座位数	消火栓用水量 L/s	同时使用水枪数量 支	每支水枪最小流量 L/s	每根竖管最小流量 L/s
厂 房	高度≤24m、体积≤10000m³	5	2	2.5	5
	高度≤24m、体积>10000m³	10	2	5	10
	高度>24m 至 50m	25	5	5	15
	高度>50m	30	6	5	15

建筑物名称	高度、层数、体积或座位数	消火栓用水量 L/s	同时使用水枪数量 支	每支水枪最小流量 L/s	每根竖管最小流量 L/s
科研楼、试验楼	高度≤24m、体积≤10000m³	10	2	5	10
	高度≤24m、体积＞10000m³	15	3	5	10
库　房	高度≤24m、体积≤10000m³	5	1	5	5
	高度≤24m、体积＞10000m³	10	2	5	10
	高度＞24m 至 50m	30	6	5	15
	高度＞50m	40	8	5	15
车站、码头、机场和展览馆	5001～25000m³	10	2	5	10
	25001～50000m³	15	3	5	10
	＞50000m³	20	4	5	15
商店、病房楼、教学楼	5001～25000m³	5	2	2.5	5
	25001～50000m³	10	2	5	10
	＞500000m³	15	3	5	10
剧院、电影院、俱乐部、礼堂、体育馆等	801～1200 个	10	2	5	10
	1201～5000 个	15	3	5	10
	5001～10000 个	20	4	5	15
	＞10000 个	30	6	5	15
住　宅	7～9 层	5	2	2.5	5
其他建筑	≥6 层或体积≥10000m³	15	3	5	10
国家级文物保护单位的重点砖木、木结构的古建筑	体积≤10000m³	20	4	5	10
	体积＞10000m³	25	5	5	15

注：1. 丁、戊类高层工业建筑室内消火栓的用水量可按本表减少 10L/s，同时使用水枪数量可按本表减少 2 支。

2. 增设消防水喉设备，可不计入消防水量。

高层建筑室内外消火栓给水系统的用水量表　　　　表 9-3

高层建筑类别	建筑高度 m	消火栓用水量 L/s		每根竖管最小流量 L/s	每支水枪最小流量 L/s
		室外	室内		
普通住宅	≤50	15	10	10	5
	＞50	15	20	10	5
1　高级住宅 2　医院 3　二类建筑的商业楼、展览楼、综合楼、电信楼、财贸金融楼、商住楼、图书馆、书库 4　省级以下的邮政楼、防灾指挥调度楼、广播电视楼、电力调度楼 5　建筑高度不超过 50m 的教学楼和普通旅馆、办公楼、科研楼、档案楼等	≤50	20	20	10	5
	＞50	20	30	15	5

高 层 建 筑 类 别	建筑高度 m	消火栓用水量 L/s		每根竖管最 小流量 L/s	每支水枪最 小流量 L/s
		室外	室内		
1 高级旅馆 2 建筑高度超过 50m 或每层建筑面积超过 1000m² 的商业楼、展览楼、综合楼、电信楼、财贸金融楼 3 建筑高度超过 50m 或每层建筑面积超过 1500m² 的商住楼 4 中央级和省级（含计划单列市）广播电视楼	≤50	30	30	15	5
5 网局级和省级（含计划单列市）电力调度楼 6 省级（含计划单列市）邮政楼、防灾指挥调度楼 7 藏书超过 100 万册的图书馆、书库 8 重要的办公楼、科研楼、档案楼 9 建筑高度超过 50m 的教学楼和普通旅馆、办公楼、科研楼、档案楼等	>50	30	40	15	5

注：建筑高度不超过 50m，室内消火栓用水量超过 20L/s，且设有自动喷水灭火系统的建筑物，其室内、外消防用水量可按本表减少 5L/s。

4.2 室内消火栓口所需水压

消火栓口所需水压是指同时保证水枪最小流量（见表 9-2 和表 9-3）和最小充实水柱时的水压。充实水柱是"具有充实核心段的水射流"，是由水枪喷嘴起，到射流的 90% 水柱水量穿过直径 38mm 圆圈处的一段射流长度。各类建筑要求水枪充实水柱长度，见表 9-4。

不同类型建筑消火栓充实水柱   表 9-4

建 筑 类 型	充实水柱 (m)	建 筑 类 型	充实水柱 (m)	建 筑 类 型	充实水柱 (m)
不超过 6 层的民用建筑 不超过 4 层的厂房和库房	≥7	超过 6 层的民用建筑 超过 4 层的厂房、库房 甲、乙类厂房 建筑高度不超过 100m 的高层建筑	≥10	高层工业建筑 高架库房 建筑高度超过 100m 的高层建筑	≥13

消火栓口所需最低水压与消火栓直径、水枪口径、水带材质和长度有关，消火栓口所需最低水压见表 9-5。

消火栓直径 DN (mm)	出水量 q_{xh} (L/s)		喷嘴直径 d (mm)	水带长度 L_d (m)	充实水柱 S_k (m)	喷嘴处水压 h_g (kPa)	栓口处最低水压 H_{xh} (kPa)	
							帆布、麻质水带	衬胶水带
50	2.5	(2.7)	16	20	7	92	133.9	121.9
		(3.3)			10	137	189.7	171.8
		(2.7)		25	7	92	139.4	124.4
		(3.3)			10	137	197.9	175.5
65	5	(5)	19	20	10	159	200.5	187.6
				25	(11.5)		205.9	189.8
		(5.4)		20		185	230.2	215.0
				25	13		236.5	217.6

注：1. 表中消火栓接口最低水压值系按同时保证消火栓最小流量和最低充实水柱两项要求计算而得的。

    2. 表中"出水量"、"充实水柱"两项中数字，不带（ ）者为理论值，带（ ）者为实际值。

第 2 节　自动喷水灭火系统

1　自动喷水灭火系统的特点

自动喷水灭火系统是一种能自动打开喷头喷水灭火，同时发出火警信号的固定灭火装置。当室内发生火灾后，火焰和热气流上升至天花板，天花板内的火灾探测器因光、热、烟等作用报警。当温度继续升高到设定温度时，喷头自动打开喷水灭火。

自动喷水灭火系统因不需要人员操作灭火，有以下特点：

（1）火灾初期自动喷水灭火，故着火面积小，用水量少；

（2）灭火成功率高，达 90% 以上，损失小，无人员伤亡；

（3）目的性强，直接面对着火点，灭火迅速，不会蔓延；

（4）造价高。

2　自动喷水灭火系统的应用范围与设置场所

2.1　自动喷水灭火系统的应用范围

当建筑物性质重要或火灾危险性较大；人员集中，不易疏散；外部增援灭火与救生较困难时，宜设置自动喷水灭火系统。自动喷水灭火系统适用于各类民用与工业建筑，但不适用于下列物品的生产、使用、储存场所：

（1）遇水发生爆炸或加速燃烧的物品；

（2）遇水发生剧烈化学反应或产生有毒有害物质的物品；

（3）洒水将导致喷溅或沸溢的液体。

2.2　自动喷水灭火系统设置场所

自动喷水灭火系统一般设置在下列部位和场所：

（1）容易着火的部位。如舞台（道具、布景、幕布、灯具等）、厨房（炉灶等）、旅馆客房、汽车停车库、可燃物品库房、垃圾道顶部等。这些部位可燃物品多，容易因自燃、灯光烤灼、吸烟不慎等原因引起火灾，成为起火点，因此必须予以迅速扑灭。

（2）疏散通道。如门厅、电梯厅、走道、自动扶梯底部等，建筑物内火灾一旦发生，应使人员及时疏散，迅速离开火场和着火建筑物，在疏散通道设置自动喷水灭火系统的喷头有利于通道的畅通和人员的安全疏散。

（3）人员密集的场所。如观众厅、会议室、展览厅、多功能厅、舞厅、餐厅、商场营业厅、体育健身房等公共活动用房等。人员密集场所一旦发生火灾，由于出口集中，人员众多，给疏散工作带来困难，往往会因拥挤碰撞，践踏而造成无谓的伤亡，因此在人员密集的场所也应设置喷头及时扑灭火灾。

（4）兼有以上两种特点的部位。如餐厅等，既具有人员密集的特点，也容易因有蜡烛，电热灶具，燃气灶具等易燃物品容易着火，展览厅也具有人员密集和展板、展品、电气设备多而容易着火，应设置自动喷水灭火系统的喷头。

（5）火灾蔓延通道。如玻璃幕墙、共享空间的中庭、自动扶梯开口部位等，也应设置自动喷水灭火系统的喷头。

（6）疏散和扑救难度大的场所。地下室一旦发生火灾，不仅疏散困难，也不容易扑救，应设置自动喷水灭火系统。

3　自动喷水灭火系统的分类

自动喷水灭火系统按喷头是否开启分为闭式自动喷水灭火系统和开式自动喷水灭火系统。闭式喷水灭火系统有湿式、干式、干湿交替式和预作用式。开式有雨淋式、水喷雾式和水幕式。

（1）湿式自动喷水灭火系统为喷头常闭的灭火系统，管网中充满有压水，当建筑物发生火灾，火点温度达到开启闭式喷头时，喷头出水灭火。该系统有灭火及时扑救效率高的优点。但由于管网中充有有压水，当渗漏时会损坏建筑装饰和影响建筑的使用。该系统适用于环境温度 $4℃ < t < 70℃$ 的建筑物。

（2）干式自动喷水灭火系统为喷头常闭的灭火系统，管网中平时不充水，充有有压空气（或氮气）当建筑物发生火灾，火点温度达到开启闭式喷头时，喷头开启，排气、充水、喷水、灭火。该系统灭火时需先排气，故喷头出水灭火不如湿式系统及时。但管网中平时不充水，对建筑物装饰无影响，对环境温度也无要求，适用于采暖期长而建筑内无采暖的场所。但因在启动过程中增加了排气和充水两个环节，延缓了喷头出水的时间。为减少排气时间，一般要求管网的容积不大于 2000L。

（3）干湿交替系统是把干式和湿式两种系统的特点结合在一起，最适用于季节温度变化明显，在寒冷时期又无采暖设备的场所。但管道因干湿交替、较易腐蚀。

（4）预作用喷水灭火系统为喷头常闭的灭火系统，管网中平时不充水（无压），发生火灾时，火灾探测器报警后，自动控制系统控制闸门排气、充水，由干式变为湿式系统。只有当着火点温度达到开启闭式喷头时，才开始喷水灭火。该系统弥补了干式和湿式两种系统的缺点。适用于准工作状态时，严禁管道跑冒滴漏或严禁系统误喷的场所。预作用系统需配套设置用于启动系统的火灾自动报警设备。

（5）雨淋喷水灭火系统为喷头常开的灭火系统，当建筑物发生火灾时由自动控制装置打开集中控制闸门，使整个保护区域所有喷头同时喷水灭火，该系统具有出水量大，灭火及时的优点。雨淋系统适用于火灾的水平蔓延速度快，需及时喷水，迅速有效覆盖着火区域的场所，或建筑内部容纳物品的顶部与顶板或吊顶的净距大，发生火灾时，能驱动火灾自动报警系统，而不易迅速驱动喷头开放的场所。

（6）水幕系统采用水幕喷头，喷头沿线状布置，喷出的水形成水帘状。水幕系统不是直接用来扑灭火灾的设备，而是与防火卷帘、防火幕配合使用，用于防火隔断、防火分区及局部降温。如舞台与观众之间的隔离水帘、消防防火卷帘的冷却等。

（7）水喷雾灭火系统，用喷雾喷头把水粉碎成细小的水雾滴之后喷射到正在燃烧的物质表面，通过表面冷却、窒息以及乳化、稀释的共同作用实现灭火。由于水喷雾具有多种灭火机理，因此适用范围广，可以提高扑灭固体火灾的灭火效率。同时由于水雾具有不会造成液体火飞溅、电气绝缘性好的特点，在扑灭可燃液体火灾、电气火灾中均得到了广泛的应用。

除上述 7 种基本的自动喷水灭火系统外，近几年又有了一些新的灭火系统如：循环喷水灭火系统、泡沫喷水灭火系统和家庭简易自动喷水灭火系统。

循环喷水灭火系统是在普通的自动喷水灭火系统中增加了一套自动感应系统，它集普通喷水、循环使用和预作用的功能于一体。当火灾发生以后温度感器达到预定的温度便打开控制阀并报警。这时，压力水进入管道，排走控制阀后管道内的空气。当火灾位置上的喷头受热爆破后，水便开始喷洒。当感应器的温度降低至工作温度时，阀门经延迟后关闭，停止喷水。若火灾复燃，温度再次升高，感温器会再次动作，水也再次从喷头喷出如此循环直至火灾扑灭为止。这种系统可尽量减少灭火用水量、降低水对财物的损害。国外已将自动循环喷水灭火系统用于计算机房、图书馆、档案资料馆等场所，并用以替代卤代烷灭火系统。

泡沫喷水灭火系统是将泡沫浓缩液，经混合器混合后加入自动喷水灭火系统中，形成泡沫喷水灭火系统。它可在自动喷水灭火系统中全部或局部加设，使原有系统更优越，能提高灭火性能，节省用水量，局部代替卤代烷灭火系统。它扩大了自动喷水灭火系统的应用范围，还可用于停车场、柴油发电机房、飞机库等一切有易燃液体存在的场合。

家庭简易自动喷水灭火系统目前国外已开始对家庭消防的重视，强调保护人的安全，开发了一种在住宅房间的顶棚安装喷头和控制器的简单系统。这种喷头由红外线控制，能全方位旋转，自动寻找着火部位喷水，直到扑灭火灾后停止。该灭火系统由生活用水管道供水，喷水量 8L/min。

4 闭式自动喷水灭火系统的组成与布置

闭式自动喷水灭火系统主要由闭式喷头、管道、报警阀组、水流指示器、火灾探测器等组成。常见类型的系统图式见图 9-6。

4.1 喷头

喷头在灭火中充当了探测火警，喷水灭火的功能。发生火灾时，一部分水向下用于控火和灭火，另一部分水向上打湿吊顶，防止火灾向上蔓延。

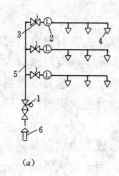 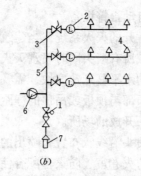 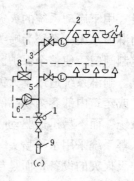

(a)   (b)   (c)

图 9-6   闭式自动喷水灭火系统图

（a）湿式自动喷水灭火系统；	（b）干式自动喷水灭火系统；	（c）预作用自动喷水灭火系统
1—湿式报警阀组；2—水流指示器；3—信号阀；4—闭式喷头；5—报警阀后管道；6—水源	1—干式报警阀组；2—水流指示器；3—信号阀；4—闭式喷头；5—报警阀后管道；6—补气增压装置；7—水源	1—预作用报警阀组（含电磁阀）（可用干式报警阀或雨淋阀代）2、3、4、5、6同干式喷水灭火系统；7—火灾探测器；8—火灾报警控制箱；9—水源

4.1.1 喷头类型

闭式喷头有多种类型，可以按构造、热敏元件、安装方式进行分类。

（1）按热敏元件分类，分为玻璃泡喷头和易熔合金喷头。

玻璃泡洒水喷头内释放机构中的感温元件为玻璃泡。喷头受热时，由于玻璃泡内的工作液汽化膨胀，使球体炸裂而开启，见图 9-7。玻璃泡洒水喷头外形美观、体积小、重量轻、耐腐蚀，适用于要求美观的宾馆和具有腐蚀性的场所。

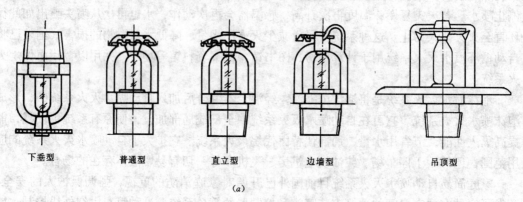

下垂型   普通型   直立型   边墙型   吊顶型

(a)

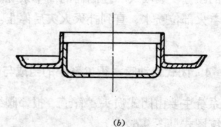

(b)

图 9-7   玻璃泡喷头外形及喷头装饰罩

（a）喷头外形；（b）喷头装饰罩

204

易熔合金洒水喷头内释放机构中的感温元件为易熔元件。喷头受热时，由于易熔元件的熔化、脱落而开启。适用于外观要求不高、腐蚀性不大的工厂、仓库和民用建筑。

(2) 按安装方式分类，分为下垂型、直立型、普通型、吊顶型和边墙型喷头。

下垂型洒水喷头：这种喷头下垂安装于配水支管上，洒水的形状呈抛物体形，它将水量的 80%~100% 向下喷洒，适用于各种保护场所。

直立型洒水喷头：这种喷头直立安装于配水支管上，洒水的形状呈抛物体形，它将水量的 60%~80% 向下喷洒，还有一部分喷向顶棚，适用安装在管路下经常有移动物体场所，在尘埃较多的场所。

普通型洒水喷头：这种喷头既可直立也可下垂安装于配水支管上，洒水的形状呈球形，它将水量的 40%~60% 向下喷洒，还有一部分喷向顶棚。适用于有可燃吊顶的房间。

吊顶型洒水喷头：这种喷头属装饰型喷头，安装于隐蔽在吊顶内的配水支管上，分为平齐型、半隐蔽型和隐蔽型，喷头的洒水形状为抛物体形。可安装于旅馆、客厅、餐厅、办公室等建筑。

边墙型洒水喷头：这种喷头靠墙安装，分为水平和直立型两种形式。喷头的洒水形状为半抛物体形，它将水直接洒向保护区域。安装空间狭窄、通道状建筑适用此种喷头。

4.1.2 喷头布置

喷头的布置间距要求在所保护的区域内任何部位发生火灾都能得到一定强度的水量。喷头的布置间距与建筑物的危险等级有关，根据建筑平面的具体情况，有正方形、长方形和菱形三种布置形式，见图 9-8，标准喷头的保护面积和间距见表 9-6。

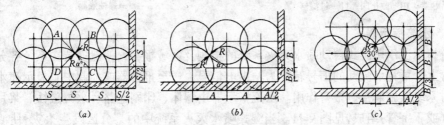

图 9-8 喷头布置形式
(a) 喷头正方形布置；(b) 喷头长方形布置；(c) 喷头菱形布置

标准喷头的保护面积和间距   表 9-6

建、构筑物危险等级分类		每只喷头最大保护面积 (m²)	喷头最大水平间距 (m)	喷头与墙、柱面的最大间距 (m)
严 重危险级	生产建筑物	8.0	2.8	1.4
	储存建筑物	5.4	2.3	1.1
中危险级		12.5	3.6	1.8
轻危险级		21.0	4.6	2.3

布置喷头应注意喷头与吊顶、楼板、屋面板、墙、梁等距离的要求。

4.2 报警阀组

报警阀组是报警阀及其他一些附件组成的自动报警系统，图9-9为湿式报警阀组。

报警阀的作用是开启和关闭管网的水流，传递控制信号至控制系统并启动水力警铃直接报警。是一种只允许流向喷头，并在规定流量动作报警的单向阀，图9-10为报警阀构造示意图。平时，报警阀上面的湿式系统管道内的水压等于或者大于供水压力，本阀就处于关闭位置。当发生火灾时喷头喷水，水在系统管道内流动，则系统一侧水压降低，引起阀瓣上升，离开阀座，水即不断流向开启的喷头，不断喷水灭火。同时，水流通过环形槽和报警管道，进入延迟器，一旦延迟器充满水，水流就启动水力报警器报警，还可同时启动压力开关，发出电报警信号。

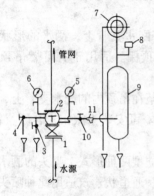

图9-9 湿式报警阀组

1—闸阀；2—湿式报警阀；3—试警铃阀
4—放水阀；5—阀前压力表；6—阀后压
力表；7—水力警铃；8—压力开关；9—
延迟器；10—截止阀；11—过滤器

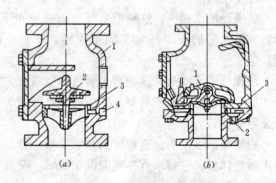

图9-10 报警阀构造示意图

（a）座圈型湿式阀：1—阀体；2—阀瓣；3—沟槽；
4—水力警铃接口
（b）差动式干式阀：1—阀瓣；2—水力警铃接口；
3—弹性隔膜

4.3 水流指示器

水流指示器用于湿式自动喷水灭火系统的检测及区域报警，一般安装在系统各分区的配水干管上，可将水流动的信号转换为输出电信号，送至报警器或控制中心显示喷水灭火区域，对系统实施监控、报警作用。水流指示器由器体、印刷电路、永久磁铁、桨片及法兰底座（或丁字管）组成，见图9-11。当湿式喷水灭火系统中的某分区发生火灾，使洒水喷头感温爆炸开始喷水灭火，消防水在输水管中流动，推动桨片，接通延时电路延时后，使继电器动作，给出水流动信号，传至报警控制器或控制中心。这就是水流指示器的"指示"作用。

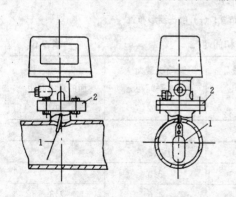

图9-11 水流指示器

1—桨片；2—连接法兰

4.4 火灾探测器

火灾探测器是自动喷水灭火系统的重要组成部分，目前常用的有感烟、感温探测器。感烟探测器是利用火灾发生地点的烟雾浓度进行探测；感温探测器是通过火灾引起的温升进行探测。火灾探测器布置在房间或走道的天花板下面，其数量应根据探测器的保护面积和探测区面积计算而定。

5 开式自动喷水灭火系统的组成与布置

开式自动喷水灭火系统由火灾探测器、开式喷头、雨淋阀和管道组成，见图9-12。

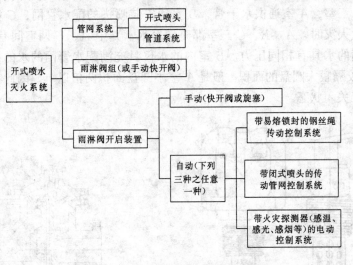

图 9-12 开式自动喷水灭火系统图

雨淋阀开启有手动控制，水力控制和电动控制几种方式，图9-13为火灾探测器电动控制器雨淋系统图。

5.1 开式喷头

开式喷头按用途和洒水形状的特点分为开式洒水喷头、水幕喷头和喷雾喷头。见图9-14。

开式洒水喷头：开式喷头是无释放机构的洒水喷头。闭式洒水喷头去掉感温元件及密封组件就是开式洒水喷头。按安装方式可分为直立型和下垂型，按结构可分为单臂和双臂。适用于雨淋喷水灭火和其他开式系统。

水幕喷头：水幕喷头喷出的水形成均匀的水帘状，起阻火、隔火作用，以防止火势蔓延扩大。按安装方式分为水平型和下垂型，按结构形式分为窗口水幕喷头、檐口水幕喷头、普通水幕喷头。凡需保护的门、窗、洞、檐口、舞台口等应安装这类喷头。

喷雾喷头：喷雾喷头是在一定压力下将水流分解为细小的水滴，以锥形喷出的喷头。其可分为中速喷雾和高速喷

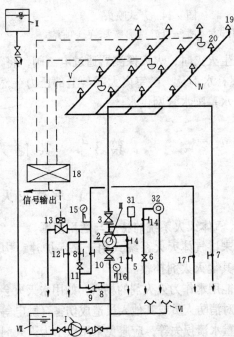

图 9-13 火灾探测器电动控制器雨淋系统图

Ⅰ—水泵；Ⅱ—高位水箱；Ⅲ—雨淋阀组；Ⅳ—喷水管网系统；Ⅴ—火灾探测系统；Ⅵ—水泵接合器；Ⅶ—水池

1、3、6—闸阀；2—雨淋阀；4、7、8、10、12、14—截止阀；9—止回阀；11—带 $\phi3$ 小孔闸阀；13—电磁阀；15、16—压力表；17—手动旋塞；18—火灾报警控制箱；19—开式喷头（或水幕喷头）；20—火灾探测器

雾喷头两种。一般用于保护石油化工装罩、电力设备。

5.2　雨淋阀

雨淋阀是水幕等开式系统自动开启的重要组件。图 9-15 为一隔膜式雨淋阀，其构造分为 A、B、C 三室，A 室通供水干管，B 室通安装喷头的配水管网，C 室连接传动管网。在没有发生火灾时，A、B、C 三室都充满着水，其中 A、C 两室间有一 3mm 细管连通，两室充满的水具有相同压力。B 室内的水仅具充满配水管网的水的静压力。雨淋阀由于 C 室橡胶隔膜大圆盘的面积一般是 A 室小圆盘面积两倍以上，因此在相同压力作用下，雨淋阀处关闭状态。

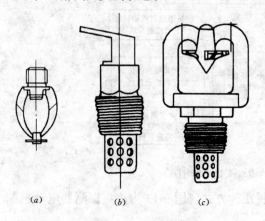

图 9-14　开式喷头

（a）开启式洒水喷头；（b）水幕喷头；（c）喷雾喷头

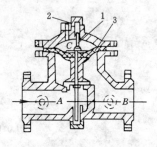

图 9-15　隔膜式雨淋阀构造

1—工作塞；2—接传动管网；
3—橡胶隔膜

在发生火灾时，火灾探测器通过电磁阀，将 C 室及传动管中的水泄放，由于 3mm 细管向 C 室补水不及，C 室内大圆盘上部压力突然降低，雨淋阀即在供水管网压力下自动开启，向水幕配水管网供水。

第 3 节　其他灭火系统

1　气体灭火系统

1.1　气体灭火系统的特点与适用范围

一般来讲气体灭火系统只用于来保护建、构筑物内部发生的火灾；而本身发生的火灾，宜用其他灭火剂扑救。

对不能用水作为灭火剂的场所，如用水灭火会引起火灾的迅速蔓延；会引起化学物质的爆炸；会对消防人员或其他人员造成伤害（触电等）；或用水灭火造成生产设备、贵重物品损坏或严重水渍损失等，应避免采用以水为灭火剂的灭火系统，而采用气体灭火装置灭火。

气体灭火系统主要适用于：（1）大中型电子计算机房；（2）大中型通讯机房或电视发射塔微波室；（3）贵重设备室；（4）文物资料珍藏库；（5）大中型图书馆和档案库；（6）发电机房、油浸变压器室、变电室、电缆隧道或电线夹层等电气危险场。

1.2　常用气体灭火剂

1.2.1　卤代烷

过去常用的有卤代烷"1211"和"1301"。这类灭火系统的电绝缘性能好，化学性能稳定，灭火速度快，毒性和腐蚀性小，释放使用后无遗留的残渣痕迹或者很少，具有良好贮存性和灭火效能。

需强调指出的是，卤代烷灭火剂燃烧产物溴可在大气中存留100年，溴在高空中与大气臭氧层中的臭氧反应，使臭氧大量减少以致出现空洞，严重影响了臭氧层对太阳紫外线辐射的阻碍和削弱作用，过强的紫外线能导致人类的皮肤癌以及多种动植物疾病，因此，卤代烷灭火剂将于2010年在世界范围内禁止生产与使用。因此各国都在努力开展研究工作，寻找新型的气体灭火剂。目前已研制出过渡性替代物，其中性能较好的有HFC32、HFC236和HFC227。这些替代物具有对环境（大气）危害小，对人体无毒性危害，或仅有轻微影响；不可燃、灭火效率高；喷射后全部汽化，成本低的特点。

1.2.2 二氧化碳（CO_2）

CO_2灭火剂的作用主要在于窒息，其次是喷射过程中形成干冰，对燃烧物体周围起冷却作用。CO_2作为灭火剂有许多优点，灭火后它很快散逸，没有毒害，不留痕迹，电绝缘性比空气高。CO_2本身是一种副产品，来源广泛，价格低廉。至于CO_2的温室效应，这与CO_2灭火系统无必然联系，只要主产品维持生产，副产品就会依然存在，即使它不作灭火剂，它依然存在于地球表面的大气环境里。

CO_2灭火系统也存在自身的缺点：灭火浓度高，从（GB50193—93）可知其灭火浓度都大于30%，而人在15%的浓度下就会窒息。如采用CO_2灭火系统，人要在系统开启30s内必须撤离，从而使报警系统较为复杂，与卤代烷灭火系统比较，其设备所占空间也较庞大。

1.2.3 蒸气（水蒸气）

水蒸气是不燃的惰性气体，也是一种较好的灭火剂。在常压下水温超过100℃时，即迅速挥发成气体——水蒸气。水蒸气能冲淡燃烧区的可燃气体浓度，并能隔绝燃烧区的空气，使燃烧区内的含氧量下降，到一定的程度时，燃烧就不能继续进行。根据试验证明，当燃烧区（例如有汽油、煤油、柴油等易燃、可燃液体燃烧时）水蒸气浓度达到35%以上时，燃烧即停止，火焰熄灭。水蒸气扑灭高温设备火灾时，不致因设备的热胀冷缩应力作用而使之遭受破坏。试验还证实，必需保持燃烧区足够的水蒸气浓度，并保持房间内的密闭。为了及时地扑灭初期火灾，水蒸气灭火延续时间不应超过3min。即在3min内使燃烧区空间维持达到灭火浓度。

1.2.4 烟雾

烟雾灭火剂在烟雾灭火器内进行燃烧反应，产生大量的CO_2、氮气和水蒸气，喷射到被保护的空间或液（油）面上，形成均匀而浓厚的灭火气体层，起到稀释、覆盖和化学抑制等灭火作用。由于烟雾灭火剂喷射温度较高（约100℃），且有一定的污染，故不适用于计算机房、精密仪器等场所，而较适用于化工车间、油泵房、仓库、地下工程及油罐等构筑物。从喷射灭火剂到灭火的时间，一般在6～20s之间。

1.2.5 混合气体

是氮气、氩气和CO_2按一定的比例组成的混合气体灭火剂，灭火后不留任何残渣，对人无毒、不产生热胀冷缩应力，适用于精密仪器、珍贵物品以及害怕污染和有人场所的气体灭火。

1.3 气体灭火系统类型及组成

常用的气体灭火系统类型有以下几种分类方法：

（1）按灭火系统的结构特点可分为管网灭火系统和无管网灭火装置。管网灭火系统由灭火剂贮存装置、管道和喷嘴等组成。无管网灭火装置是将灭火剂贮存容器、控制阀门和喷嘴（或带较短的管道）等组合在一起的一种灭火装置。

（2）按防护区的特征和灭火方式可分为全淹没灭火系统和局部应用灭火系统。全淹没系统是在规定的时间由灭火剂贮存装置向防护区喷射灭火剂，使防护区内达到设计所要求的灭火浓度，并能保持一定的浸渍时间，以达到扑灭火灾并不再复燃的灭火系统。局部应用系统是在规定的时间内由一套灭火贮存装置直接向燃烧着的可燃物表面喷射一定量灭火剂的灭火系统。

（3）按一套灭火剂贮存装置保护的防护区的多少，可分为单元独立系统和组合分配系统。单元独立系统是指用一套灭火剂贮存装置保护一个防护区的灭火系统。它是由灭火剂贮存装置、管网和喷嘴等组成。组合分配系统是指一套灭火剂贮存装置保护多个防护区的灭火系统，组合分配系统由灭火剂贮存装置、选择阀、管网和喷嘴等组成。

（4）按管网的布置形式可分为均衡系统和非均衡系统。

2 泡 沫 灭 火 系 统

2.1 泡沫灭火原理

泡沫灭火系统是用泡沫灭火剂与水按比例混合而制得泡沫混合液，经泡沫发生设备与吸入的空气混合形成泡沫——低倍数（2～20倍）、中倍数（21～200倍）或高倍数（201～2000倍）。泡沫可漂浮、粘附在可燃、易燃液体、固体表面或者充满某一有着火物质的空间，使燃烧物质熄灭。泡沫能覆盖或淹没火源，同时可将可燃物与空气隔开，泡沫本身及从泡沫混合液中析出的水起冷却作用（只有低泡沫才较为明显）。

2.2 泡沫的种类和特性

蛋白泡沫液：适用于非水溶性甲、乙、丙类液体（如石油产品、汽油、柴油、煤油等）采用液上喷射泡沫灭火的情况，可采用淡水和海水配制泡沫混合液，最终浓度按体积计，一般为3%或6%。

氟蛋白泡沫液：适用于非水溶性甲、乙、丙类液体采用液上或液下喷射泡沫灭火的情况，可采用淡水或海水配制泡沫混合液，最终浓度按体积计一般为3%或6%。

水成膜泡沫液：适用于非水溶性甲、乙、丙类液体采用液上或液下喷射泡沫灭火的情况，可采用淡水和海水配制泡沫混合液，最终浓度按体积计一般为1%、3%或6%。由于它能长期储存。使用时可不用泡沫产生器，系统简单，现已扩展到一些工业与民用建筑中使用，例如应用在燃油锅炉房、柴油发电机房、车库、停车场等处，可替代卤代烷。

抗溶性泡沫液：适用于水溶性甲、乙、丙类液体（如化工产品：甲醇、丙酮、乙醚等）采用液上喷射泡沫灭火的情况。对于储罐，采用该灭火剂时罐内必须设置泡沫缓冲装置；对于抗溶性氟蛋白型泡沫液，可采用淡水和海水配制泡沫混合液，最终浓度按体积计一般为6%；对于金属皂型及凝胶型抗溶性泡沫液，只能采用淡水配制泡沫混合液，最终浓度按体积计一般为6%。

中倍数和高倍数泡沫液：适用于以全淹灭和覆盖的方式扑救A类和B类火灾、封闭的带电设备火灾和控制液体石油气、液化天然气的流淌火灾（控制和扑灭易燃和可燃液体、固体的表面火灾以及容易阴燃的固体物质的深位火灾）。高倍数泡沫液可分为淡水型、耐海水型及耐温耐烟型，泡沫液混合比宜为3%型；高倍数泡沫绝热性能好，可为火场人员提供避难场所，它无毒而且能扑救产生有毒气体和烟气的火灾并将毒气和烟气进行置换，可用于地下建筑工程、有火灾危险的工业厂房（车间）。中倍数泡沫液为淡水海水通用型，泡沫液混合比宜为6%型（应用时常取8%）。

与自动喷水灭火系统、低倍数泡沫系统相比，中倍数泡沫液具有水流损失小，灭火效率高，泡沫容易清除的特点。用于设置或存放贵重仪器设备和物品的场所（如计算机房、图书档案库、大型邮政楼、贵重仪器设备仓库等）。

2.3 泡沫灭火系统分类

根据防护区的总体布局、火灾的危险程度、火灾的种类和扑救条件因素，泡沫灭火系统分为：

（1）高倍数泡沫灭火系统可分为全淹没式灭火系统，局部应用式灭火系统和移动式灭火系统3种。

（2）中倍数泡沫灭火系统可分为局部应用式灭火系统和移动式灭火系统两种。

（3）低倍数泡沫灭火系统：可分为固定式泡沫灭火系统、半固定式泡沫灭火系统、移动式泡沫灭火系统3种。

3 干粉灭火系统

干粉灭火系统所用灭火剂是干燥而易流动的细微粉末，喷射后呈粉雾状进入火焰区，抑制物料的燃烧。灭火剂与火焰接触，在高温条件下，可使干粉颗粒爆裂成为更多更小的颗粒使干粉的表面积剧增，增强了干粉与火焰的接触面积和吸附作用，从而提高了干粉灭火的效能。碳酸氢钠干粉能扑灭B类和C类火灾。

干粉灭火剂中的磷酸铵盐还具备特有功能，它与火焰接触后的生成物能在燃烧物表面形成玻璃状熔层，它也能渗透到一般固体物质的纤维孔内，同时阻止空气与可燃物的接触。它被加热分解出氨气对火焰起抑制作用，能使燃烧物料表面形成导热性能差的炭化层降低燃烧强度。干粉灭火剂中的磷酸铵盐具有扑救A类和B类火灾的功能，干粉灭火剂易受潮结块不易保存，使用时会造成颗粒沉积。禁止用于扑救计算机房、电话通讯站、高精度机械设备和仪器仪表的火灾。干粉灭火具有灭火历时短、效率高、绝缘好、灭火后损失小、不怕冻、不用水、可长期贮存等优点。

干粉灭火系统按其安装方式有固定式、半固定式之分。按其控制启动方法又有自动控制、手动控制之分。按其喷射干粉方式有全淹没和局部应用系统之分。

第4节 灭 火 器

1 灭火器的特点和作用

灭火器是一种移动式应急的灭火器材，主要用于扑救初起火灾，对被保护物品起到初期防护作用。灭火器轻便灵活，使用广泛。虽然灭火器的灭火能力有限，但初起火灾范围小，火势弱，是扑灭火灾的最佳时机，如能配置得当，应用及时，灭火器作为第一线灭火力量，对扑灭初起火灾具有显著效果。

2 灭火器的类型与使用范围

2.1 火灾类型

火灾种类是表示灭火器灭火级别的标志之一。火灾的种类按照物质及其燃烧特性分为A、B、C、D、E五类：

A类：指含碳固体可燃物，如木材、棉、毛、麻、纸张等燃烧的火灾；

B类：指甲、乙、丙类液体，如煤油、汽油、柴油、甲醇、乙醚、丙酮等燃烧的火灾；

C类：指可燃气体，如煤气、天然气、甲烷、乙炔、氢气等燃烧的火灾；

D类：指可燃轻金属，如钾、钠、镁、铝镁合金等燃烧的火灾；

E类：指带电火灾，带电物体燃烧的火灾。

2.2 灭火器类型及选择

灭火器按灭火剂分为泡沫灭火器、干粉灭火器、二氧化碳灭火器、水型灭火器、卤代烷灭火器等，按装设方式分为移动式灭火器和固定式灭火器；按移动方式又分为手提式灭火器和推车式灭火器。

灭火器类型	灭火机理	A	B	C	D	E
水型	清水	最适用，水能冷却，并穿透燃烧物而灭火，可有效防止复燃	不适用	不适用	不适用	灭火器材由设计部门和当地公安消防监督部门协商解决
	酸碱					
干粉型	磷酸铵盐	适用，粉剂能附着在燃烧物的表面层，起到窒息火焰作用，隔绝空气防止复燃	适用，干粉灭火剂能快速窒息火焰，具有中断燃烧过程的链反应的化学活性	适用，喷射干粉灭火剂能快速扑灭气体火焰，具有中断燃烧过程的链反应的化学活性，注意必须切断气源	适用，干粉灭火剂电绝缘性能符合标准要求，但磷酸铵盐干粉能附着在电器设备上形成硬壳层，冷却后不易清除	
	碳酸氢钠	不适用				
泡沫型	化学泡沫	适用，具有冷却和覆盖燃烧物表面，与空气隔绝的作用，对扑灭纤维物品火灾能力较差	适用，覆盖燃烧物表面，使燃烧物表面与空气隔绝，扑灭油层厚的火灾，防止复燃	不适用	不适用	
	二氧化碳	不适用，灭火器喷出的二氧化碳量少，无液滴，全是气体，对A类火灾基本无效	适用，二氧化碳靠气体堆积在燃料表面，稀释并隔绝空气	适用，二氧化碳窒息灭火，不留残渍，不损坏设备	适用，窒息灭火，不留残渍，不损坏设备	

2.3 灭火器配置基准

灭火器配置基准是灭火器配置设计主要参数，包含灭火器配置定额和灭火器配置最小规格限制两个方面的内容。

灭火器配置的定额标准及数量与配置场所的火灾种类，火灾危险等级，建筑内（外）设置的固定灭火系统类别、完善程度有关。其定额是按 A 或 B 类火灾在危险级别不同情况下，每 A 或每 B 的最大保护面积来确定。如表 9-7 及表 9-8 所列。同时由于物质燃烧特性不同，在不同危险等级场所，参考国外标准和国内灭火器生产标准规格，规定了每具灭火器最小配置灭火级别（规格），以保证灭火器有必要的喷射强度和灭火效能。

A 类火灾配置场所灭火器的配置基准　表 9-7

危　险　等　级	严重危险级	中危险级	轻危险级
每具灭火器最小配置灭火级别	5A	5A	3A
最大保护面积（m²/A）	10	15	20

B 类火灾配置场所灭火器的配置基准　表 9-8

危　险　等　级	严重危险级	中危险级	轻危险级
每具灭火器最小配置灭火级别	8B	4B	1B
最大保护面积（m²/B）	5	7.5	10

此外，从安全可靠和规格不过于小而使数量多，规范提出任一配置场所内灭火器不少于 2 具；每个设置点不多于 5 具的要求。

2.4 灭火器设置要求

灭火器应设于明显和便于取用的地方，而且不能影响安全疏散。当这样设置有困难和不可能时，必须有明显的指示标志，指出灭火器的实际位置。灭火器应相对集中、适当分散设置，以便能够尽快就近取用。灭火器最大保护距离，指灭火器配置场所内，任意着火点到最近灭火器设置点的行走距离。即要求灭火器设置点到计算单元内任一点的距离都小于灭火器的最大保护距离。考虑人们取用灭火器的速度，是能及时灭火、控火的问题，对在不同危险等级的场所，要求有不同的保护距离。见表 9-9 和表 9-10。

A 类火灾配置场所灭火器
最大保护距离（m）　表 9-9

灭火器类型 危险等级	手提式灭火器	推车式灭火器
严重危险级	15	3
中危险级	20	40
轻危险级	25	50

B 类火灾配置场所灭火器
最大保护距离（m）　表 9-10

灭火器类型 危险等级	手提式灭火器	推车式灭火器
严重危险级	9	18
中危险级	12	24
轻危险级	15	30

保护距离指行走距离，如需经走廊，通过门到达室内着火点，是一条折线，而不能以平面图上两点间的直线计算保护距离。灭火器设置要安全稳固，其顶部距地面高度应小于 1.5m；底部距地面不宜小于 0.15m。当设在潮湿或强腐蚀性的地点时，应采取相应的保护措施。经过计算民用建筑灭火器配置要求见表 9-11。

灭火器的配置和选择 和其他灭火设施状况 ＼ 配置场所的危险等级	配置场所的危险等级								
	严重危险级			中危险级			轻危险级		
	Ⅰ	Ⅱ	Ⅲ	Ⅰ	Ⅱ	Ⅲ	Ⅰ	Ⅱ	Ⅲ
灭火器的最大保护距离（m）	15	15	15	20	20	20	25	25	25
每个配置点要求的灭火级别（A）	18	13	6	21	15	7	25	18	8
每个配置点的保护面积（m²）	180			315			500		
灭火器类型 磷酸铵盐干粉 每具灭火器的灭火级别（A）	13	8	5	13	8	5	13	8	5
磷酸铵盐干粉 每具灭火器的灭火剂充装量（kg）	6	4	2	5	5	2	8	6	2
磷酸铵盐干粉 每配置点灭火器数量（具）	2	2	2	2	2	2	2	2	2
化学泡沫 每具灭火器的灭火级别（A）	8	8	5	8	8	5	8	8	5
化学泡沫 每具灭火器的灭火剂充装量（kg）	9	9	6	9	9	6	9	9	6
化学泡沫 每配置点灭火器数量（具）	3	2	2	3	2	2	4	3	2
清水酸碱 每具灭火器的灭火级别（A）	8	8	5	8	8	5	8	8	5
清水酸碱 每具灭火器的灭火剂充装量（kg）	9	9	7	9	9	7	9	9	7
清水酸碱 每配置点灭火器数量（具）	3	2	2	3	2	2	4	3	2

注：1. 表中火灾种类按 A 类、E 类考虑。

2. 根据配置场所的灭火设施情况分为 3 种类型：

Ⅰ 无灭火系统的场所；

Ⅱ 设有消火栓系统的场所；

Ⅲ 设有消火栓和自动喷水灭火系统的场所。

3. 灭火器均采用手提式灭火器。

第 10 章　火灾自动报警系统设计技术基础

火灾对人类及建筑的危害是巨大的，从消防的角度讲，建筑防火设计应贯彻"预防为主，防消结合"的方针。不但要尽最大可能防止火灾的发生，而且要在火灾发生时能够及时发现并报告火情，控制火灾的发生，尽早扑灭火灾，将损失降到最低。为此，需要提高火灾监测、报警和灭火控制技术以及消防系统的自动化水平。随着现代信息和控制技术的迅速发展并应用到消防领域，逐步形成了以火灾探测与自动报警为基本内容，计算机协调控制和管理各类消防防火、灭火设备，具有一定自动化和智能化水平的火灾自动报警与联动控制系统。

火灾自动报警与联动控制技术是一项综合性消防技术，是现代自动消防技术的重要组成部分和新兴技术学科。火灾自动报警系统设计是建筑防火设计中的一个重要方面，它涉及火灾自动报警系统类型的选择、火灾探测方法的确定、火灾探测器的选用、系统工程设计、消防设备联动控制实现以及消防配电系统的构成等几个方面。

前面已经介绍了防火分区等方面的内容，这些都是被动的防火技术。本章将从以上几个方面介绍火灾自动报警系统这种主动防火系统的设计。

第 1 节　火灾自动报警系统简介

1　火灾自动报警系统的基本要求

火灾的早期发现和扑救具有极其重要的意义，它能将损失限制在最小范围，且防止造成灾害。基于这种思想，我国标准对火灾自动报警系统及其系列产品提出了以下基本要求：

① 确保火灾探测和报警功能，保证不漏报；
② 减小环境因素影响，减少系统误报率；
③ 确保系统工作稳定，信号传输准确可靠；
④ 系统的灵活性、兼容性强，产品成系列；
⑤ 系统的工程适应性强，布线简单、灵活、方便；
⑥ 系统应变能力强，调试、管理、维护方便；
⑦ 系统性能价格比高；
⑧ 系统联动控制方式有效、多样。

为了达到上述基本要求，火灾自动报警系统通常由火灾探测器、区域火灾报警控制器、集中火灾报警控制器以及联动模块与控制模块、控制装置等组成。火灾探测器是对火灾进行有效探测的基础与核心；它的选用及与控制器的配合，是整个系统设计的关键。火灾报警控制器是火灾信息处理和报警识别与控制的核心，因此，它的功能与结构以及系统设计构思的不同，形成火灾自动报警系统具有不同的应用形式。

2 火灾自动报警系统基本设计形式

火灾自动报警系统设计，一般应根据建设工程的性质和规模，结合保护对象、火灾报警区域的划分和防火管理机构的组织形式等因素，确定不同的火灾自动报警系统。

根据《火灾自动报警系统设计规范》（GBJ116—88）的规定、火灾监控对象的特点和火灾报警控制器的分类，以及消防设备联动控制要求的不同，各种系统组织的基本形式一般有以下几种：

2.1 火灾探测器和区域报警控制器组成的区域报警系统

这种报警系统适用于只需要局部设置火灾探测器的场所，对各个火灾报警区域进行火灾探测。该系统一般应用于单层或多层民用建筑、工业厂房、大型库房、商场、计算机房及多层图书馆等需要装设报警装置的建筑内。各个探测器发出的火灾报警信号只传送到区域报警控制器，系统组成如图10-1。

采用区域报警系统一般可按以下原则考虑：

① 在整个区域报警系统中，区域报警控制器最多不宜超过三台。

② 每台区域报警控制器警戒的报警区域如探测的部位较少时，用作水平方向警戒，最多可跨越一个报警区域，用作垂直方向警戒时最多跨越两个楼层，否则各楼层或报警区域应加设灯光或音响报警装置。

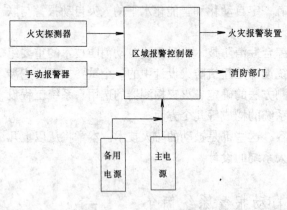

图 10-1 区域报警系统图

③ 各台区域报警控制器接收到的火警信号，应该有火警信号线通往本工程有关的防火管理部门和经常有人值班负责受理火灾报警信号的房间，这些部门应有火灾信号显示器（灯光和音响信号）。

④ 区域报警控制装置宜装在专用房间或楼层值班室，如确因建设面积限制不可行时，也可设在经常有人值班的房间或场所，但安置位置应能确保设备的安全。

2.2 由区域报警控制器和集中报警控制器组成的集中报警系统

集中报警系统由火灾探测器、区域火灾报警控制器或用作区域火灾报警器的通用火灾报警控制器和集中火灾报警控制器等组成。根据《火灾自动报警系统设计规范》（GBJ116—88），这种报警系统可用于多层民用建筑和大面积工业厂房等需要装设各种火灾探测器和火灾自动报警控制器的地方。当火灾发生后，探测器将报警信号分别传送给区域报警控制器和集中报警控制器，也可同时传送给有关消防管理部门，系统组成如图10-2。

采用集中报警系统时应按以下原则考虑：

① 区域报警控制器和集中报警控制器的探测区域可根据保护建筑物的重要程度，对其所有的探测区域都应能显示其火灾部位和报警区域部位。对一、二类建筑物的保护对象

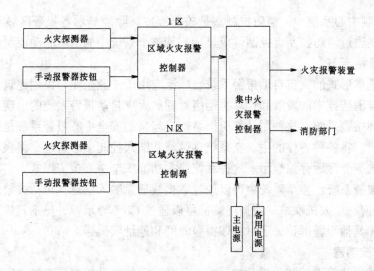

图 10-2 集中报警系统图

以能显示其所有探测区域为宜。

② 集中报警控制器应设置在专用的房间内或消防值班室内。

③ 集中报警系统中还需要设置专用火警电话和火警紧急广播系统。

2.3 由多台区域报警控制器、一台或多台集中报警控制器和一个消防控制室组成的消防控制中心报警系统

消防控制中心报警系统一般应用于高层民用建筑的旅游饭店、宾馆和大中型工业企业中，是楼宇自动化系统的重要组成部分，其系统组成的基本形式如图 10-3。

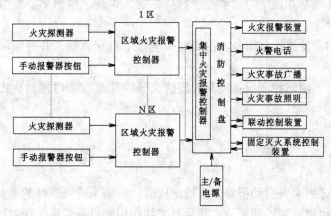

图 10-3 消防控制中心报警系统图

采用消防中心控制系统一般可按以下原则考虑：

① 一个报警区域应设置一台区域报警控制器，整个系统应根据保护对象、规模和报警区域的分布特点，设置一台或几台集中报警控制器。

② 当只设有一台集中火灾报警控制器时，集中火灾报警控制器应设置在消防控制室内。当设有多台集中火灾报警控制器时，可分别设置在消防控制室和集中火灾报警控制室内。当消防控制室与集中火灾报警控制室分开设置时，集中火灾报警控制器接收到区域火灾报警控制器信号，均应在消防控制室的消防控制盘上有灯光显示和音响报警。

③ 消防控制中心系统中，消防控制室是核心部位，除能显示各报警区域送来的火灾信号外，还应能通过消防控制盘控制（或显示）其整个系统中的消防联动控制设备的动作信号，详见本章第五节。

以上三种基本形式的火灾自动报警系统已广泛应用于工业企业与民用建筑工程中，但近几年来，随着消防技术的发展和计算机网络管理的火灾自动报警系统的出现，开发了一种电脑综合管理报警系统。这种用计算机网络连接起来的安全中心报警系统是由各种信号源的接收站构成，将各种各样的主、支系统（区域）纳入控制中心管理，将报警信息经计算机控制中心数据处理后存储显示。这种系统属多功能安全中心报警形式，它不分区域报警系统或集中报警系统。整个系统中可以通过数据线任意输入信息（包括火警信号和其他报警信号），任何一个人机联络的数据终端都可以通过 CRT 显示器，显示其建筑物平面图中的火灾部位和其他报警部位，还可打印报警时间和地址编码号。

2.4 消防控制室

根据多层民用建筑设计防火规范的要求，凡是有消防联动控制要求的火灾自动报警系统，都应有消防控制室和设置 SKP 盘（消防控制盘），其功能如下：

1）消防水泵的运行及电源情况显示；

2）管道阀门的开、闭状态显示；

3）自动喷水灭火系统的高低气压显示；

4）预作用阀、报警阀等其他消防电磁阀的动作情况显示；

5）水流指示器、各种阀门的动作情况以及其他一些消防联动控制设备的工作情况（或启动信号）显示；

6）消防控制室应与其他消防联动控制部分如通风机房、值班室、配电室等有专用火警电话联络；

7）给电梯控制盘发出控制信号，强制电梯全部下行于首层，并有信号反馈到消防控制室；

8）火灾确认后，消防控制设备应具有按防火分区和疏散顺序接通火灾报警装置和火灾事故广播等功能。

第2节 火 灾 探 测 器

在工程设计中，当火灾自动报警系统确定以后，影响系统可靠性的主要因素就是火灾探测器和火灾自动报警控制器两部分。并且其主导作用的设备是火灾探测器。现将火灾探测器的有关技术问题概述如下。

1 火灾探测器的分类

所谓火灾探测器，是指用来响应其附近区域由火灾产生的物理和化学现象的探测器件。目前世界各国生产的火灾探测器的种类很多，但是，从探测方法和构造原理上来分，主要可分为：空气离化法、热（温度）检测法、火焰（光）检测法、可燃气体检测法几种。根据以上原理，目前世界各国生产的火灾探测器主要有感温式探测器、感烟式探测器、感光式探测器、可燃性气体探测器和复合式探测器等类型，每种类型中又可分为不同的形式。在工程设计中，可根据不同的火灾选择不同的类型，并且还要根据不同的场所选择适合该场所形式的火灾探测器，这样才能够真正发挥火灾探测器的效能，使其有效地探测火灾，同时有效控制消防设备成本。下面将工程中广泛采用的火灾探测器分类说明（图10-4）：

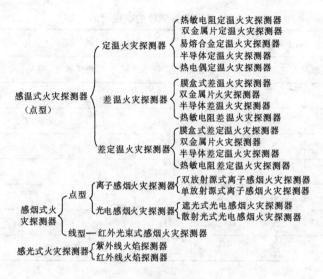

图 10-4 探测器分类树状图

从火灾探测器的分类中可以看出，各种类型的探测器都是通过对火灾荷载燃烧过程中产生的烟、热、光等物理现象探测而发出电信号报警。现将几种在工程设计中广泛应用的探测器的工作原理和技术性能简介如下：

2 感温式火灾探测器的基本动作原理和技术性能

2.1 膜盒式差温火灾探测器

膜盒式差温火灾探测器有机械和电子式两种，其工作原理是在火灾发生时利用密封的金属膜盒气室内的气体膨胀，把气室底部的波纹板推动接通电接点而报火警。

2.2 热敏电阻式差温火灾探测器

利用热敏电阻在一定电压下，在火灾时，由于温度的变化使热敏电阻的阻值发生变化，产生电信号而报火警。

2.3 定温式火灾探测器

定温式火灾探测器应用较为广泛，有易熔合金定温火灾探测器和热敏电阻定温火灾探测器两种。易熔合金定温火灾探测器是利用低熔点合金在火灾时熔化，使保险片由于本身的弹力将电接点闭合而报火警。

2.4 差定温式火灾探测器

差定温式火灾探测器的基本原理是用探测器的定温和差温两部分组成复合式火灾探测器。

2.5 感温式火灾探测器的技术性能

（1）使用电压：DC24V；

(2) 温度：15～35℃；

(3) 相对湿度：45%～75%；

(4) 气压：86～106kPa（650～800mmHg）；

(5) 定温、差定温探测器的灵敏度级别如表10-1。

定温、差定温探测器的响应时间　　　　　　　　　　　表 10-1

升温速度	响应时间下限		响应时间上限					
	各级灵敏度		Ⅰ级灵敏度		Ⅱ级灵敏度		Ⅲ级灵敏度	
℃/min	min	s	min	s	min	s	min	s
1	20	0	37	20	45	40	54	0
3	7	13	12	40	15	40	18	40
5	4	9	7	44	9	40	11	36
10	0	30	4	2	5	10	6	18
20	0	22.5	2	11	2	55	3	37
30	0	15	1	34	2	8	2	42

3　感烟式火灾探测器

3.1　离子感烟式火灾探测器

（1）基本原理

离子感烟火灾探测器是用各装有一片放射性物质镅[241]（241Am）、α源构成的两个电离室（检测电离室和补偿电离室）和场效应晶体管等电子元器件组成的电子电路，把火灾发生时的烟雾信号转换成直流电压信号而报火警。如图10-5所示，是将两个单极性电离室串联起来，补偿电离室称作内室，做成烟粒子很难进入，而空气又能缓慢进入的结构形式。测量电离室称作外室，做成烟粒子容易进入的形式。

当有火灾发生时，烟雾粒子进入检测电离室后，由于烟粒子的作用使 α 射线被阻挡，电离能力降低了很多，因而引起施加在两个电离室两端的分压比发生变化。如图 10-6 是检测电离室和补偿电离室的电压、电流变化与燃烧生成物的关系。

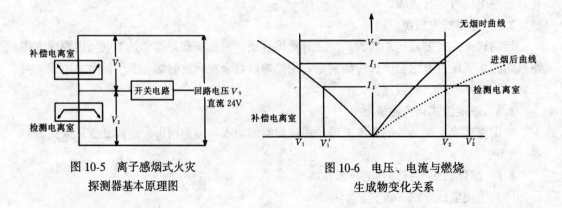

图 10-5　离子感烟式火灾　　　　图 10-6　电压、电流与燃烧
　　探测器基本原理图　　　　　　　　生成物变化关系

220

从图中曲线看出，在正常情况下探测器两端的外加电压 $V_0 = V_1 + V_2$。

当有火灾发生时，烟雾进入检测室后，电离电流从正常 I_1 减小到 I_2，也就是说，相当于检测室的阻抗增加，此时，检测室两端的电压从 V_2 增加到 V'_2。由于电压增加了，使开关控制电路动作发出报警信号，离子感烟式火灾探测器就是根据这一基本原理制造的。

(2) 离子感烟火灾探测器技术性能（以 FJ-2701 型为例）

温度：$-10 \sim +55℃$；

相对湿度：$< 95\% \pm 3\%$；

风速：在有空调房间里，出风口风速小于 3m/s；

放射源：241Am 半衰期 458 年，每个探测器每片镅源强 $1 \sim 2\mu Ci$；

气压：$86 \sim 106kPa$（$650 \sim 800mmHg$）；

灵敏度（若以减光率来衡量）：Ⅰ级：减光率 10%/m，用于禁烟场所；Ⅱ级：减光率 20%/m，用于卧室等少烟场所；Ⅲ级：减光率 30%/m，用于会议室等处。

探测器的灵敏度分为Ⅰ、Ⅱ、Ⅲ级的要求是，根据 4 只探测器均应探测出 4 种试验火，其灵敏度应在Ⅰ、Ⅱ、Ⅲ级之中。

在离子火灾感烟探测器灵敏度的分级中，不能说燃烧任何物质时，灵敏度等级越高则灵敏度越高，应该说同一个离子感烟探测器对不同的物质燃烧的烟雾的灵敏度响应是不一样的。有的烟雾粒子对离子感烟探测器的灵敏度响应时间快，可划分为Ⅱ级。但有的烟雾粒子对离子感烟探测器的灵敏度响应时间很慢，可能变为Ⅲ级。因此，在实际工程设计中，如果离子感烟探测器用来探测的燃烧物质的烟雾性质不清时，最好做一次燃烧试验。

3.2 光电感烟式火灾探测器

光电感烟式火灾探测器，根据构造原理的不同，可分为遮光式和散射光式两种。二者的工作原理都是在检测室内装入发光元件和受光元件，不同的是遮光式光电感烟探测器在正常情况下受光元件是直接受到发光元件的照射，而散射光式光电感烟探测器则不会受到光的照射。但当烟雾进入测量室后，前者探测器受光元件的光线被烟雾遮挡而使光量减少，光电流降低，探测器发出报警信号；而后者是烟雾进入检测室后，由于烟粒子的作用，使发光元件发射的光产生漫反射，使受光元件受光照射而使阻抗发生变化，产生光电流而报火警。目前世界各国生产的典型光电感烟探测器多为这两种类型。

4　感光式火灾探测器

(1) 红外线火灾探测器：它的工作原理是利用红外线探测元件接收火焰自身发出的红外辐射，产生电信号报火警。这种探测器多数用于电缆地沟、坑道库房、地下铁道及隧道等处需要装设红外线火灾探测器的地方。现有 JIY-HS 型探测器，工作电压 24 伏，报警电流小于等于 200mA，为三线制配电，其保护面积为 200×14（m^2）。

(2) 紫外线火焰探测器：这种探测器是利用紫外线探测元件，接受火焰自身发出的紫外线辐射而报火警。

第 3 节　火灾报警控制器

火灾报警控制器（亦称火灾报警器）是用来接收火灾探测器发出的火警电信号，将此火警信号转化为声、光报警信号，并显示其着火部位或报警区域。

火灾自动报警控制器可分为区域报警控制器和集中报警控制器两种，现分别概述如下。

1 区域火灾报警控制器

区域报警控制器装设于建筑物中防火分区内的火灾报警区域，接收该区域的火灾探测器送来的火警信号。火灾报警控制器是一种由电子电路组成的火灾自动报警和监视装置，图 10-7 是 FJ-2706 型区域报警控制器逻辑关系原理方框图。

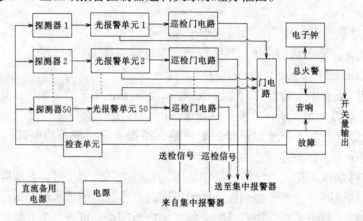

图 10-7　FJ-2706 型区域报警控制器逻辑关系原理方框图

当探测器探测到火灾信号后，将它转换成电信号，送到报警器的光报警单元，由光报警单元送出信号至门电路，再送至总火警电路，使总火警灯亮，并由它送出信号，使音响电路产生火灾音响。同时，电子钟停止，记入这次火灾的报警时间。

1.1 火灾报警控制器的功能

《火灾自动报警系统设计规范》GB50116—98 规定，应具备的功能如下：

① 能为火灾探测器供电。

② 接收火警信号发出声光报警，指示火灾发生部位，并予以保护，直至手动复原，声信号消除，光信号保持。如再有火警信号输入后能重新发出声光报警信号。

③ 自动记录火警输入时间，电子钟停走。

④ 能检查火灾自动报警控制器报警功能。

⑤ 当报警线路断线，电源发生故障时，能自动发出与火警报警信号有明显区别的声、光故障信号，声故障信号应能保持，直至故障排除后方可复原。在故障期间，如有火警信号输入，应能发出声音、光火灾报警信号。

⑥ 交流 220V 供电为主电流，直流 24V 供电为备用电源，并应备有蓄电池。

1.2 火灾报警控制器主要技术指标

电源：220V，交流（±15%～20%），50Hz；

使用环境要求：

温度：－10～＋40℃；

相对湿度：90%±3%（30℃±2℃）；

消耗功率：报警状态≤60VA；监视状态≤20VA。

222

2 集中报警控制器

集中报警控制器是用作接收各区域报警控制器发送来的火灾报警信号，还可巡回检测与集中报警控制器相连的各区域报警控制器有无火警信号、故障信号。并能显示出火灾区和部位以及故障区域，同时发出声、光警报信号。整个报警控制器由部位号指示、区域号指示、巡检、自检、火警音响、时钟、充电、故障报警、稳压电源等电路单元组成。其工作原理是：由 60Hz 方波时钟产生的方波脉冲，一路为时钟的基准脉冲；另一路为巡回检测电路的时钟脉冲，此脉冲受时钟控制。无火警信号时，与门的控制端为高电平，时钟脉冲通过与门进到层（区域）号计数和层（区域）号显示电路，层（区域）号显示快速闪动，层（区域）号码送出一系列时钟脉冲作为层（区域）的巡检信号，因为时钟的重复频率是 60Hz，所以巡检速度也是 60 次/s。当区域报警器有火灾信号时，这些信号受区域报警控制器输出与门控制，只有当巡检信号到达时，某一层（区域）的火灾信号才放行。该信号送至集中报警控制器，与之对应的房（部位）号灯亮，同时发出火警音响，时钟停走，从而报火警信号。

3 火灾报警控制器的其他类型

以上所叙述的区域报警控制器和集中报警控制器是属于通常在工程设计中采用的两种火灾报警控制器。

近几年来，随着越来越多的科研设计单位和专业设备生产商、厂家从事火灾自动报警系统的研制和新产品开发，使火灾自动报警系统形式和功能发生了很大的变化，有很多新的火灾报警设备逐渐应用于建筑工程设计中，使防火技术得到了较大的发展，如微机、数字电路控制型火灾自动报警控制系统，模拟电子电路型火灾自动报警控制系统等等。

这些控制系统的设计与实现是传感器技术、电子控制技术与火灾检测应用方法紧密结合的产物，由于设计者、生产者的不同，往往造成实际应用的较大差异。因此，关于这些控制系统的设计请参阅具体系统的设计说明。

第 4 节　火灾自动报警系统设计

在工程设计中确定火灾自动报警系统时，首先应根据工程性质和有关建筑防火设计规范，综合确定适合于本工程的火灾自动报警系统。现将系统设计步骤分述如下。

1 系统的设置原则

民用建筑物的火灾自动报警系统的设置，应该按照国家现行有关建筑设计防火规范的规定执行。首先应按照建筑物的使用性质、火灾危险性划分的保护等级选用不同的火灾自动报警系统。民用建筑的保护等级划分如表 10-2 所示。一般情况下，一级保护对象采用控制中心报警系统，并设有专用消防控制室。二级保护对象采用集中报警系统，消防控制室可兼用。三级保护对象宜用区域报警系统，可将其设在消防值班室或有人值班的场所。但在具体工程设计中还需按工程实际要求进行综合考虑，并取得当地主管部门认可，在系统的选择上不必拘于上述的一般情况。

民用建筑物保护等级的划分   表 10-2

保护级别	高 层 建 筑	一般的多层及单层建筑
一级	1．一类建筑的可燃性物品仓库、空调机房、变电室、电话机房、自备发电机房 2．高级旅馆的客房和公共活动房（包括公共走道）、电信楼、广播楼、省级邮政楼的主要机房 3．大、中型电子计算机房 4．高层医院火灾危险性较大的房间和物品房、贵重设备间	1．国家级重点文物保护单位的木结构建筑 2．国家级和省级重点图书馆、档案馆、博物馆、资料馆 3．大、中型电子计算机房 4．设有卤代烷、二氧化碳等固定灭火装置的房间
二级	1．火灾危险性较大的实验室 2．百货大楼、财贸金融大楼的营业厅、展览楼的展览大厅 3．重要的办公楼、科研楼的火灾危险性较大的房间和物品库	1．火灾危险性大的重要实验室 2．广播楼、通信楼的重要机房 3．图书文物珍藏库、每座藏书量超过 100 万册的书库 4．重要的档案库、资料库、超过 4000 座位的体育观众厅 5．有可燃物的吊顶内及其电信设备间 6．每层建筑面积超过 3000m² 的百货楼、展览楼、高级旅馆 7．多层建筑内的底层停车库、一、二、三类地下停车库 8．地下工程中的电影院、礼堂、商店等
三级	其他需要设置火灾自动报警系统的场所	其他需要设置火灾自动报警系统的场所

2 系统设计的前期工作

火灾自动报警系统设计的前期工作主要包含以下三个方面：

1．摸清建筑物的基本情况

这方面主要包括建筑物的性质、规模、功能以及平、剖面情况；建筑内防火区的划分，建筑、结构方面的防火措施、结构形式和装饰材料；建筑内电梯的配置与管理方式，竖井的布置、各类机房、库房的位置以及用途等。

2．摸清有关专业的消防设施及要求

这方面主要包括消防泵的设置及其电气控制室与连锁要求，送风机、排风机及空调系统的设置；防排烟系统的设置，对电气控制与连锁的要求；防火卷帘门及防火门的设置及其对电气控制的要求；供、配电系统，照明与电力电源的控制及其与防火分区的配合；消防电源的配置，应急电源的设计要求等。

3．明确设计原则

这方面主要包括按照规范要求确定建筑物的防火分类等级及保护方式，制定自动消防系统的总体设计方案，充分掌握各种消防设备及报警器材的技术性能指标等。

3 系统的主要设计内容

3.1 探测区域和报警区域的划分

火灾探测区域是以一个或多个火灾探测器并联组成的一个有效探测报警单元，可以占

224

有区域火灾报警控制器的一个部位号。而火灾报警区域是由多个火灾探测器组成的火灾警戒区域范围。

火灾探测区域的划分一般是按照独立房（套）间来划分的，同一房（套）间内可以划分为一个探测区域，但总面积不宜超过 500m²；从主要出入口能够看清其内部，并且面积不超过 1000m² 的房间可以划分为一个探测区域；敞开及封闭楼梯间、同层的防烟楼梯间前室、消防电梯前室、同一防火分区的走道、建筑物闷顶、夹层、最多跨越三层楼的主要电气配电线路竖井、坡道、电缆隧道等亦可分别划分为一个探测区域。

火灾报警区域一般应按照防火分区或楼层来划分。一个火灾报警区域宜由一个防火分区或同一楼层的几个防火分区组成。同一火灾报警区域的同一警戒分路不应跨越防火分区。当不同楼层划分为同一个火灾报警区域时，应该在未装设火灾报警控制器的各个楼层的各主要楼梯口，或消防电梯前室明显部位设置灯光及音响警报装置。

3.2 火灾探测器的选择

工程设计时应该预测火灾可能发生的情况和火源的性质，正确选用符合工程实际需要的探测器。一般选用火灾探测器时应考虑以下原则：

（1）对火灾初期有阴燃阶段、能产生大量烟和少量热、很少或没有火焰辐射的火灾（如棉麻、织物火灾等），应选用感烟探测器（一般在旅馆客房等处选用感烟探测器为宜）。

（2）对火灾发生时蔓延迅速，产生大量热、烟和火焰辐射的火灾（如油类火灾等），宜选用感温探测器、感烟探测器、火焰探测器或它们的组合。

（3）对火灾发生时蔓延迅速，并有强烈的火焰辐射和少量烟、热的场所（如轻金属及其他化合物火灾），应选用火焰和感温组合探测器。

（4）下列场所宜装设感烟火灾探测器：

① 饭店、旅馆、教学楼、办公楼的厅堂、卧室、办公室；

② 电子计算机房和通讯机房等；

③ 楼梯、走道、竖井、书库、档案库、地下室、仓库；

④ 可能发生电气火灾的场所。

（5）下列场所宜装设感温探测器：

① 车库、厨房及其他在正常情况下有烟滞留的场所；

② 有粉尘细沫或水蒸气滞留的场所；

③ 锅炉房、发电机房、茶炉房、烘干车间；

④ 湿度经常高于 95% 以上的场所；

⑤ 吸烟室和小会议室等。

3.3 火灾探测器数量的确定

一个火灾探测区域所需的火灾探测器数量应该由下式决定：

$$N \geqslant S/(K \times A)$$

式中　　N——一个火灾探测区域内所需探测器数量；

　　　　S——一个火灾探测区域的面积（m²）；

　　　　A——一个火灾探测器的保护面积（m²）；

　　　　K——修正系数，对重点保护建筑取 0.7～0.9，非重点保护建筑取 1。

火灾探测器的保护面积一般是由生产厂家提供。但是，在实际应用中由于各种因素影响往往相差较大。火灾探测器的影响因素一般有下列几个方面：

（1）火灾探测器的灵敏度越高，其响应阈值越灵敏，保护空间越大。

（2）火灾探测器的响应时间越快，保护空间越大。

（3）建筑空间内发烟物质的发烟量越大，感烟火灾探测器的保护空间面积越大。

（4）燃烧性质不同时，阴燃比爆燃的保护空间大。

（5）建筑结构及通风情况：烟雾越易积累，并且越容易到达火灾探测器时，则保护空间越大；空间越高，保护面积越小；如果由于通风原因及火灾探测器布点位置不当，致使烟雾无法积累或根本无法达到火灾探测器时，则其保护空间几乎接近于零。

（6）允许物质损失的程度：如果允许物质损失较大，发烟时间较长，甚至出现明火，烟雾可以借助火势迅速蔓延，则保护空间更大。

上述各种因素，有的可以预计其影响程度，有的无法考虑。因此，修正系数 K 值是作为综合考虑有关因素的影响而采用的。

3.4 火灾探测器的设置要求

火灾探测器的设置位置可以按照下列基本原则确定：

① 设置位置应该是火灾发生时烟、热最易到达之处，并且能够在短时间内聚积的地方；

② 消防管理人员易于检查、维修，而一般人员应不易触及火灾探测器；

③ 火灾探测器不易受环境干扰，布线方便，安装美观。

对于常用的感烟和感温探测器来讲，其安装时还应符合下列要求：

① 探测器距离通风口边缘不小于 0.5m，如果顶棚上设有回风口时，可以靠近回风口安装；

② 顶棚距离地面高度小于 2.2m 的房间、狭小的房间（面积不大于 10m²），火灾探测器宜安装在入口附近；

③ 在顶棚和房间坡度大于 45°斜面上安装火灾探测器时，应该采取措施使安装面成水平；

④ 在楼梯间、走廊等处安装火灾探测器时，应该安装在不直接受外部风吹的位置；

⑤ 在与厨房、开水间、浴室等房间相连的走廊安装火灾探测器时，应该避开入口边缘 1.5m 内；

⑥ 建筑物无防排烟要求的楼梯间，可以每隔三层装设一个火灾探测器，倾斜通道安装火灾探测器的垂直距离不应大于 15m；

⑦ 安装在顶棚上的火灾探测器边缘与照明灯具的水平间距不小于 0.2m；距离电风扇不小于 1.5m；距嵌入式扬声器罩间距不小于 0.1m；与各种水灭火喷头间距不小于 0.3m；与防火门、防火卷帘门的距离一般为 1~2m；感温火灾探测器距离高温光源不小于 0.5m。

必须指出，在下列场所可以不安装感烟、感温火灾探测器：

① 火灾探测器安装位置与地面间的高度大于 12m 者；

② 因受气流影响，火灾探测器不能有效检测到烟、热的场所；

③ 顶棚与上层楼板间距、地板与楼板间距小于 0.5m 的场所；

④ 闷顶及相关的吊顶内的构筑物及装饰材料为难燃型，并且已安装有自动喷淋灭火系统的闷顶及吊顶的场所；

⑤ 电梯井上有机房，且机房地面与电梯井有大于 0.25m² 的开孔，并且在开孔附近装有火灾探测器的电梯井道；

⑥ 隔断板高度在三层以下，并且完全处于水平警戒范围内的各种竖井及类似场所；

⑦ 长度小于 10m 的独立走廊、通道或开敞式走廊与通道。

3.5 火灾探测器保护面积的确定

感烟、感温火灾探测器的保护面积（A）和保护半径（R）之间的关系见表 10-3。

火灾探测器保护面积和保护半径之间的关系　　　　　　　　　　表 10-3

一个探测区域的面积（m²）	火灾探测器的种类		探测器安装高度 h（m）	探测器的保护面积（A）和保护半径（R）					
				屋顶斜度 α（度）					
				$\alpha \leqslant 15$		$15 < \alpha \leqslant 30$		$\geqslant 30$	
				A（m²）	R（m）	A（m²）	R（m）	A（m²）	R（m）
≤80	感烟探测器		≤12	80	6.7	80	7.2	80	8.0
			≤6	50	6.8	100	7.2	100	9.0
>80			6~12	80	6.7	100	8.0	120	9.9
≤30	感温探测器	一级	6~8	30	4.4	30	4.9	30	5.5
		二级	4~6						
		三级	≤4						
>30		一级	6~8	20	3.6	30	4.9	30	6.3
		二级	4~6						
		三级	≤4						

3.6 梁对探测器保护面积的影响

梁对火灾探测器保护面积的影响，可以分为平整顶棚和不平整顶棚两种情况来考虑。对于平整顶棚情况而言，梁对火灾探测器保护面积的影响参照以下原则处理：

（1）当梁突出顶棚的高度小于 200mm 时，在顶棚上布置的火灾探测器的保护面积不受影响。

（2）当梁突出顶棚的高度在 200~600mm 时，保护面积是否受梁影响可按图 10-8 来

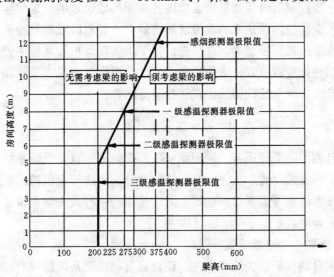

图 10-8　突出顶棚的梁高对探测器设置的影响

确定；当应考虑梁的影响时，一只火灾探测器能保护的梁间区域的个数按照表 10-4 确定。

（3）当梁突出顶棚的高度超过 600mm 时，被梁隔断的每个梁间区域至少设置一只火灾探测器，并且应该将被隔断区域看作为一个火灾探测区域，按照《火灾自动报警系统设计规范》（GBJ116—88）的规定来计算火灾探测器的数量。

按梁间区域面积确定一只火灾探测器能够保护梁间区域的个数　　　　表 10-4

感温探测器的保护面积（m²）	梁隔断的梁间区域面积（m²）	一只探测器保护梁间区域的个数	感温探测器的保护面积（m²）	梁隔断的梁间区域面积（m²）	一只探测器保护梁间区域的个数
20	Q>12	1	60	Q>36	1
	8<Q≤12	2		24<Q≤36	2
	6<Q≤8	3		18<Q≤24	3
	4<Q≤6	4		12<Q≤18	4
	Q≤4	5		Q≤12	5
30	Q>18	1	80	Q>48	1
	12<Q≤18	2		32<Q≤48	2
	9<Q≤12	3		24<Q≤32	3
	6<Q≤9	4		16<Q≤24	4
	Q≤6	5		Q≤16	5

对于不平整顶棚情况，确定梁对火灾探测器保护面积的影响时，应该综合考虑房间顶棚的形状、坡度大小以及安装情况，具体处理方法详见《火灾自动报警系统设计规范》（GBJ116—88）。

应该指出，对于广泛应用的感烟式和感温式火灾探测器，在估算其保护面积和保护半径时，可按照表 10-3 确定。

3.7　火灾自动报警方式的确定

火灾自动报警方式，一般应根据各类建筑物性质和防火管理方式的不同而确定。但这里需指出的是，各种形式的报警方式在工程中的选用目前国内还未作出具体规范规定，故设计时应根据建筑物等级和保护对象的重要程度，结合国情而定。一般可分为两种方式报警。一种：区域报警控制器可接收报警区域内各探测区域送来的火警信号，但集中报警控制器只能接收各区报警控制器送来的报警区域信号，不显示区域报警控制器探测区域部位号。第二：区域或集中报警控制器，都应报出整个火灾自动报警系统中的任何一个区域号或部位号。以上两种报警器方式，采用哪种为宜，应根据工程具体要求和保护对象的重要程度，确定火灾自动报警系统的结构形式和报警显示方式。

4　系统工程设计要点

对于具体的自动消防工程而言，采用哪一种形式的火灾自动报警系统应该根据工程的建设规模、被保护对象的性质、火灾监控区域的划分、消防管理机构的组织形式以及火灾自动报警产品的技术性能等因素综合确定。无论采用哪一种火灾自动报警系统，都应当考虑并符合以下的设计要点：

4.1　自动控制与手动控制设置

为了提高火灾自动报警系统的可靠性，在设置自动控制系统的同时，必须设置相应的手动控制装置，以确保人工能够直接启动或停止消防设备运行。

4.2 区域报警系统设计

区域火灾报警装置的数量不能多于三个，报警装置的安装高度必须参照相关规范和有关电力、通讯等国家标准确定。区域报警装置必须设置在有人值班的房间或场所。

4.3 集中报警系统设计

当采用集中报警系统时，火灾自动报警系统中应该设置一台集中火灾报警装置和至少两台及以上的区域火灾报警装置。

4.4 系统接地问题

火灾自动报警系统的接地，通常分为工作接地和保护接地。工作接地一般利用专用接地装置在消防控制中心接地。保护接地的要求是：凡是火灾自动报警系统中引入的有交流供电的设备、装置的金属外壳，都应采用专用接零干线引入作保护接地。

4.5 消防设备供电问题

一般地，消防设备供电系统应能充分保证设备的工作性能，在发生火灾时能够发挥设备的功能，将火灾损失降到最低，具体见本章第六节。

4.6 系统布线质量

火灾自动报警系统的布线质量直接影响到整个系统的可靠性，在设计时必须依照有关规范实施。

4.7 室内配线的防火、耐热措施

为了保证消防设备在发生火灾时的可靠工作，连接消防设备的线路必须具有耐火耐热性能要求，并且要采取防止和阻燃措施。具体采取的措施有：管道内敷设耐火材料，检查门采用丙级防火门，电线管在穿墙部位使用不燃烧体充填等。

5 火灾自动报警系统工程图的基本内容

一般控制中心报警系统形式的火灾自动报警系统应设计以下的施工图：

① 总平面布置图，消防中心、监控区域分区示意图，消防联动、连锁控制系统图；
② 各个楼层的消防电气设备平面图；
③ 火灾探测器布置系统图；
④ 区域和集中报警系统连线示意图；
⑤ 火灾事故广播系统图；
⑥ 火灾事故照明平面布置图；
⑦ 疏散、诱导标志照明系统；
⑧ 电动防火卷帘门连锁控制系统图；
⑨ 电磁连锁控制系统图；
⑩ 消防电梯连锁控制系统图；
⑪ 消防水泵连锁控制系统图；
⑫ 防排烟连锁控制系统图；
⑬ 灭火装置（设备）连锁控制系统图；
⑭ 消防专用电源及应急（备用）消防电源系统图。

6 火灾报警器设备的选择和系统布线以及工程应用

根据建筑工程对火灾自动报警系统的不同需要，可选择各种类型的火灾报警控制器。

在选择设备时，提出以下几点供参考。

（1）选用设备应以报警可靠和便于维护检修为主，对一般中、小型工程不宜过于追求先进设备，应根据具体情况，因地制宜地选用。

（2）组成火灾自动报警系统时应尽量使系统结构简单、可靠，便于维护，力求导线根数少，接头少（应焊接）。选用火灾报警控制器的数量在满足报警方式要求的情况下，应尽量少。

（3）火灾自动报警系统布线需考虑以下几点：

① 火灾自动报警系统选用导线，其电压等级不应低于交流250V，导线截面见表10-5。

绝缘导线（含电缆）

线芯的最小截面积　　　　　表10-5

序号	类　　　别	线芯的最小截面积（铜线线芯）（mm²）
1	管内敷设的绝缘导线	0.75
2	线槽内敷设的绝缘导线	0.40
3	多芯电缆	0.20

② 火灾自动报警系统的传输线路应穿入管内或在封闭式线槽内敷设，但穿管和线槽应采用非延燃性材料和钢管、铁质线槽制成。

③ 装设定温探测器房间内的传输线或直接作用于启动灭火装置的传输线，应穿金属管保护，并需在管上采取防火保护措施。

④ 穿管绝缘导线的总截面积与管内截面积的比值应考虑：a. 穿单股导线和电缆时应小于40％；b. 穿绞合导线时应小于25％；c. 穿平行导线时应小于30％；d. 敷设于封闭线槽内的绝缘导线（含电缆）总截面积应不大于线槽的净截面积的60％。e. 导线宜选用不同颜色的绝缘导线，使布线明显，便于施工及维护。

第5节　自动消防联动控制系统简介

根据《火灾自动报警系统设计规范》（GBJ140—90），适用于高层建筑的控制中心报警系统应具备对室内消防栓系统、自动喷水灭火系统、防排烟系统以及防火卷帘门和警铃的联动控制功能。下面对各个联动系统以及消防装置的控制分别进行介绍。

1　消防联动控制系统

1.1　湿式喷水灭火系统

这种喷水灭火系统的灭火原理是利用感温喷水头达到某一温度时，感温元件自动释放或爆裂，压力水从喷头均匀喷泄出来，达到自动喷水灭火目的。湿式喷水灭火系统与电气联动控制的系统如下：

（1）各喷水管道上装设的水流指示器，因喷水使其发出电信号报警。图10-9为水流指示器原理方框图。

（2）由于自动喷水而引起水力报警阀动作，使压力开关闭合，启动＋24V报警信号，亦可通过消防联动控制盘（SKP盘）启动消防水泵。

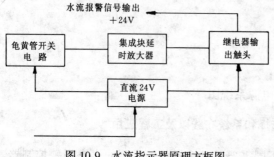

图10-9　水流指示器原理方框图

230

1.2 干式喷水灭火系统

干式喷水灭火系统的工作原理、消防联动控制方法和湿式喷水灭火系统基本相同,不同之处只是干式管网中充气部分增加了电气控制部分,即充气、漏气自动补气和带电节点压力开关等部分。故在防火联动控制盘上增加了一个压力指示装置和压力高、低位显示装置。

1.3 预作用喷水灭火系统

该系统设有报警室,并装有预作用控制阀。干式喷水管网中平时不充水(或有时充气监视管网漏气),当火灾发生后,由感烟、感温式火灾探测器分别组成探测器与门信号,输入灭火控制器或区域报警控制器,再由以上两种控制器发出与门信号至预防作用阀(如预作用阀为交流供电时,还应附加 YK 型灭火控制器送交流开阀信号),使其开阀向干式系统充水。当火灾温度上升到一定值时,喷头自动喷水灭火,此时水流指示器 SC、水压力开关和预作用阀都应向消防控制室 SKP 盘送动作信号。

1.4 防烟前室自动消防排烟联动控制系统

防排烟系统电气控制的设计,一般是在选定自然排烟、机械排烟、自然与机械排烟并用或机械加压送风方式后进行的。一般,防排烟控制有中心控制和模块化控制两种方式,如图 10-10 所示。其中(a)中心控制方式:消防中心接到火警信号后,直接产生信号控制排烟阀门开启,排烟风机启动,空调、送风阀机、防火门等关闭,并接受各设备的返回

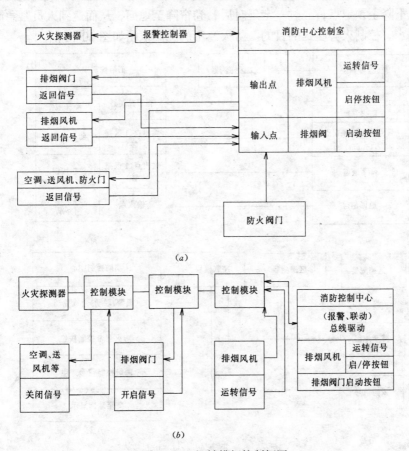

(a)

(b)

图 10-10 机械排烟控制框图

(a)中心控制方式;(b)联动控制方式

信号和防火阀动作信号，监测各设备运行状况；（b）模块化控制方式：消防中心接收到火警信号后，产生排烟风机和排烟阀门等动作信号，经总线和控制模块驱动各设备动作并接收其返回信号，监测各运行状态。

图 10-10 为机械排烟控制框图。机械加压送风控制的原理及过程与排烟控制相似，只是控制对象变为降压送风阀机和正压送风阀门，控制框图类似于图 10-10。

在高层民用建筑中，各层封闭式楼梯间都设有防烟前室，并有排烟和送风机各一台（指负压排烟送风系统），在送风和排烟管道上还装有一台排烟电磁阀和一台送风电磁阀。防烟前室内装有感烟探测器，其联动控制方式有以下两种。

（1）消防中心集中控制方式：由消防控制室控制台集中控制开启排烟阀、送风阀信号和启动排烟、送风机信号。

（2）分散控制集中显示动作信号方法：在各层设排烟控制器 YK 和感烟探测器配合，分散控制排烟、送风阀，同时将开阀信号送消防控制室 SKP 盘，由 SKP 盘发出（联动控制台）启动排烟、送风机信号。

1.5 防火门、防火卷帘联动控制系统

防火门、防火卷帘通常是指建筑物中防火分区通道内外隔断的设备。火灾发生时，防火卷帘根据消防控制中心连锁信号（或火灾探测器信号）指令，也可就地手动操作控制，使卷帘首先下降至预定点，经过一定延时后，卷帘降至地面，从而达到人员紧急疏散、灾区隔烟、隔水、控制火势蔓延的目的。防火卷帘的控制框图如图 10-11 所示。

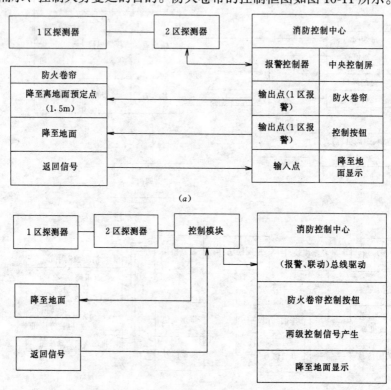

图 10-11　防火卷帘控制图

（a）中心联动控制；（b）模块联动控制

防火门的作用在于防烟与防火。防火门在建筑中的状态是：正常（无火灾）时，防火门处于开启状态，火灾时控制其关闭。防火门的控制就是在火灾时控制其关闭，控制方式可由现场感烟探测器控制，也可由消防控制中心控制，还可手动控制。防火门的工作方式有平时不通电和平时通电两种。

(1) 防火门的联动控制方式以采用分散控制、集中显示其动作信号为宜，如图10-12。

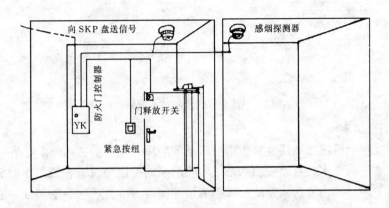

图 10-12　防火门的联动控制示意图

(2) 防火卷帘联动控制方式与防火门不同之处是其动作机构为交流 380/220V 电动机，故需作转换，以直流继电器动作带动交流控制。控制器显示方式宜采用分散控制、集中显示动作信号，见图 10-13。

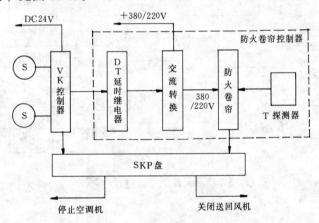

图 10-13　防火卷帘联动控制系统原理图

2　固定灭火装置的控制

2.1　消防泵控制

室内消火栓系统中消防泵的启动和控制方式的选择与建筑的规模和水平系统有关，以确保安全和控制电路设计合理为原则。消防泵联动控制基本逻辑框图如图 10-14 所示。报警信号输入系统后，控制屏产生速度和自动信号直接控制消防泵，同时接收返回的水位信号。一般消防泵的控制都是经消防中心控制室来联动控制。

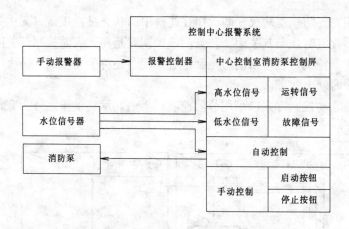

图 10-14　消防泵联动控制基本逻辑框图

2.2　喷洒泵控制

充水式闭式喷洒系统在高层建筑中得到广泛的应用，是目前国内外广泛采用的固定式消防灭火系统之一。充水式自动喷洒水系统中喷洒泵的控制逻辑过程如图 10-15 所示。水流信号和闸阀关闭动作信号送入系统后，喷洒泵控制器（屏）产生手动和自动信号直接控制喷洒泵，同时接收返回的水位信号，监测喷洒泵工作状况，实现集中联动控制。

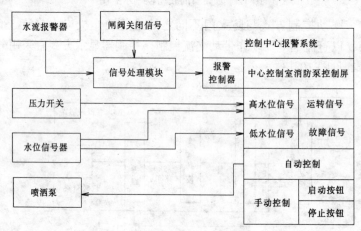

图 10-15　喷洒泵控制逻辑过程示意图

第6节　消防电源及其配电系统

1　消　防　电　源

向消防用电设备提供电能的独立电源叫消防电源。

工业建筑、民用建筑、地下工程所设的消防控制室、消防水泵、消防电梯、防排烟设施、火灾自动报警、自动灭火系统、应急照明、疏散指示标志和自动的防火门、卷帘、阀门等消防用电，都应按照现行《工业与民用建筑供电系统设计规范》的规定进行设计。

消防用电设备完全依靠城市电网供给电能，火灾时一旦停电，势必给早期报警、安全疏散、自动和手动灭火作业带来危害，甚至造成极为严重的人身伤亡和财产损失。这样的教训国内外皆有之，不容疏忽。所以，电源设计时，必须认真考虑火灾时消防用电设备的电能持续供给问题。

图 10-16 是一个典型的消防电源系统图，它由电源、配电部分和消防用电设备三部分组成。

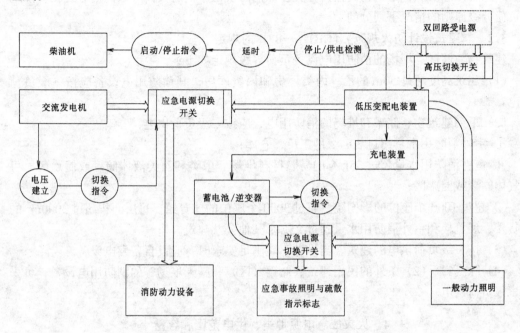

图 10-16　典型消防电源系统图

2　消防对电源及配电的基本要求

（1）可靠性　火灾时若供电中断，会使消防用电设备失去作用，贻误灭火战机，给人民的生命和财产带来严重后果。因此，要确保电源及其配电的可靠性是首先应考虑的问题。

（2）耐火性　火灾时系统应具有耐火、耐热、防爆性能，土建方面应采用耐火材料建造，以保障不间断供电的能力。

（3）安全性　保障人身安全，防止触电事故。

（4）有效性　保证供电持续时间，确保应急期间消防用电设备的有效性。

（5）科学性　在保证可靠性、耐火性、安全性和有效性的前提下，还应确保供电质量，力求系统接线简单，操作方便，节省投资，运行费用低。

3　消防负荷等级与供电方式

划分消防负荷等级并确定其供电方式的基本出发点是，考虑建筑物的结构、使用性质、火灾危险性、疏散和扑救难度、事故后果等。

3.1　《高层民用建筑设计防火规范》（GB50045—95）的规定

高层建筑发生火灾时，主要利用建筑物本身的消防设施进行灭火和疏散人员、物资。

如果没有可靠的电源，就不能及时报警、灭火，不能有效地疏散人员、物资和控制火势蔓延，势必造成重大损失。因此，合理地确定负荷等级，保障高层建筑消防用电设备供电的可靠性是非常重要的。根据我国具体情况，消防负荷等级，按照高层建筑类别规定如下：

一类高层建筑按一级负荷要求供电，二类高层建筑按不低于二级负荷要求供电。

这里要注意两点：建筑物的具体分类参照消防规范。消防负荷等级的划分是在参照电力负荷分级原则的情况下划分的。

3.2 《建筑设计防火规范》(GBJ16—87) 的规定

建筑物、储罐、堆场的消防用电设备负荷等级规定如下：

(1) 建筑高度超过 50m 的乙、丙类厂房和丙类库房，其消防用电设备应按一级负荷供电。

(2) 下列建筑物、储罐和堆场的消防用电，应按二级负荷供电：

① 室外消防用水量超过 30L/s 的工厂、仓库；

② 室外消防用水量超过 35L/s 的易燃材料堆场、甲类和乙类液体储罐或储罐区、可燃气体储罐或储罐区；

③ 超过 1000 个座位的影剧院、超过 3000 个座位的体育馆、每层面积超过 3000m² 的百货楼、展览楼和室外消防用水量超过 25L/s 其他公共建筑。

(3) 按一级负荷供电的建筑，当供电不能满足要求时，应设自备发电设备。

(4) 除 (1)、(2) 条外的民用建筑、储罐 (区) 和露天堆场等的消防用电设备，可采用三级负荷供电。

4 火灾应急电源种类、供电范围和容量

建筑处于火灾应急状态时，为了确保安全疏散和火灾扑救工作的成功，担负向消防应急用电设备供电的独立电源，称为火灾应急电源。

应急电源一般有三种类型，即城市电网电源、自备柴油发电机组和蓄电池。对供电时间要求特别严格的地方，还可采用不停电电源 (又称不间断电源，缩写 UPS) 作为应急电源。

实际设计表明，在一个特定的防火对象中，应急电源种类并不是单一的，可采用几个电源的组合方案。其供电范围和容量的确定，一般是根据建筑负荷等级、供电质量、应急负荷数量和分布、负荷特性等因素决定的。

应急电源供电时间有限，其容量可按时间表计算，表 10-6 是应急电源种类、供电范围和容量的一览表。

火灾应急电源种类、供电范围和容量一览表　表 10-6

需备应急电源的消防设备	应急电源种类			容量（min）	
	应急专用供电设备	自备发电机	蓄电池	日本	中国
室内消火栓设备	适用	适用	适用	30	
机械排烟设备	—	适用	适用	30	30
自动喷水灭火设备	适用	适用	适用	60	60

236

需备应急电源的消防设备	应急电源种类			容量（min）	
	应急专用供电设备	自备发电机	蓄电池	日本	中国
泡沫灭火设备	适用	适用	适用	30	
CO_2、干粉灭火设备	—	适用	适用	60	
消防电梯	—	适用	—	60	
火灾自动报警装置	适用	—	适用	10	10
防火门	—	适用	适用	30	
应急事故广播	适用	—	适用	10	
应急插座	适用	适用	适用	30	
火灾应急照明和疏散指示标志		适用	适用	20	20

应急电源与主电源之间应有一定的电气联锁关系。当主电源运行时，应急电源不允许工作；一旦主电源停电，应急电源必须立即在规定时间内投入运行。在采用自备发电机作为应急电源的情况下，如果起动时间不能满足应急设备对停电间隙要求时，可以在主电源停电而自备发电机组尚待启动之间，使蓄电池迅速投入运行，直至自备发电机组向配电线路供电时才自动退出工作。此外，亦可采用不停电电源来达到目的。

5 消防用电设备负荷资料

消火栓水泵、自动喷淋系统水泵、消防电梯、防排烟设备、火灾应急照明等的负荷由设计人员根据建筑防火要求确定。现将部分小容量消防用电设备的负荷列于表 10-7 中，供设计时参考。

部分小容量消防用电设备的负荷　　　　　　　　　　表 10-7

设　备　名　称	相　数	耗电容量（W）	$\cos\phi$	计算电源（A）
防火卷帘门（＜$10m^2$）		700	0.7	1.6
防火卷帘门（＜$20m^2$）	3	900	0.7	2
防火卷帘门（＜$40m^2$）		1800	0.8	3.4
自动防火、防烟阀 自动排烟口、排烟阀	直流 24V	17		0.8
手动防火、防烟阀 手动排烟口、排烟阀	直流 24V	10		0.5
防火门自动释放器	直流 24V	15		0.6
防烟垂壁锁	直流 24V	20		0.9
火灾报警区域报警器（50 点）	直流 24V	80 60	0.8	0.5 2.5
火灾报警区域报警器（20×50 点）	直流 24V	100 80		0.6 3.4
可燃气体报警器（8 路）	直流 24V	100 80		0.6 3.4

6 应急柴油发电机组和蓄电池电源容量的计算

柴油发电机组和蓄电池的供电容量在防火设计时，应根据建筑物类型、消防设备负荷等情况具体确定。

柴油发电机容量在设计阶段可以按下列方法进行估算。对大中型民用建筑可以按每平方米建筑面积 10～20W；或按配电变压器容量的 10%～30% 进行估算。

蓄电池是一种独立而又十分可靠的应急电源。火灾时，当电网电源一旦失去供电，它即向火灾信息检测、传递、弱电控制和事故照明等设备提供直流电能。这种电源经过逆变器和逆变机组将直流变为交流，可兼作交流应急电源，向不允许间断工作的交流负荷供电。

蓄电池若为火灾应急照明、变电和自备发电机组操作使用时，其容量可用下列公式计算：

$$C_{10} = 1.2I_L + 45$$
$$C_{30} = 1.7 \times I_L$$

式中　C_{10}——10min 蓄电池容量（AH）；

　　　C_{30}——30min 蓄电池容量（AH）；

　　　I_L——火灾应急照明负荷电流（A），一般可按建筑面积×（1.5～2）VA/m² 计算。

第 11 章　智能建筑防火设计

第 1 节　概　　述

智能建筑（Intelligent Building）的概念，在 20 世纪 80 年代诞生于美国。智能建筑指利用系统集成方法，将智能型计算机技术、通信技术、信息与建筑艺术有机结合，通过对设备的自动监控、对信息资源的管理、对使用者的信息服务及其与建筑的优化组合，使得投资合理，适合信息社会需要，并且具有安全、高效、舒适、便利和灵活特点的建筑物。第一栋智能大厦于 1984 年在美国哈特福德（Hartford）建成。随后，在欧美日及世界各地蓬勃发展，虽然我国于 90 年代才起步，但迅猛发展势头令人瞩目。

根据国际上的标准，智能建筑由建筑设备自动化系统（BAS）；办公自动化系统（OAS）；通信自动化系统（CAS）和结构化综合布线系统（SCS，它包括综合布线系统）构成，因此，智能建筑又称 3A 建筑。

除了 3A 建筑，在我国还有一种比较流行的 5A 建筑的说法。这是指增加了防火监控系统（FAS）；保安自动化系统（SAS）两个 A。国际上通常定义的 BA 系统应该包括 FA 系统和 SA 系统（图 11-1）。

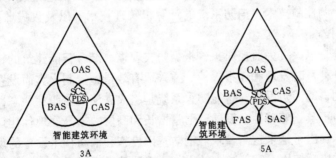

图 11-1　智能建筑构成的两种说法

无论 3A 还是 5A，智能建筑中有一个非常重要的子系统：防火监控系统。本章主要介绍智能建筑中的防火系统与建筑师的关系，智能建筑防火系统构成的特殊性以及防火管理系统与智能建筑整体的关系。希望通过学习能够对智能建筑防火系统设计有一个初步的了解。

第 2 节　智能建筑与建筑师

随着信息技术和自控技术的发展，产生了智能建筑。就目前的表观现象来看，智能建筑好像都是建筑电气专业，尤其是弱电专业的工作。仅从智能建筑的子系统来看，它们的设计确实属于弱电专业的工作。但从建筑的整体构成来看，它是一项系统工程，它包含了建筑、结构、给排水、暖通空调专业以及建筑电气专业。只有这些专业的密切配合，才能做到设计更完善，布局更合理。因此，我们可以说，智能建筑是一个系统工程，它涵盖了各个专业。建筑师应该认清在智能建筑设计中，自己所处的地位及任务，以及如何协调各专业，设计出真正的智能建筑。而智能建筑防火系统的设计尤其如此。

第3节　智能建筑与防火系统

BAS 的主要任务是采用计算机对整个大楼内多而散的建筑设备实施监测和自动控制，各子系统之间可以互通信息，也可独立工作，实现最优化的管理。从消防角度来看，消防自动化系统应贯彻"预防为主、防消结合"的方针，及时发现并报告火情，控制火灾的发展，尽早扑灭火灾，确保人身安全和减少社会财富的损失。为此，急需提高火灾的监测、报警、灭火控制技术以及消防系统的自动化水平。随着科技进步和生产发展，微电子检测技术、自动控制技术和计算机技术等获得了迅猛的发展，并广泛应用到消防技术领域，使火灾探测与自动报警技术、消防设备联动控制技术、消防通信调度指挥系统、火灾监控系统和消防控制中心等在近年取得了突飞猛进的发展，逐步形成了以火灾探测与自动报警为基本内容，计算机协调控制和管理各类灭火、防火设备，具有一定自动化和智能化水平的火灾监控系统，即智能防火系统。

智能火灾监控技术是涉及火灾监控各方面的一项综合性消防技术，是现代电子工程和计算机技术在防火领域应用的产物，也是现代消防技术的重要组成部分和新兴技术学科。智能防火技术研究的主要内容是：火灾参数的检测技术，火灾信息处理与自动报警技术，消防设备联动与协调控制技术，消防系统的计算机管理技术，以及火灾监控系统的设计、构成、管理和使用等。

智能防火系统是以火灾为监控对象，根据防灾要求，结合智能建筑的特点而设计、构成和工作的，是一种及时发现和通报火情，并采取有效措施控制火灾而设置在建筑物中或其他对象与场所的自动消防设施。智能防火系统是将火灾消灭在萌芽状态，最大限度地减少火灾危害的有力工具。随着社会发展，财富增长和高层、超高层现代建筑的兴起，对消防和救灾抢险工作提出了越来越高要求。消防基础设施和消防技术设备的现代化需求促进了火灾监控系统的广泛使用，智能防火技术作为消防技术手段之一，越来越显示出它的重要性。

第4节　智能防火系统构成

1　火灾信息处理方式

智能建筑中，火灾监控系统依据各类火灾参数敏感元件输出的电信号，采取不同的火灾信息判断处理方式，得到不同形式的火灾监控系统，并导致系统的火灾探测与报警能力、各类消防设备的协调控制和管理能力，以及系统本身与上级网络的信息交换与管理能力等方面产生较大的差别。因此，火灾信息判断处理方式是智能型火灾监控系统的核心，提高系统的自动化和智能化水平，必须以有效先进的火灾信息处理方式为基础。它涉及火灾探测器的结构和电信号处理电路的设计、探测器与控制器之间信息通信方式的选择与实现，以及火灾探测与报警和消防设备联动控制等方面功能的实现。

目前，对火灾参数敏感元件输出信号的识别处理方式主要有阈值比较式、类比判断式和分布智能式（或初级智能式），高智能的火灾信息处理一般是采用先进的火灾模式识别方法，并在系统主机中实现。

1.1 阈值比较方式

阈值比较方式是目前火灾探测器中普遍采用的方式，也是传统的火灾信息处理方式。当前广泛使用的可寻址开关量火灾报警系统、响应阈值自动浮动式火灾报警系统等都使用阈值比较判断火灾。

（1）光电感烟式阈值比较火灾探测器 如图 11-2 所示为国内外消防电子产品专业生产厂家（如美国 NOTEFIRE，SIMPLEX，SYSTEM SENSOR；瑞士 CERBRUS；日本 NOHMI，NITTAN 等）所采用的典型散射光式感烟探测器电路原理图。

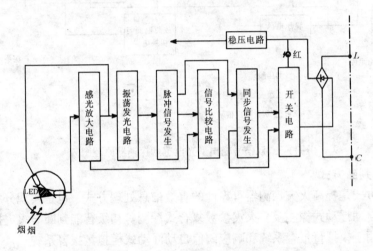

图 11-2 散射光式感烟探测器电路原理图

图 11-2 所示典型光电感烟探测器非延时工作过程：无烟时，受光元件没有接受红外光；有烟时，光电流输出正比于烟浓度。光电流经过放大和信号比较（阈值比较）后，如连续在两个光脉冲周期都高于设定值，则产生报警输出。探测器的延时工作过程与非延时工作过程的区别仅在于同步比较电路中比较次数的设置，延时工作是采用双脉冲连续同步比较方式，比较次数可在 3 至 17 次之间设置，实现 10 至 60s 延时。显然，延时工作方式有利于提高火灾探测和报警的可靠性。当同步次数设在 6 次时，烟浓度达到设定阈值（由灵敏度级别确定），延时工作方式探测器将在 30s 内感知烟浓度变化，并经过时钟脉冲和信号脉冲连续 6 次同步比较（延时约 20s），当一直存在信号脉冲时产生输出信号确认火灾，否则确认为假火灾。

（2）双信号输出阈值比较式火灾探测器 如图 11-3 所示为火灾探测器系列产品中具有两种灵敏度信号输出的光电感烟式探测器原理图。其中，探测器供电一般为 DC15-30V，监测电流 70mA，报警电流小于 100mA，暗室光源为 $0.92\mu m$ 波长、$70\mu s$ 脉宽、周期 3.5s 的连续脉冲光，发、收光元件夹角 134.5°。

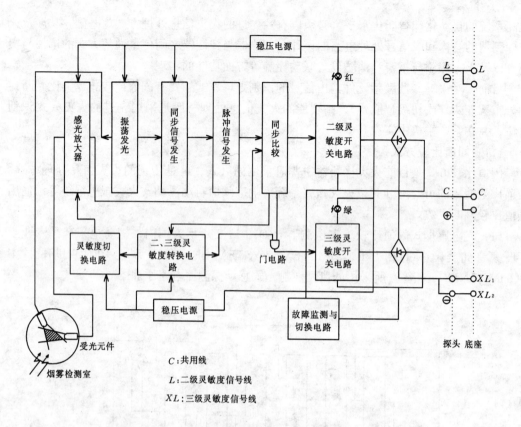

图 11-3　双信号输出型光电感烟探测器原理图

1.2　类比判断方式

类比判断方式是提高火灾探测器可靠性的有效信息处理方式，也是实现分级报警式探测、响应阈值自动浮动式探测及多火灾参数复合式探测等初级智能判断与火灾探测的基本方式，广泛应用于模拟量报警系统和响应阈值自动浮动式模拟量报警系统。

如图 11-4 所示为国内外大多数专业厂家采用的典型类比式离子感烟探测器原理图。

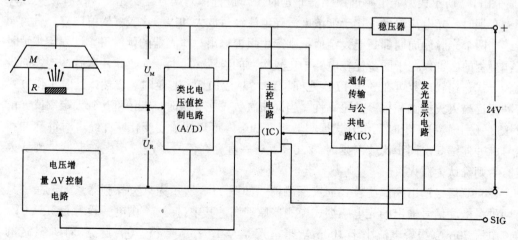

图 11-4　典型类比式离子感烟探测器原理图

242

类比判断方式的突出特点是火灾探测灵敏度可任意用软件设置，实现预火警、火警、联动控制等多个输出信号；延时与非延时工作方式、白昼与夜间灵敏度自动调整、环境条件（尤其是环境污染）自动补偿等等，均可采用中心控制器处理软件与火灾探测器硬件电路配合完成。

1.3 分布智能方式

分布智能方式的中心目的是让火灾传感器保留一定的智能和判断功能，以构造简化为标准，减少从终端传感器（或探测器）向控制器的信息传输量和降低传输速度，或增大一定传输速度下的有效信息传输量，使火灾传感器（或探测器）具有更高的火灾探测能力。一般，采用分布智能方式的火灾监控系统，在其每个火灾探测器和火灾传感器上设置一个原始微处理器，代替探测器的电子线路进行数据处理，并进行必要的分析判断，提高探测器有效数据输出。因此，分布智能方式在模拟量报警系统，尤其是响应阈值自动浮动式模拟量报警系统和智能火灾监控系统中广泛应用。采用分布智能方式的智能火灾监控系统在高层建筑，特别是智能建筑中，能够较好地协调早期发现火灾、消灭或基本消除误报、降低系统总成本费用三方面要求。在多种火灾参数探测方面，分布智能方式可能显示出更多的优点。

典型的探测器为分布智能式离子感应火灾探测器。这种探测器具有 SDN 功能：

S-灵敏度自动调整功能。探测器内置专用微处理器，实现了探测器本身对信号进行不间断的真正的智能模拟量处理，当灵敏度阈值超出允许范围时自动进行干扰参数计算，调整报警灵敏点（免去现场人工设计），使之适应探测器所属环境。

D-自动诊断功能。采用综合诊断方式进行预防性维护，通过自动修正检测值，确保对探测器电气性能进行诊断，确定探测器的老化程度。

N-自动报脏功能。通过自动修正灵敏度，补偿环境条件变化，消除干扰和灰尘积累所带来的影响，可使探测器在相当长时间内免维护；当自动修正已无法满足灵敏度要求时，发出过脏信号，提请人员维护。

可见，探测器对火灾参数直接进行采集、处理与计算，自身具有一定的分析诊断能力，可提供更有效的火灾信息，送入控制器中进一步处理和确认火灾。

综上所述可见，具有"较高智能"的火灾自动报警系统应使用相应的火灾模式识别方法来判断火灾信息，判断过程是：

① 控制器主机存储各种火灾和正常状态下的特征值数据；

② 探测器提取火灾特性参数及其数据，送入控制器和在探测器中进行初级智能判断与处理；

③ 提取火灾特征，与测得量之间进行多级类比分析；

④ 判别真实火灾和虚假火灾。

2 智能防火系统类型

智能火灾监控系统分为主机智能系统和分布式智能系统两大类。分布式智能系统实际上是主机智能和探测器智能两者相结合，所以也称为全智能系统。

2.1 主机智能系统

主机智能系统是将探测器的阈值比较电路取消，使探测器成为火灾传感器，无论烟雾影响大小，探测器本身不报警，而是将烟雾影响产生的电流、电压变化信号通过编码电路和总线传给主机，由主机内置软件将探测器传回信号与火警典型信号比较，根据其速率变化等因素判断出信号类型，是火灾信号还是干扰信号，并增加速率变化、连续变化量、时间、阈值幅度等一系列参考量的修正，只有信号特征与计算机内置的典型火灾信号特征相符时才会报警，极大地减少了误报。

2.2 分布式智能系统

分布式智能系统是在保留智能模拟量探测系统优势的基础上形成，它将主机智能系统中对探测信号的处理、判断功能由主机返回到每个探测器，使探测器真正具有智能功能。而主机系统由于免去了大量的现场信号处理负担，可以从容不迫地实现多种管理功能，从根本上提高系统稳定性和可靠性。

智能防火系统还可按其主机线路方式分为多总线制和二总线制等等。智能防火系统的特点是软件和硬件具有相同的重要性，并在早期报警功能、可靠性和总成本费用方面显示出明显的优势。

3 智能防火系统与 BA 系统的联网

智能防火系统在高层建筑中可独立运行，完成火灾信息的采集、处理、判断和确认并实施联动控制；还可通过网络实施远端报警及信息传递，通报火灾情况和向火警受理中心报警。智能防火系统独立工作时的基本配置与功能如图 11-5 所示。

智能防火系统作为楼宇自控系统（BAS）的一部分，在智能建筑中既可与保安系统、其他建筑的智能防火系统联网通信，并向上级管理系统报警和传递信息；同时向远端城市消防中心、防灾管理中心实施远程报警和传递信息；也可与 BAS 的其他子系统以及智能

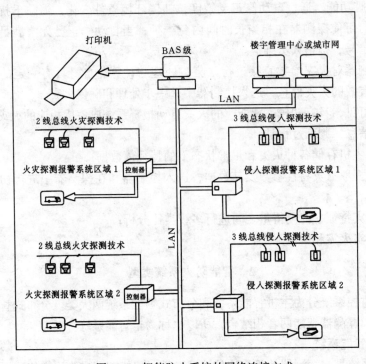

图 11-5 智能防火系统的网络连接方式

244

建筑管理中心网络通信，参与城市信息网络。

　　智能防火系统与 BA 及 OA 系统联网的意义在于为城市消防指挥中心、城市防火安全管理中心和城市防灾调度中心，甚至城市综合信息管理中心等提供火灾以及楼宇消防系统状况的有效信息，并可通过城市信息网络与城市交通管理中心、城市电力供配调度中心、城市供水管理中心等共享数据和信息。在火灾发生并经确认报警之后，综合协调城市供水、供电、道路交通等多方面信息，为灭火部队及时到达提供道路交通保障，为有效灭火提供充足水源，为灭火指挥和火场信息传递提供可靠的通信传输手段，最终确保及时有效地扑灭火灾，尽最大可能减少火灾损失。

　　智能灭火系统的功能，除应满足楼宇自控系统这一上级直接管理系统的本域要求之外，还将随着计算机网络和智能通信技术、多媒体技术、卫星通信与有线电视技术的发展而不断丰富其功能。从当前我国消防实际出发，各大、中城市将逐步形成如下的消防通信调度指挥系统模式：以城市消防支队调度指挥中心为核心，以各区、县消防中队为基本警站或调度站，形成有线通信与无线通信相结合的灭火指挥系统。在城市灭火指挥中心，各重点单位和联网楼宇的灭火预案，都结合专家经验存储在中心计算机中，整个城市的消防力量部署和车辆配备也相应存入中心计算机。中心专设的 119 接警台将结合城市供水、供电、交通等信息，直接处理火警信息并选择出动预案，模拟显示或计算机图形投影指示警力出动情况，同时不断接收火警现场信息并通过无线通信系统与中心指挥车交换和共享信息。

　　随时调整救灾预案并存储实施的方案。整个火灾扑救过程中的有效信息，都将依靠重点防火单位或与楼宇自控系统联网的智能防火系统提供，针对具体对象的火灾扑救方案既可存入楼宇防火管理系统或智能防火系统中，也可通过通信网络由消防指挥中心传送。所以，智能防火系统作为消防设备控制系统和为灭火指挥过程中现场火灾信息的直接处理方式，必须充分结合计算机网络和智能通信技术等形成更丰富的功能，为消防调度指挥提供及时、可靠、直观的信息和图像。

参 考 文 献

[1] GB50045—95 高层民用建筑设计防火规范. 北京：中国计划出版社，1995

[2] GBJ16—87 建筑设计防火规范. 北京：中国计划出版社，1995

[3] GBJ84—85 自动喷水灭火系统设计规范. 北京：中国计划出版社，1986

[4] GBJ140—90 火灾自动报警系统设计规范. 北京：中国计划出版社，1989

[5] GBJ98—97 人民防空工程设计防火规范. 北京：中国计划出版社，1989

[6] GBJ140—90 建筑灭火器配置设计规范. 北京：中国计划出版社，1991

[7] GB50193—93 二氧化碳灭火系统规范. 北京：中国计划出版社，1994

[8] 李引擎等编著. 建筑安全防火设计手册. 郑州：河南科学技术出版社，1998

[9] 张树平等编著. 现代高层建筑防火设计与施工. 北京：中国建筑工业出版社，1998

[10] 王学谦，刘万臣主编. 建筑防火设计手册. 北京：中国建筑工业出版社，1998

[11] 霍然等编著. 建筑火灾安全工程导论. 合肥：中国科学技术出版社，1999

[12] 李春镐主编. 防火手册. 上海：上海科学技术出版社，1992

[13] 李国强等著. 钢结构抗火计算与设计. 北京：中国建筑工业出版社，1999

[14] 蒋永琨主编. 高层建筑防火设计手册. 上海：同济大学出版社，1992

[15] 孙金香. 高伟译. 建筑物综合防火设计. 天津：天津科技翻译出版公司，1994

[16] 赵国凌编著. 防排烟工程. 天津：天津科技翻译出版公司，1994

[17] 章孝思著. 高层建筑防火. 北京：中国建筑工业出版社，1985

[18] 日本建设省住宅局建筑指道课. 新建筑防灾计画指针. 新技术编. 东京：日本建筑センター，1992

[19] 日本建设省住宅局建筑指道课. 新排烟设备技术指针. 东京：日本建筑センター，1987

[20] 日本建设省住宅局建筑指道课. 新建筑防火计画指针. 东京：日本建筑センター，1985

[21] 胡世德主编. 高层建筑施工手册. 北京：中国建筑工业出版社，1991

[22] 任清杰，李根敬编著. 中外高层建筑火灾 100 例. 西安：陕西人民教育出版社，1991

[23] 唐王恩，张皆正主编. 旅馆建筑设计. 北京：中国建筑工业出版社，1993

[24] 吴景祥主编. 高层建筑设计. 北京：中国建筑工业出版社，1993

[25] 蒋永琨，皮声援编著. 高层建筑和地下工程防火设计问答. 北京：地震出版社，1996

[26] 夏靖华主编. 建筑防火设计与应用. 北京：海洋出版社，1991

[27] 日本建设省. 建筑物的防火设计法开发报告书. 东京：1988

[28] 《建筑设计资料集》编委会. 建筑设计资料集 4. 北京：中国建筑工业出版社，1994

[29] 深圳市建设局、深圳市城建档案馆编. 深圳高层建筑实录. 深圳：海天出版社，1997

[30] 北京市建筑设计院、中国建筑西北设计院主编. 建筑实录 1～4. 北京：中国建筑工业出版社，1983～1993

[31] 张树平编著. 建筑防火设计. 西安：陕西科学技术出版社，1994

[32] 王学谦主编. 建筑防火. 北京：中国建筑工业出版社，2000